böhlau

Studien zu Politik und Verwaltung

Begründet von
Christian Brünner · Wolfgang Mantl · Manfried Welan

Herausgegeben von
Ernst Bruckmüller · Klaus Poier · Gerhard Schnedl · Eva Schulev-Steindl

Band 112

Gottfried Kirchengast/Eva Schulev-Steindl/Gerhard Schnedl (Hg.)

Klimaschutzrecht zwischen Wunsch und Wirklichkeit

2018

BÖHLAU VERLAG WIEN · KÖLN · WEIMAR

Gedruckt mit Unterstützung durch

Steiermärkische Landesregierung – Wissenschaft und Forschung
Karl-Franzens-Universität Graz
Climate Change Centre Austria (CCCA)
Österreichische Akademie der Wissenschaften, Kommission Klima und Luftqualität

Das Land Steiermark
→ Wissenschaft und Forschung

KARL-FRANZENS-UNIVERSITÄT GRAZ
UNIVERSITY OF GRAZ

Climate Change Centre AUSTRIA

ÖAW Kommission Klima und Luftqualität

Bibliografische Information der Deutschen Nationalbibliothek:
Die Deutsche Nationalbibliothek verzeichnet diese Publikation in der Deutschen Nationalbibliografie; detaillierte bibliografische Daten sind im Internet über http://portal.dnb.de abrufbar.

Kölblgasse 8–10, A-1030 Wien, www.boehlau-verlag.com

Einbandgestaltung: Michael Haderer, Wien
Satz: Bettina Waringer, Wien
Druck und Bindung:
Gedruckt auf chlor- und säurefreiem Papier
Printed in the EU

ISBN 978-3-205-20520-3

Inhalt

Vorwort

Um das 2-Grad-Ziel des Pariser Klimavertrages aus 2015 zu erreichen, bedarf es großer Anstrengung: bis zum Jahr 2050 gilt es die Emissionen von Treibhausgasen in Österreich um mindestens 80% und weltweit um mindestens 60% zu verringern. Wird dies verabsäumt, so sind die Klima-Schadenskosten und die finanziellen Klimawandel-Risiken wesentlich höher einzuschätzen als die Kosten für den Klimaschutz. Es ist daher an der Zeit zu handeln und mit allem notwendigen Einsatz und Innovationsgeist dem Klimaschutz die entsprechenden Rahmenbedingungen zu schaffen.

Zunehmend wichtiger wird dabei die Transformationsforschung, die nach den Voraussetzungen eines nachhaltigen Übergangs zu einer nahezu CO_2-emissionsfreien Wirtschaft und Gesellschaft fragt und die naturwissenschaftlich-technisch sowie wirtschaftswissenschaftlich angelegte Forschung zum Klimaschutz in Richtung der Sozial-, Verhaltens- und Kommunikationswissenschaften, der Umweltethik sowie nicht zuletzt der Rechtswissenschaft eröffnet.

Vor diesem Hintergrund hat sich im Juni 2016 auch das Grazer Umweltrechtsforum der Problematik des Klimawandels angenommen und den Stand bzw die aktuellen Entwicklungen des internationalen, europäischen, österreichischen sowie auch des chinesischen Klimaschutzrechts analysiert. Besonderes Augenmerk wurde dabei auf die Frage des Haftungsrechts bzw die Rolle der Gerichte in Zusammenhang mit den immer häufiger werdenden Klimaklagen gegen Staaten und Unternehmen gelegt. Fundiert und ergänzt wurden die juristischen Überlegungen durch natur- und wirtschaftswissenschaftliche Beiträge. Der vorliegende Band enthält, erweitert um Beiträge zu den Folgekosten klimapolitischen Nicht-Handelns und zum EU-Emissionshandel, den Großteil der Referate dieser Tagung.

Dass die Rechtswissenschaft zunehmend bereit ist ihren Beitrag zum Klimaschutz zu leisten, zeigt auch – im Gefolge des Umweltrechtsforums 2016 – die Gründung einer interdisziplinären Arbeitsgruppe „KlimaSchutzRecht" im Rahmen des Klimaforschungsnetzwerks CCCA und der Kommission Klima und Luftqualität der Österreichischen Akademie der Wissenschaften (https://www.ccca.ac.at/de/netzwerkaktivitaeten/arbeitsgruppen/ag-klimaschutzrecht). Die übergeordnete Forschungsfrage dieser neuen Arbeitsgruppe durchzieht als roter Faden die nachfolgenden Beiträge – sie lautet: Wie können Legislative und Jurisdiktion in Österreich und der EU durch angemessene Gesetzgebung und Rechtsprechung ihren essenziell nötigen Beitrag zum Klimaschutz und zur Anpassung an den Klimawandel in Zukunft besser leisten?

Möge der vorliegende Band ein Stück weit helfen, adäquate Antworten zu finden!

Graz, Jänner 2018

Gottfried Kirchengast, Eva Schulev-Steindl, Gerhard Schnedl

I. Klimaschutz aus natur- und wirtschaftswissenschaftlicher Sicht

Wissensstand der Klimaforschung und Herausforderung Klimaschutz: Können wir den Klimawandel noch einbremsen?

Gottfried Kirchengast

1. Kurzzusammenfassung und Beitragsform

Dieser einführende Beitrag zum Stand des Wissens beim Klimawandel und zu Notwendigkeiten und Chancen beim Klimaschutz stellt *zunächst Schlüsselergebnisse des aktuellen naturwissenschaftlichen Wissensstandes* der Klimaforschung vor. Daraus ergeben sich bereits einige sehr grundsätzliche Schlussfolgerungen: Wir wissen mittlerweile klar, dass *unsere menschlichen Einflüsse auf das Klimasystem* der Erde, allen voran die Emissionen von Kohlendioxid (CO_2) aus der Nutzung fossiler Brennstoffe, bereits in den letzten Jahrzehnten die *überwiegende Ursache des Klimawandels* waren. Wir wissen weiters klar, dass sie in Zukunft noch stärker Hauptursache des zunehmenden Klimawandels und damit zusammenhängender ebenfalls zunehmender Klimaschäden sein werden. Beherzter Klimaschutz und ein Erreichen des 1,5-2-Grad-Ziels des Pariser Klimaabkommens von 2015 zur Vorsorge für unsere Kinder und Enkel sind daher dringend geboten, wozu wir *die derzeitigen Emissionen in Industrieländern wie Österreich bis 2050 um mindestens 80 %* und insgesamt global um mindestens 60 % *verringern* müssen. Im Licht der Faktenbasis diese große Zukunftsaufgabe annehmend, stellen sich sofort zwei weitere Fragen: Was aber sind die Bedingungen unter denen wir zuhause und weltweit den *Übergang zu einer nahezu CO_2-emissionsfreien Wirtschaft und Gesellschaft* schaffen können? Und welche Herausforderungen und Chancen bringt dieser Übergang mit sich und *was können wir persönlich, im Umfeld, in Wissenschaft, Wirtschaft, Gesellschaft und Politik dafür tun?* Der Beitrag gibt einerseits unter Nutzung von wirtschafts- und sozialwissenschaftlichen Erkenntnissen *wissenschaftsbasierte Antworten* auch auf diese Fragen und möchte andererseits *wertebasierte Ermutigung* geben, dass wir mit Verstand, Mut und Herz unseren Teil zum Klimaschutz und zur gemeinsamen Bewältigung des Klimawandels beitragen. Klimaschutzrecht und seine möglichen Verbesserungen, der Fokus dieses Buches, gehören dabei zu den ganz wesentlichen Teilbeiträgen.

Zur Beitragsform: Der Beitrag basiert auf dem Eröffnungsvortrag des Autors beim Grazer Umweltrechtsforum 2016[1] und insbesondere dem daraus weiter entwickelten Eröffnungsvortrag bei der Montagsakademie 2016/17[2], da dieser ergänzend online verfügbar ist (im Folgenden kurz Vortrag[2]). Er ist vom Stil her wie diese Vorträge *bewusst in einer etwas populärwissenschaftlichen Form und Sprache angelegt*, die auf breite Verständlichkeit und integrierenden Ton auch über Fachgrenzen hinaus zielt (zB „wir", „unser" Formulierungen). Er versucht diesem Ansatz entsprechend auch mit einer möglichst begrenzten Zahl von als essenziell erachteten Quellenzitierungen (als Teil der Fußnoten) auszukommen und ist im Hauptteil (Abschnitt 3) *direkt entlang ausgewählter Abbildungen auf Basis der Folien des Vortrags[2] strukturiert*, was eine zu empfehlende vertiefende Nutzung durch ergänzendes Nachhören des gesamten Vortrags[2] sehr erleichtert[3]. Ohne jeden qualitativen Abstrich bilden jedoch *der aktuelle wissenschaftliche Kenntnisstand* der physikalischen Klimaforschung, Klimafolgenforschung und Klimaschutzforschung sowie aktuelle Erkenntnisse der Transformationsforschung zum Übergang in eine klimagerechte Wirtschaft und Gesellschaft die *durchgehende und möglichst sorgfältig und faktisch klar berichtete sachliche Substanz* des Beitrags. *Zusätzliche wertebasierte Aussagen*, Folgerungen und Handlungsvorschläge auf Basis des berichteten Wissensstandes und der naturwissenschaftlichen Fakten sind als abgeleitete und *ergänzende Einschätzungen und lösungsrelevante Meinungen des Autors* zu verstehen. In diese Aussagen fließen neben dem Faktenwissen auch Wertvorstellungen wie Menschenwürde und elementare Menschenrechte, Zukunftsfähigkeit der Menschheit, Klima- und Umweltgerechtigkeit, Wirtschaftlichkeit und Innovationsgeist, sozial fairer und nachhaltiger Lebensstil, und weitere mehr ein.

---

1 *Kirchengast, G.*, „Klimaschutz aus naturwissenschaftlicher Sicht: Ist es fünf vor oder fünf nach zwölf?", Eröffnungsvortrag beim Grazer Umweltrechtsforum 2016 „Klimaschutzrecht zwischen Wunsch und Wirklichkeit", 16. Juni 2016, Meerscheinschlössl, Universität Graz.

2 *Kirchengast, G.*, „Herausforderung Klimaschutz – können wir den Klimawandel noch einbremsen?", Eröffnungsvortrag der Montagsakademie 2016/17 zum Leitthema „Krisen – Ängste, Solidarität, Vernunft?", 17. Oktober 2016, Aula, Universität Graz. Ein Videomitschnitt zum Nachhören des gesamten Vortrags (ca. 60 min) ist online via Website der Montagsakademie (http://montagsakademie.uni-graz.at/de/zum-nachsehen/studienjahr-201617/), via Podcast (http://gams.uni-graz.at/fedora/get/podcast:pug-montagsakademie-pcp/bdef:Podcast/get) und via iTunes (http://itunes.apple.com/at/itunes-u/montagsakademie/id635851523?mt=0) verfügbar.

3 Ein besonderer Dank ergeht hierzu an *Mag. Wolfgang Fank* (Klimaschutz-Pionierpfarre Dechantskirchen), für unerwartete wertvolle Zuhilfe zur Text- und Abbildungsauswahl für diesen Beitrag auf Basis des Vortrags[2].

2. Einleitung – Informationsquellen und einführender Überblick

Verlässliches Klimawissen zum Nachschlagen – gut vorinformiert durch Fehlinformationen wenig verwundbar sein: Als wissenschaftlich führende einzelne Informationsquelle stellt der kürzliche Weltklimabericht 2014[4] das gesamte Grundwissen zum globalen Klimawandel und seinen Ursachen und Auswirkungen sowie zu Klimawandel-Anpassung und Klimaschutz sehr gut zusammen. Mittlerweile sind die „Zusammenfassungen für Entscheidungstragende" sowie der abschließende Synthesebericht aus diesem umfangreichen Werk (siehe Abschnitt 3.1) neben den englischen Originalversionen auch durchgehend in professioneller deutscher Übersetzung verfügbar[5]. Allen Interessierten in Österreich empfehle ich darüber hinaus auch den österreichischen Sachstandsbericht Klimawandel 2014[6], wo man sich beispielsweise mittels einer Kurzfassung („Synopse") schon auf nur einem Dutzend Seiten einführend zum Wissensstand informieren kann[7]. Der folgende Überblick sowie der gesamte Beitrag selber basiert primär auch auf diesem gut gesicherten Grundwissen. Daher erfolgen bei den meisten Aussagen keine weiteren Zitierungen, da sie zu diesem Wissensstock gehören. Einige als besonders hilfreich eingeschätzte Ergänzungen der Monat für Monat hoch dynamisch wachsenden wissenschaftlichen Literatur der Klimaforschung zitiere ich zusätzlich. Wer gut informiert ist, ist auf dieser Basis durch Fehlinformationen weniger ver-

4 Weltklimarat IPCC, Weltklimabericht 2014: "Climate Change 2014: Synthesis Report and Reports of Working Groups I (Physical Science Basis), II (Impacts, Adaptation, and Vulnerability), and III (Mitigation) of the Fifth Assessment Report (AR5) of the Intergovernmental Panel on Climate Change (IPCC)", *R.K. Pachauri/Chair, and Eds* IPCC Genf, Schweiz. Alle Berichtsteile – Summary for Policymakers (SPM), Technical Summary (TS), Full Report aller WGs, und der Synthesis Report (SYR) – sind via www.ipcc.ch/report/ar5 online verfügbar.

5 Weltklimarat IPCC, dt Übersetzungen aus dem Weltklimabericht 2014: Synthesebericht „Klimaänderung 2014" und Zusammenfassungen für Entscheidungstragende der Arbeitsgruppen I (Naturwissenschaftliche Grundlagen), II (Folgen, Anpassung und Verwundbarkeit), und III (Minderung des Klimawandels) des Fünften Sachstandsberichts (AR5). Dt IPCC Koordinierungstelle, Bonn, Deutschland. Alle vier Berichte und Kurzinfos dazu sind online via www.de-ipcc.de > Downloads/Berichte verfügbar, wobei der Synthesebericht (ca 120 S) als informativste deutschsprachige IPCC Grundwissen-Nachschlagequelle besonders zu empfehlen ist.

6 APCC 2014, Österreichischer Sachstandsbericht Klimawandel 2014: Gesamtband (1096 S), Synthese (65 S), Zusammenfassung für Entscheidungstragende (ZfE, 17 S). Austrian Panel on Climate Change (APCC), Verlag der ÖAW, Wien. Gesamtband, Synthese und ZfE sind online via www.ccca.ac.at/apcc verfügbar.

7 Österreichischer Sachstandsbericht Klimawandel 2014: Synopse – Das Wichtigste in Kürze (12 S). Austrian Panel on Climate Change (APCC), Climate Change Centre Austria (CCCA), Wien. Online via www.ccca.ac.at/apcc.

wundbar und hat verlässliche Grundlagen für gute und wirksame Beiträge zum Klimaschutz.

Der Klimawandel ist mittlerweile Faktum – der notwendige Klimaschutz eine enorme Herausforderung: Auf Basis vieler sorgfältiger und übereinstimmender Studien wissen wir mittlerweile mit hoher Sicherheit, dass unsere menschlichen Einflüsse, allen voran die CO_2 Emissionen, bereits in den letzten Jahrzehnten die überwiegende Ursache des Klimawandels waren. Und in Zukunft noch stärker Hauptursache des zunehmenden Klimawandels und von zunehmenden Klimafolgen und Schäden sein werden, etwa durch verstärkte Wetterextreme und durch erzwungene Migration aus langfristig austrocknenden subtropischen Regionen oder aus vom Meeresspiegelanstieg zu stark bedrohten Inseln und Küstenregionen. Ich gebe dazu einen kurzen Überblick zum faktischen Wissensstand (Abschnitt 3.1). Die diesem Wissensstand zugrundeliegenden Studien vieler Forschungsgruppen weltweit sind wissenschaftlich fundiert erstellt und sorgfältig begutachtet und ergeben klar, dass beherzter Klimaschutz und ein Erreichen des 2-Grad-Ziels zur Vorsorge für unsere Kinder und Enkel unerlässlich geboten sind. Diese Ergebnisse machen auch die enorme Herausforderung klar, die ich in diesem Beitrag in möglichst einfacher Weise zu (er)klären versuche (Abschnitt 3.2): dass wir in Industrieländern wie Österreich innerhalb weniger Jahrzehnte bis 2050 mindestens 80 % der jetzigen Emissionen abbauen müssen.

Die Herausforderung Klimaschutz annehmen – wie können wir den Klimawandel einbremsen? Die erste Frage dazu ist nach dem nötigen Rahmen für unser Handeln: Was sind die Bedingungen unter denen wir zuhause in Österreich und weltweit den Übergang zu einer nahezu CO_2-emissionsfreien Wirtschaft und Gesellschaft schaffen können? Ich stelle dazu entscheidende Ergebnisse der Klimaschutz- und Transformations-Forschung zu notwendigen Rahmenbedingungen vor, ohne die der Übergang nicht gelingen kann (Abschnitt 3.3). Wir müssen also diese Bedingungen herstellen bzw mithelfen diese zu schaffen – das globale Pariser Klimaabkommen von 2015 liefert dazu Rechts-Rahmen und Rahmen-Hoffnung. Die zweite Frage ist nach unserem konkreten Handeln: Welche Herausforderungen und Chancen bringt dieser Übergang und was können wir persönlich, im Umfeld, in Wissenschaft, Wirtschaft, Gesellschaft und Politik tun um das Einbremsen im 2-Grad-Ziel zu erreichen? Ich stelle dazu aus den wichtigen Emissionsbereichen Energie, Verkehr und Landnutzung einige wesentliche Handlungsimpulse, Strategien und laufende Umsetzungen verschiedener Klimaschutz-Beitragender, von Personen- bis Staatenebene, exemplarisch vor und versuche daraus Wegweisungen abzuleiten, wie der Übergang in Österreich und weltweit gelingen kann (Abschnitt 3.4).

Vom Wissen zum Handeln – das 2-Grad-Ziel erreichen: Zum Abschluss lege ich zusammenfassend folgendes Motto für den Weg vom Klimawandel-Wissen zum

Klimaschutz-Handeln vor, verhaltenswissenschaftlich gründend auf der als besonders wirksam erkannten emotionalen Motivation des *„Es gern tun"* (Abschnitt 4): Wir alle brauchen Verstand, Mut und Herz. Meistens mehr davon. Gönnen wir uns gern mehr davon!

3. Hauptteil

3.1. Fakten – der Klimawandel schreitet voran und braucht Bremsung

Durch das sorgfältige und umfangreiche Werk des vom Intergovernmental Panel on Climate Change (IPCC) vorgelegten Weltklimaberichts 2014[4,5,8] liegen klare wissenschaftliche Fakten zum Klimawandel vor, die mit besonderem Schwerpunkt auf Österreich durch den vom Austrian Panel on Climate Change (APCC) vorgelegten österreichischen Sachstandsbericht Klimawandel 2014[6,7,9] noch weiter spezifisch ergänzt und für Österreich vertieft wurden. In diesen Berichten wurde bei allen Aussagen – von Tatsachenaussagen, die bereits etabliertes wissenschaftliches Textbuchwissen sind bis zu noch wenig abgesicherten und noch nicht mehrfach überprüften neuesten Ergebnissen – der zugehörige wissenschaftliche Vertrauensgrad sichtbar gemacht: Tatsachenaussagen sind direkte Aussagesätze, Wahrscheinlichkeitsaussagen reichen in neun Stufen von „praktisch sicher" bis „besonders unwahrscheinlich" und das gesamthafte Vertrauensniveau reicht in fünf Stufen von „sehr hoch" bis „sehr gering"[10]. In diesem Abschnitt hebe ich ausschließlich verlässliche Tatsachenaussagen (Faktenwissen) und robuste Ergebnisse hervor, die wir mit hoher Sicherheit und hohem Vertrauensgrad wissen. Und zwar besonders jene, die zum entscheidenden naturwissenschaftlich-physikalischen Grundwissen zum Kli-

---

8 Insgesamt wurden im IPCC Weltklimabericht 2014 (www.ipcc.ch/report/ar5) rund 5000 Berichtsseiten von rund 1900 AutorInnen erarbeitet, die rund 31 000 wissenschaftliche Fachartikel bewerteten und in einem zweistufigen Begutachtungsverfahren rund 142 000 Kommentare von rund 3700 GutachterInnen einarbeiteten. Der zuständige Vorsitzende des IPCC, *Rajendra Pachauri*, bezeichnete den Bericht dem entsprechend bei einer Vorstellung Ende März 2014 als „eines der anspruchsvollsten wissenschaftlichen Werke der Menschheitsgeschichte."

9 Insgesamt wurden im österreichischen Sachstandsbericht Klimawandel 2014 des APCC (www.ccca.ac.at/apcc) rund 1100 Berichtsseiten von rund 240 AutorInnen und 80 GutachterInnen in einem am IPCC orientierten sorgfältigen Erstellungsprozess erarbeitet, womit der Bericht das bisher anspruchsvollste wissenschaftliche Werk dieser Art in Österreich darstellt.

10 Der Synthesebericht des Weltklimaberichts 2014[5] stellt die einfachste deutschsprachige vertiefende Informationsquelle dazu dar; diese sorgfältige Vorgangsweise wird darin gleich in der Einleitung erklärt.

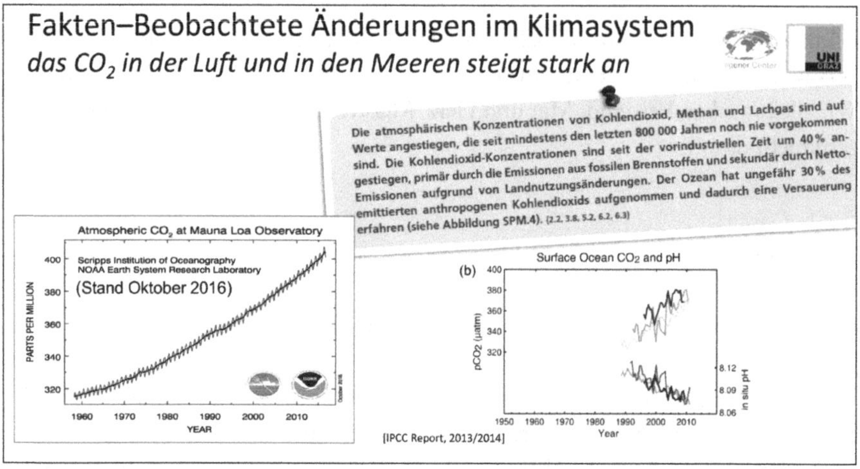

Abb 1: Anstieg des Kohlendioxid-Gehalts in Atmosphäre und Ozeanen (Basis: Vortrag[2], 2016)

mawandel gehören aus dem sich die Notwendigkeit des Klimaschutzes im Sinne der Verminderung unserer Treibhausgasemissionen als ganz klar vernunftgebotene Zukunftsvorsorge ableitet und begründet.

Die Abbildungen 1 bis 4 informieren über diese Fakten und illustrieren sie, primär mit Ergebnissen des Teilberichts zur Physikalischen Wissensbasis des Weltklimaberichts 2014[11] (Abb 1 und 2 zum bisherigen Treibhausgasanstieg und Klimawandel, Abb 4 zum erwarteten zukünftigen Klimawandel). Dies wird ergänzt durch einen beispielhaften Blick auf Österreich, wo etwa im südöstlichen Alpenvorland die Erwärmungstrends der letzten Jahrzehnte besonders stark ausfielen (Abb 3).

Zu diesen in den Abbildungen illustrierten Fakten gehören:

1) CO_2 aus unserer Nutzung fossiler Brennstoffe (primär Erdöl, Erdgas, Kohle) reichert sich, zusammen mit weiteren Treibhausgasen wie Methan und Lachgas, seit Jahrzehnten in der Lufthülle der Erde und in den Weltmeeren zunehmend an (Abb 1). Es sorgt über seine Rückhaltewirkung auf die Wärmestrahlung der Erde (den Treibhauseffekt) für zunehmende globale Erwärmung und in den meisten Landregionen der Erde (einschließlich Alpenraum und Österreich) für überdurchschnittliche Erwärmung (Abb 2 und 3). Über sein Gebunden-Werden im Wasser bewirkt es überdies eine zunehmende Versauerung der Ozeane (Abb 1). Die Erwärmung trifft primär die bodennahe Luft und die oberen Ozeane, also direkt die wichtigsten Lebensräume der Pflanzen, der Tiere und von uns Menschen.

11 Bericht der IPCC Working Group I (Climate Change 2013: The Physical Science Basis), als erster Teil des Weltklimaberichts 2014[4]; online via www.ipcc.ch/report/ar5/wg1 verfügbar.

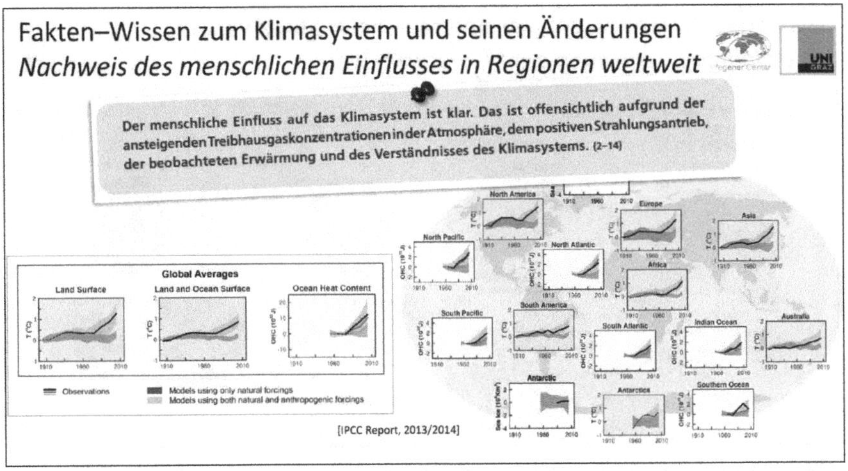

Abb 2: Überwiegender Teil schon des bisherigen Klimawandels in den letzten Jahrzehnten durch unsere menschliche Einwirkung ("anthropogenic forcings"), primär CO_2 (Basis: Vortrag[2], 2016)

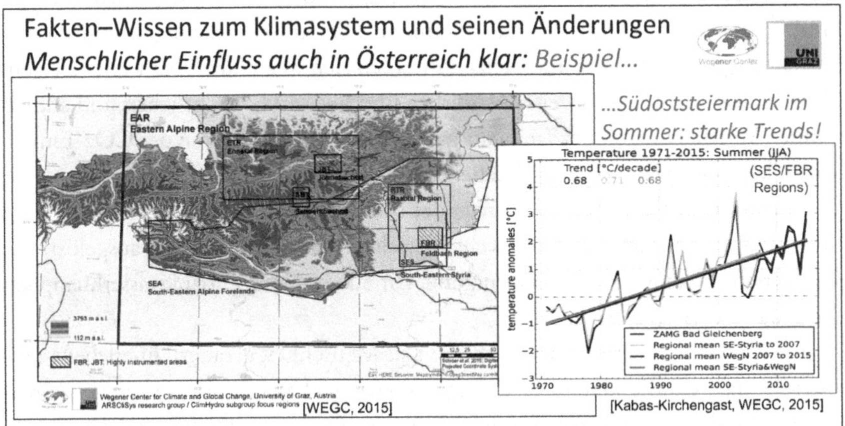

Abb 3: Der globale Klimawandel bewirkte regional in Österreich schon in den letzten Jahrzehnten überdurchschnittlich starke Erwärmung, insb im Südosten im Sommer (Basis: Vortrag[2], 2016)

2) Vielfältige Rückkopplungen und Folgewirkungen im weltweiten Klimasystem, beim Wetter und in der Natur um uns werden durch diese primär CO_2-getriebene globale Erwärmung ausgelöst. Dazu gehören Folgen wie das Schmelzen von Eismassen auf Land und Meer, das Ansteigen der Meeresspiegel, das Verschieben und Verlieren von bewohnbaren Lebensräumen, das Zunehmen von Wetter- und

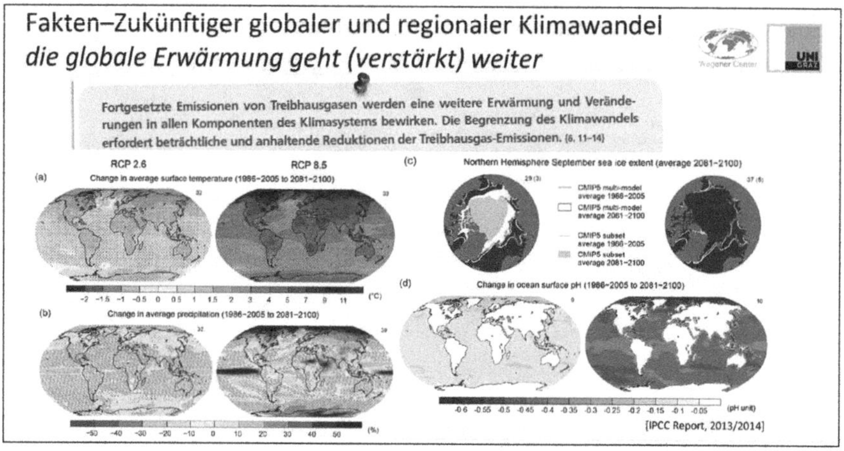

Abb 4: Der Klimawandel wird bei ungebremsten Emissionen (“RCP 8.5“) weiter stark zunehmen und braucht zum Einbremsen massive Verringerung der Emissionen (“RCP 2.6“) (Basis: Vortrag[2], 2016)

Klimaextremen (wie Hitzewellen und Dürreperioden oder Extremniederschläge und Überschwemmungen), und viele mehr. Die Klimaänderungen und die dadurch ausgelösten Folgen und Schäden werden sich in Zukunft bei weiter steigenden Emissionen weltweit weiter verstärken und nur mit beträchtlichen und andauernden Verringerungen der Treibhausgas-Emissionen, allen voran der CO_2-Emissionen, können wir diesen bedrohlichen Klimawandel einbremsen (Abb 4).

3) Zusammen mit dem Klimawandel und der Versauerung der Ozeane wird durch unsere Einflüsse überdies weiterer weltweiter Umweltwandel ausgelöst, wie Luftverschmutzung, Bodenüberdüngung, Landübernutzung, Trinkwasserknappheit und massives Artensterben[12].

Es ist also für unsere Zukunftsfähigkeit als Menschheit geradezu überlebens-notwendig, dass wir die Herausforderung Klimawandel annehmen: beherzter Klimaschutz – und gleichzeitig eine umsichtige Anpassung an den Klimawandel und seine Folgen sowie fairer Umgang mit Verlusten und Schäden – ist im Lichte dieses mittlerweile so verlässlich vorliegenden Fakten-Grundwissens der physikalischen Klimaforschung zur Vorsorge für unsere nachfolgenden Kinder und Enkelgenerationen

---

12 Für mehr Informationen zu diesem breiteren Umweltwandel siehe beispielsweise: *Steffen, W., et al* (2015): Planetary boundaries: Guiding human development on a changing planet, Science, 347(6223), 1259855-1 – 1259855-9; *Williams, J., and P.J. Crutzen* (2013): Perspectives on our planet in the Anthropocene, Environ. Chem., 10, 269-280; *Waters, C.N., et al* (2016): The Anthropocene is functionally and stratigraphically distinct from the Holocene, Science, 351(6269), add2622-1 – aad2622-10.

zweifelsfrei eine unserer wichtigsten Zukunftsaufgaben. Aus wissenschaftlicher Sicht ist dazu als nächstes genauer zu (er)klären, wie rasch wir in Zukunft unsere Emissionen, primär wiederum die CO_2-Emissionen, verringern müssen.

3.2. Herausforderung – mindestens 80 % weniger Emissionen bis 2050

Die Herausforderung an den global mit vereinten Kräften zu besorgenden Klimaschutz wird am einfachsten naturwissenschaftlich basiert berechenbar und auch für Nicht-Fachleute verständlich nachvollziehbar, wenn wir die in der Klimaphysik mittlerweile sehr gut verstandene Ursache-Wirkungs-Beziehung zwischen den insgesamt über viele Jahrzehnte angesammelten CO_2-Emissionen (kumulative CO_2-Emissionen) und der dadurch bewirkten globalen Erwärmung (Temperaturanstieg gegenüber vorindustrieller Zeit[13]) als Basis nehmen. Diese fundamentale und durch den Menschen nicht veränderbare physikalische Beziehung im Klimasystem der Erde ist nämlich in guter Näherung ein simpler linearer Zusammenhang, wie auch im Weltklimabericht 2014[4] gut zusammengefasst und illustriert wird[5,11,14]. Das heißt, je mehr wir Jahr für Jahr durch fortgesetzte Emissionen (gemessen in Gigatonnen CO_2, Gt CO_2) den CO_2-Gehalt in der Atmosphäre anreichern, desto stärker geht unweigerlich der globale Temperaturanstieg langfristig weiter und das Erreichen des 2-Grad-Ziels des Pariser Klimaabkommens 2015[15] wird ab einer gewissen Menge an kumulativen Emissionen aus klimaphysikalischen Gründen unwahrscheinlich bzw praktisch unmöglich.

Die Kenntnis der bisherigen kumulativen CO_2-Emissionen seit vorindustrieller Zeit (ca 1800 Gt CO_2 bis 2015, verbunden mit einer bisherigen globalen Erwärmung von ca 0,9°C), gemeinsam mit der Kenntnis des fundamental linearen Zusammenhangs hilft uns daher, jene noch maximal erlaubte kumulative Emissionsmenge abzuschätzen, die uns das 2-Grad-Ziel noch mit vernünftig guter Wahrscheinlichkeit erreichen lässt. Üblicherweise wird mindestens 66 % Wahrscheinlich-

---

13 Beginn der industriellen Zeit meist ab Mitte 18. Jahrhundert (1750) angenommen (industrielle Revolution); wegen Datenverfügbarkeit und unwesentlicher Unterschiede im Ergebnis wird aber praktisch häufiger mit Referenzzeiten ab Mitte 19. Jahrhundert gerechnet, zB als Änderung gegenüber dem Mittel 1861–1880 oder 1850–1900, oder bei Zeitreihen wie den kumulativen CO2-Emissionen als Zunahme seit dem Jahr 1870.

14 Im Summary for Policymakers des IPCC Working Group I Report[11] in Figure SPM.10, im deutschsprachigen Syntheseberich[5] in Abbildung SPM.5 und noch informativer in Abbildung 2.3.

15 UNFCCC 2015: Paris Agreement, engl Originalversion online: http://unfccc.int/resource/docs/2015/cop21/eng/l09r01.pdf; Übereinkommen von Paris, dt Übersetzung online via BMU: http://www.bmub.bund.de/fileadmin/Daten_BMU/Download_PDF/Klimaschutz/paris_abkommen_bf.pdf.

keit dafür genommen, wofür sich kumulative Gesamtemissionen von maximal ca 2500 Gt CO_2 bis Mitte des 21. Jahrhunderts (2050) ergeben (unter Annahme einer „Restemission" von insgesamt nur mehr ca 100 Gt CO_2 danach). Wegen der bisher bereits kumulierten ca 1800 Gt CO_2 sind also nur noch maximal ca 700 Gt CO_2 bis 2050 global erlaubt (bei Anstreben des noch deutlich ambitionierteren 1,5-Grad-Ziels des Pariser Klimaabkommens[15] wären es sogar noch einige hundert Gt CO_2 weniger).

Die klare Formulierung „nur noch erlaubt" verdeutlicht die auch im Weltklimabericht 2014[4] ausführlich dargelegten Erkenntnisse[16], dass die Risiken eines Überschreitens des 2-Grad-Ziels schlicht zu hoch wären und mangelnder Klimaschutz daher unverantwortlich: wie im vorigen Abschnitt 3.1 zusammengefasst, löst die globale Erwärmung Folgewirkungen wie das Schmelzen von Gletschern und Eisschilden, Meeresspiegelanstieg, Verlieren bewohnbarer Lebensräume oder Zunahme von Wetter- und Klimaextremen aus. Und bei Überschreiten von so genannten „kritischen Schwellenwerten" im Klimasystem entstünden sogar unumkehrbare Änderungen von besonders bedrohlichem Ausmaß wie etwa ein Anstieg des Meeresspiegels um über 10 Meter oder ein vollständiger Verlust des Amazonas-Regenwalds[17].

Die Abbildungen 5 und 6 illustrieren diese Fakten, primär auf Basis der Ergebnisse des internationalen Global Carbon Project[18] und des Teilberichts zu Klimawandel-Auswirkungen, Anpassung und Verwundbarkeit des Weltklimaberichts 2014[16] (Abb 5 zeigt Ergebnisse zur Emissionsverringerung über die nächsten Jahrzehnte mit Fokus auf Szenarien zum Erreichen des 2-Grad-Ziels[19], Abb 6 zu Risiken insbesondere eines ungebremsten Klimawandels). Aus Abbildung 5 wird klar ersichtlich, dass jährliche Emissionen wie 2015 (ca 36 Gt CO_2) ohne jede weitere Zunahme das erlaubte Restbudget von 700 Gt CO_2 bis 2050 in nur rund 20 Jahren bis 2035 schon verbraucht hätten. Wir müssen also sehr rasch innerhalb weniger Jahre bis 2020 in Richtung CO_2-Verringerung kommen (Reduktionsszenario RCP2.6 in der Grafik links, das als einziges der Szenarien der Erreichung des 2-Grad-Ziels ent-

16 Bericht der IPCC Working Group II (Climate Change 2014: Impacts, Adaptation, and Vulnerability), als zweiter Teil des Weltklimaberichts 2014[4]; online via www.ipcc.ch/report/ar5/wg2 verfügbar.

17 Siehe zB *Schellnhuber, H.J., et al* (2016): Why the right climate target was agreed in Paris, Nature Climate Change, 6, 649-653; *Lenton, T.M.* (2013): Environmental tipping points, Annual Review of Environment and Resources, 38, 1-29.

18 The Global Carbon Project (GCP), Carbon Budget 2016: www.globalcarbonproject.org/carbonbudget/.

19 *Allison, I., et al* (2009): The Copenhagen diagnosis – Updating the world on the latest climate science, University of New South Wales Rep., Sydney, Australia (www.copenhagendiagnosis.org); *Meinshausen, M., et al* (2009): Greenhouse gas emission targets for limiting global warming to 2°C, Nature, 458, 1158-1163.

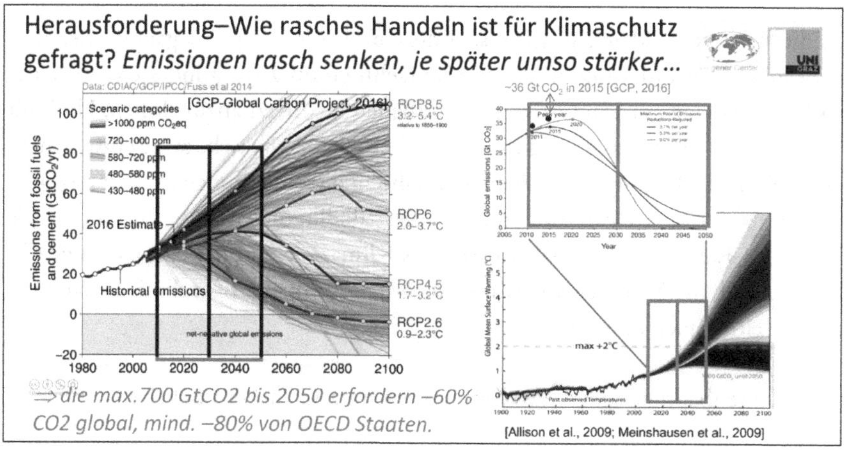

Abb 5: Die erlaubten maximal etwa 700 Gt CO_2 bis 2050 zur Erreichung des 2-Grad-Ziels erfordern 2050 mindestens 80 % weniger CO_2 Emissionen von den Industrieländern (Basis: Vortrag[2], 2016)

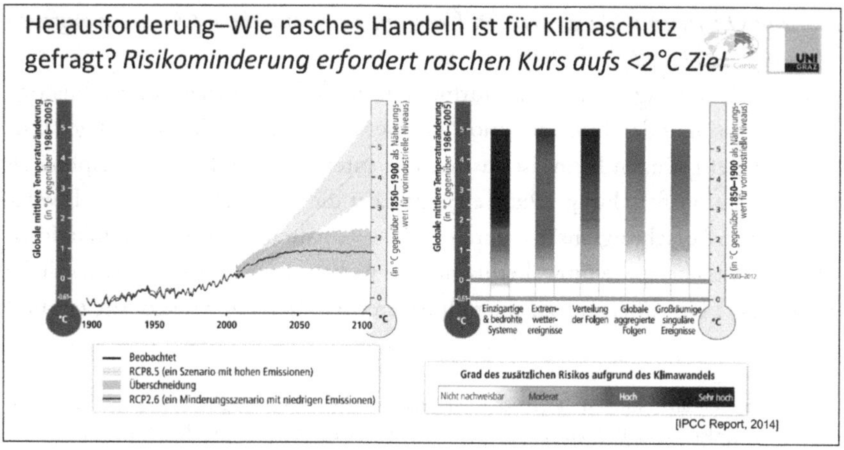

Abb 6: Die Vermeidung der hohen zusätzlichen Risiken bei ungebremsten weiteren Emissionen und damit globaler Erwärmung weit über 2 Grad erfordert beherzten Klimaschutz (Basis: Vortrag[2], 2016)

spricht). Abbildung 6 zeigt deutlich, dass das 2-Grad-Ziel (relativ zum vorindustriellem Temperaturniveau, rechte „Thermometer"-Achse in den Grafiken) selbst bei Erreichen (Reduktionsszenario RCP2.6 in der Grafik links) schon deutliche Klimawandel-Risiken bringt, etwa durch Zunahme von Wetterextremen. Die größten Risiken (rechtsseitige Balken in der Grafik rechts) verbleiben bei Erreichen des 2-Grad-Ziels jedoch noch im „hellen Bereich".

Auf Basis dieses klaren Wissens ist es die einzig vernünftige Vorgangsweise, diese enorme Herausforderung in wenigen Jahrzehnten bis 2050 mindestens 80 % der CO_2-Emissionen auch in Österreich abzubauen[20], beherzt anzunehmen. Und mit allem notwendigen Einsatz und Innovationsgeist dem Klimaschutz die entsprechenden Rahmenbedingungen zu schaffen und ihn in diesem Rahmen auch konsequent umzusetzen. Der nächste Abschnitt hat diese Bedingungen zum Thema und wie wir sie im Rahmen der globalen Paris 2015 Klimaziele und der europäischen Klimaziele auch in Österreich schaffen können und für den nötigen Emissionsminderungs-Beitrag auch müssen.

3.3. Rahmenbedingungen – das Einbremsen im 2°C Ziel ermöglichen

Die große Frage zu den Bedingungen ist gleichzeitig die Grundfrage der Transformationsforschung, eines zunehmend wichtigen Teilbereichs der ansonsten stärker naturwissenschaftlich-technisch und wirtschaftswissenschaftlich angelegten Forschung zum Klimaschutz: *Was sind die Rahmenbedingungen, unter denen wir zu Hause in Österreich und weltweit den Übergang zu einer nahezu CO_2-emissionsfreien Wirtschaft und Gesellschaft schaffen können?*

Dieser Übergang – auch Transformation, große Transformation, nachhaltige Transformation, oder Transformation zu einer nachhaltigen Gesellschaft genannt – und wie er gelingen kann, ist das zentrale Interesse der sehr interdisziplinären Transformationsforschung. Diese ergänzt dazu die physikalisch-technisch-wirtschaftlichen Forschungsansätze durch sozial-, verhaltens- und kommunikationswissenschaftliche sowie umweltethische und nicht zuletzt rechtswissenschaftliche Forschung[21]. Der Übergang zu einer klimagerechten (nahezu emissionsfreien) und

20 Dieses Abbauziel wird für Österreich häufig relativ zur Emission 2005 gerechnet, aber je nach Kontext werden solche Reduktionen auch auf 1990, 2010 oder 2015 bezogen; die Formulierung „mindestens" dient der Einschließung solcher verschiedenen Referenzjahre, wobei sich die Basisrechnung mit 80 % auf 1990 bezieht und spätere Referenzjahre >80 % Abbau ergeben. Alternativ wird auch mit CO2-Äquivalent-Emissionen gerechnet, die die weiteren Treibhausgase wie Methan und Lachgas einrechnen aber %-Reduktionszahlen nicht wesentlich ändern. Die Emissionen Österreichs waren 2015 im Vergleich zu 1990 noch ungemindert gleich hoch (rund 79 Mt CO2-Äquivalent); der Abbau kam bisher in Österreich also noch immer nicht systematisch in Gang und ist daher zunehmend dringend geboten. Datenquelle: Klimaschutzbericht 2017, REP-0622, Umweltbundesamt GmbH, Wien, online: www.umweltbundesamt.at/fileadmin/site/publikationen/REP0622.pdf.

21 WBGU (2011): Welt im Wandel: Gesellschaftsvertrag für eine Große Transformation. Bericht (Hauptgutachten 2011, 420 S) und Zusammenfassung (34 S), Wissenschaftlicher Beirat der [dt] Bundesregierung Globale Umweltveränderungen (WBGU), Berlin; online via http://www.wbgu.de/hg-2011/.

klimarobusten (an den Klimawandel gut angepassten) Wirtschaft und Gesellschaft ist dabei die zentrale Leitspur auf dem insgesamt noch viel breiteren Weg zur Nachhaltigkeit[21].

Eine der zentralen Erkenntnisse der Transformationsforschung im Licht der seit dem „Rio-Erdgipfel" 1992[22] nun schon 25 Jahre lang im Ergebnis vergeblichen Bemühungen um Verringerung der globalen CO_2-Emissionen[23] ist, dass „die Politik" wegen verschiedenster Verstrickungen nicht fähig ist, die notwendigen Bedingungen einfach „von oben" und „von sich aus" für uns alle bereit zu stellen. Es ist vielmehr *unsere gemeinsame große Aufgabe, diese Bedingungen herzustellen und jede/r von uns ist gefordert persönlich mitzuhelfen sie zu schaffen, in allen seinen/ihren für den Übergang wichtigen privaten, beruflichen, gesellschaftlichen und politischen Wirkungsbereichen.* Ich nenne dieses persönliche breitestmögliche Mithelfen bei der Lösung einer großen gemeinsamen Herausforderung *Zuhilfe*[24]. Dabei tut sich freilich sofort die Frage auf, warum diese Rahmenbedingungen so wichtig sind und damit unsere Zuhilfe dafür so unverzichtbar ist.

Der Grund ist, dass das Klima ein gemeinsames Umweltgut ist und damit wie alle anderen Umweltgüter (Luft, Wasser, Boden, usw) von der „Tragik der Gemeingüter" bedroht ist, was als ein Grundproblem aller gemeinschaftlichen Güter wissenschaftlich schon 1968 erkannt[25] und später weiter vertieft verstanden[26] wurde. Gemeint ist damit, dass solche Güter unausweichlich einem Dilemma zwischen

---

22 UNFCCC 1992: United Nations Framework Convention on Climate Change, engl Originalversion online: http://unfccc.int/resource/docs/convkp/conveng.pdf. Diese am „Rio-Erdgipfel" 1992 gestartete grundlegende Klimakonvention gab das Ziel vor, eine „Stabilisierung des Treibhausgasgehalts in der Atmosphäre auf einem Niveau zu erreichen, auf dem eine gefährliche menschgemachte Störung des Klimasystems verhindert wird."

23 Wie in Abb 5 (linke Grafik) bei genauem Hinsehen erkennbar ist, könnte 2016 das erste Jahr sein, in dem ohne besondere vorübergehend emissions-schwächende Krise (wie zB 2008 auf 2009 die globale Finanzkrise) zumindest kein weiterer Anstieg gegenüber dem Vorjahr stattfand, was man als Hoffnungszeichen werten kann (siehe "2016 Estimate" im Vergleich zu 2015 in Abb 5, beide ~36 Gt CO_2).

24 Von mir eingeführtes Wort, das einer der Bedeutungen des englischen sehr bedeutungsreichen Wortes "Care" entlehnt ist: das Hauptwort „Zuhilfe" soll die Bedeutung „Mitsorge, Vorsorge und lösungsfördernde Aktivitäten zur Bewältigung eines Gemeinschaftsproblems" herausstreichen. Das Wort ist (noch) nicht Teil des Duden (www.duden.de): es kommt darin der „Zuhilfenahme" am nächsten; man kann „Zuhilfe" als die gebende Grundform davon verstehen (iSv „zu Hilfe kommen" statt „zu Hilfe nehmen").

25 *Hardin, G.* (1968): The tragedy of the commons, Science, 162, 1243-1248.

26 *Novak, M.A.* (2006): Five rules for the evolution of cooperation, Science, 314, 1560-1563; *Milinski, M., et al* (2008): The collective-risk social dilemma and the prevention of simulated dangerous climate change, PNAS, 105, 2291-2294; *Novak, M.A.* (2012): Warum sind wir hilfsbereit? Spektrum der Wissenschaft, Nov 2012, 77-81.

Einzel- und Gemeinwohlinteressen unterliegen, was ohne gemeinsame schützende Spielregeln (gesetzliche Rahmenbedingungen) zu ihrer Übernutzung bis hin zur Zerstörung führt.

Mittlerweile haben die Forschung zu Umweltgütern und mehrere Jahrzehnte einschlägige Erfahrung (zB der Weg zum Wasserschutzrecht, zu Luftgütegesetzen, usw) klar gezeigt, dass auch für den Schutz des Klimas, der „Klimagüte", folgendes Problem vorliegt: *All unser persönliches und unternehmerisch-wirtschaftliches Handeln ist zwingend ohne Chancen, im notwendigen Ausmaß klimagerecht zu werden, solange eine klare für uns alle geltende gesetzliche und ordnungspolitische Auflösung der Dilemmas zwischen Gemeinwohlinteresse „Klimagüte" und diversen Einzelinteressen (und Trägheit) aussteht.*

Daher gilt für den Erfolg beim Klimaschutz folgende unverzichtbare Bedingung: *Wir werden erfolgreich sein, wenn es uns gelingt auf allen politischen Ebenen – Weltweite (UN-)Ebene, EU, Bund, Länder, Gemeinden – für klare gesetzliche Rahmenbedingungen, gemeinsame gute Spielregeln, klimagerechter Entwicklung zu sorgen.* Dann, und nur dann, wird aus einer Minderheit von Klimaschutz-VorreiterInnen („Öko-Avantgarde") gemeinsamer Klimaschutz im notwendigen Ausmaß werden („Öko-Mainstream"). Das heißt konkret, im Ausmaß von mindestens 80 % weniger CO_2-Emissionen bis 2050 in Industrieländern wie Österreich und 60 % weniger weltweit wie im vorigen Abschnitt 3.2 klar grundgelegt.

Auf weltweiter Ebene hat das *Pariser Klimaabkommen 2015*[15] nach 23-jährigem Ringen seit dem Rio-Erdgipfel 1992[22], und dank der wirksamen Zuhilfe so vieler wie nie zuvor, erstmals mit dem 1,5-2-Grad-Ziel entsprechende globale Rahmenbedingungen erreicht. Das ist eine Hoffnungsperspektive und ein *guter Grundrahmen, um nun auch die nötigen (gesetzlichen) Rahmenbedingungen und Spielregeln auf staatlichen Ebenen wie auch in Österreich zu schaffen.* Genau dabei ist nun für ausreichend rasche und zielorientierte Fortschritte unsere breitestmögliche Zuhilfe entscheidend.

Die Abbildungen 7 bis 9 illustrieren wesentliche Aspekte dieser Zuhilfe, enthalten vertiefende Information dazu und machen erkennbar wie breit und vielfältig im Sinn der Ergebnisse der Transformationsforschung die Zuhilfe nötig ist, sodass die verantwortlichen PolitikerInnen als operativ Zuständige die nötigen (gesetzlichen) Rahmenbedingungen für uns alle realisieren. Abbildung 7 zeigt die Breite der oben angesprochenen privaten, beruflichen, gesellschaftlichen und politischen Wirkungsbereiche die wichtig sind. Abbildung 8 ergänzt auf Basis einschlägiger psychologischer Forschungsergebnisse[27] um Hinweise, was uns persönlich zur Zuhilfe ermutigt

---

27 *Stoknes, P.E.* (2015): What we think about when we try not to think about global warming – Toward a new psychology of climate action, 320 pp, Chelsea Green Publishing, White River Junction, Vermont, USA.

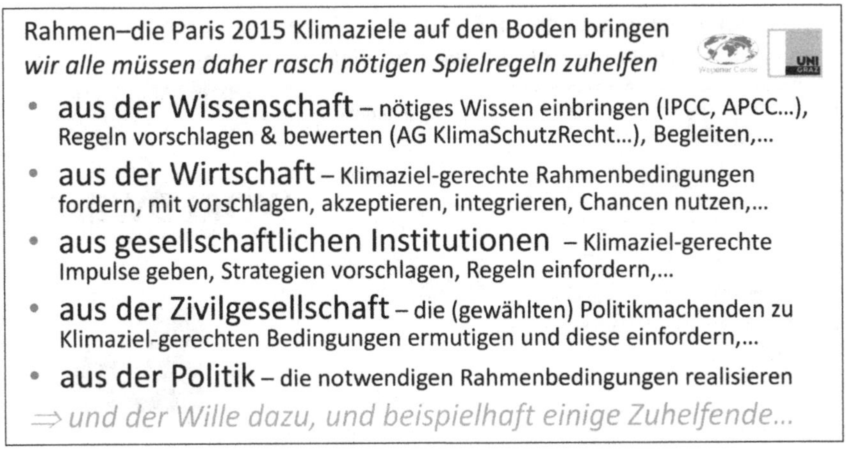

Abb 7: Das Schaffen der Rahmenbedingungen bedarf umfassender Zuhilfe (Basis: Vortrag[2], 2016)

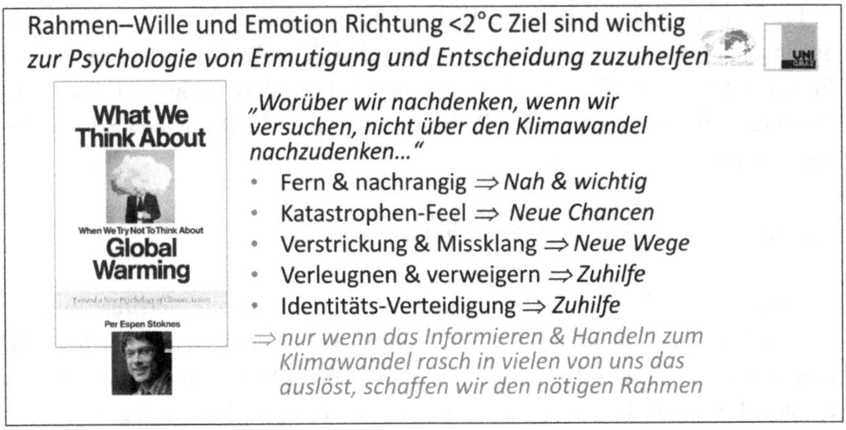

Abb 8: Zuhelfende brauchen ermutigten Willen und Emotion für Klimaschutz (Basis: Vortrag[2], 2016)

und befähigt (oder zunächst hindert und lähmt). Abbildung 9 stellt beispielhaft aus unterschiedlichen Bereichen einige vorbildliche gut institutionell organsierte und damit gut wirksame Zuhelfende vor (einschließlich Weblinks für weitere Informationen).

Abb 9: Vielfältige und organisierte Zuhilfe fördert die Rahmenbedingungen (Basis: Vortrag[2], 2016)

Im Rahmen gedeihlicher gesetzlicher Bedingungen und flankierender guter Spielregeln – wie wirtschaftliche und gesellschaftliche Anreize zu klimagerechter Energienutzung, Mobilität, Ernährung, usw – hat die Umsetzung des Klimaschutzes dann ausreichend Chancen in Richtung 1,5-2-Grad-Ziel, was Thema des nächsten Abschnitts ist.

3.4. Umsetzung – konkrete Schritte hin zum 1.5-2°C Ziel

Beim Umsetzen des Klimaschutzes geht es um die konkrete Verringerung der CO_2-Emissionen in ausreichendem Maß zur Erreichung des 2-Graz-Ziels, dh in Österreich um den notwendigen Beitrag von mindestens 80 % Reduktion bis 2050[20]. Es geht also um die konkrete Realisierung des im vorigen Abschnitt beschriebenen Übergangs und die Grundfrage hierzu lautet: *Welche Herausforderungen und Chancen bringt dieser Übergang und was können wir persönlich, im eigenen Umfeld, in Wissenschaft, Wirtschaft, Gesellschaft und Politik für die Klimaschutz-Umsetzung tun, um das Einbremsen im 2-Grad-Ziel zu erreichen?*

Die enorme Herausforderung ist, dass besonders in den drei wichtigsten Emissionsbereichen Energie, Verkehr und Landnutzung das Erreichen des 1,5-2-Grad-Ziels innerhalb der wenigen Jahrzehnte bis 2050 eine tiefgreifende Transformation unserer derzeitigen Wirtschafts- und Lebensweise zu einer nachhaltigen nahezu CO_2-emissionsfreien Form erfordert, um die notwendigen drastischen CO_2-Reduktionen zu realisieren. Abbildung 10 illustriert diese Herausforderung auf Basis

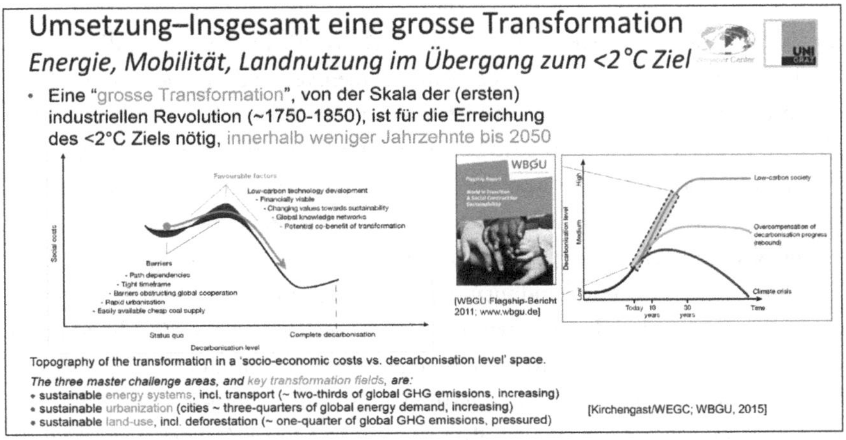

Abb 10: Das Umsetzen des 2-Grad-Ziels erfordert eine große Transformation (Basis: Vortrag[2], 2016)

des WBGU-Berichts „Welt im Wandel“[21,28], nennt hemmende und günstige Faktoren (“Barriers” und “Favourable factors”, linke Grafik) und skizziert Szenarien des Erfolgs oder Scheiterns (Erreichung “Low-carbon society” oder “Climate crisis”, rechte Grafik). Weiters wurden nachhaltige Energie, nachhaltige Stadtentwicklung und nachhaltige Landnutzung als Schlüsselfelder zur Umsetzung dieser großen Transformation erkannt, da wie oben erwähnt Energie, Verkehr und Landnutzung für den größten Teil der globalen CO_2-Emissionen verantwortlich sind.

Auf der anderen Seite bietet der gelingende Übergang neben dem erfolgreichen Einbremsen des Klimawandels im 1,5-2-Grad-Ziel enorme soziale und wirtschaftliche Chancen. Diese tun sich auf, weil der Weg zur klimagerechten und nachhaltigkeits-orientierten Wirtschaft und Gesellschaft für das Umsetzen der CO_2-Emissionsverringerungen unzählige Innovationen mit enormer zusätzlicher Wertschöpfung und für das Erreichen der Nachhaltigkeitsziele auch eine sozial fairere und gerechtere Gesellschaft bringen wird[21].

Auch werden die durch ungebremsten Klimawandel verursachten Klima-Schadenskosten bis 2050 und die finanziellen Klimawandel-Risiken wesentlich höher

28 Der WBGU (2011) Bericht „Welt im Wandel: Gesellschaftsvertrag für eine Große Transformation“[21] liegt auch in engl Version “World in Transition – A Social Contract for Sustainability” vor, aus dem die Grafiken von Abb 10 stammen; online via http://www.wbgu.de/en/flagship-reports/fr-2011-a-social-contract/ verfügbar.

eingeschätzt als die Kosten für den Klimaschutz[29,30]. Deshalb wird die Klimaschutz-Umsetzung durch die damit erzielte Schadensvermeidung auch enorme Kosteneinsparungen bringen. Für Österreich hat, als erste detaillierte Analyse von Risiken und Schadenskosten bis 2050 bei fehlendem Klimaschutz, die Studie COIN[31] ("Cost of Inaction") fundiert und sehr deutlich diese Chancen und die Wichtigkeit der Risiko- und Kostenminderung durch Klimaschutz unterstrichen.

Die Abbildungen 11 bis 13 informieren zur konkreten Umsetzung in den Bereichen Energie, Verkehr und Landnutzung, mit Schwerpunkt auf die direkt bei uns in Österreich notwendige Transformation zu effektivem Klimaschutz[32]. Abbildung 11 illustriert die Transformation unseres Energiesystems, wo durch den Übergang von Energieversorgung zu Energiedienstleistungen die nötige doppelt so hohe Energieeffizienz zusammen mit einem zu über 80 % erneuerbaren Energiemix realistisch erreicht wird. Abbildung 12 informiert für den Übergang zu nachhaltiger Mobilität mittels der drei „I-Strategien" – Handlungsbereiche Inversion, Innovationen und Integration – welche Maßnahmen gemeinsam die nötigen drastischen CO_2-Reduktionen beim Verkehr erbringen können. Abbildung 13 zeigt beispielhaft eine vorbildliche Initiative am Weg zu nachhaltiger Landnutzung in der Landwirtschaft[33], die mit aktivem Humusaufbau einen wertvollen Beitrag zur langfristigen CO_2-Bindung im Boden leistet. Gleichzeitig wird so LandwirtInnen ein Zusatzeinkommen als „KlimaschutzwirtInnen" auf Basis angemessener (und zukünftig steigender) Preise pro Tonne CO_2 ermöglicht.

---

29 *Germanwatch/Hohmeyer, O.* (2015): Der volkswirtschaftliche Nutzen des Klimaschutzes, Zusammenfassung/Think Tank & Research Studie, Berlin; online: www.germanwatch.org/de/download/13142.pdf.

30 *Germanwatch/Carney, M.* (2015): Die Tragik des Zeithorizonts – Warum sich die Finanzmärkte bereits heute gegen Risiken des Klimawandels schützen müssen und wie politische Rahmensetzung helfen kann, Zusammenfassung und Kommentar/Politik & Gesellschaft, Berlin; online: www.germanwatch.org/de/download/13082.pdf.

31 *Steininger, K.W., et al* (Eds) (2015): Economic evaluation of climate change impacts: Development of a cross-sectoral framework and results for Austria, Climate Series Book, Springer Verlag, Berlin; Ergebnisse der Studie COIN (Cost of Inaction/Kosten des Nicht-Handelns – Assessing the Costs of Climate Change for Austria). Die Ergebnisse sind auch in dt Sprache gut und allgemein verständlich aufbereitet; online: http://coin.ccca.at.

32 Informationsquelle Abb 11-12: *S. Schleicher/K. Steininger* (2016), Perspektiven für innovative Energie- und Mobilitätstrategien, Präsentationsmaterial EconClim (www.wegcenter.at/econclim), Wegener Center, Graz.

33 Informationsquelle Abb 13: *R. Dunst/T. Karner* (2016), Humusaufbauprogramm der Ökoregion Kaindorf, Präsentationsmaterial Projekt Humusaufbau (www.oekoregion-kaindorf.at/humusaufbau.95.html), Kaindorf.

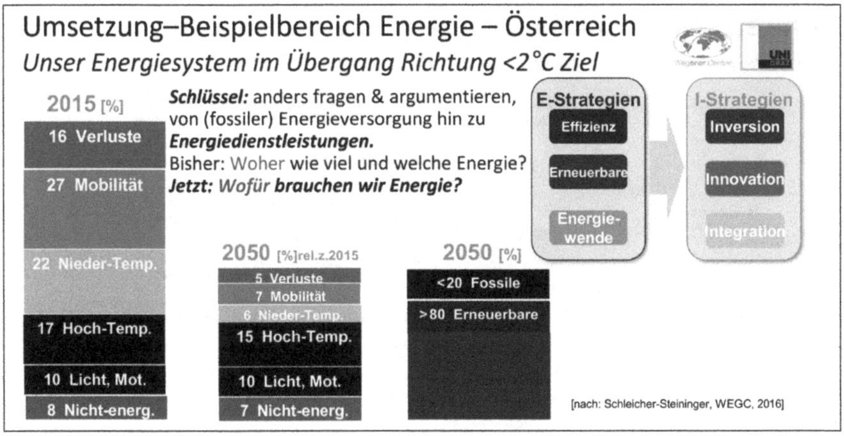

Abb 11: Umsetzung im Bereich Energie – von Versorgung zu Dienstleistungen (Basis: Vortrag[2], 2016)

Abb 12: Umsetzung im Bereich Mobilität – Inversion, Innovationen, Integration (Basis: Vortrag[2], 2016)

Alle diese guten Strategien und Beispiele sind Wegweisungen, wie die Umsetzung weltweit und je Land tatsächlich gelingen kann. Ein weltweites Umsetzungskonzept wurde kürzlich beispielsweise mit einem "Carbon Law"-Ansatz bis 2050 und einem unmittelbar rasch wirksamen „Sechs-Punkte Plan" bis 2020 vorgeschlagen[34]. Weiters gibt es mittlerweile international und auch in Österreich vielfältige

34 *Rockström, J., et al* (2017): A roadmap for rapid decarbonization – emissions inevitably approach zero with a "carbon law", Science, 355(6331), 1269-1271; *Figueres, C., et al* (2017): Three years to

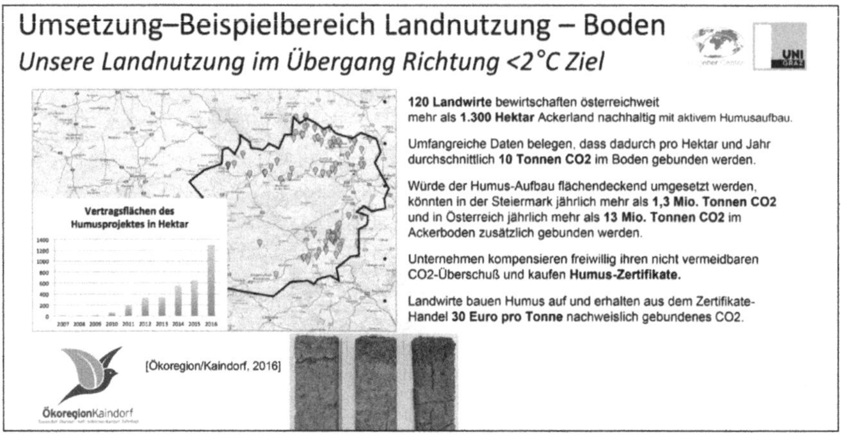

Abb 13: Umsetzung im Bereich Landnutzung – Humusaufbau für Klimaschutz (Basis: Vortrag[2], 2016)

Beispiele erfolgreicher Umsetzungsschritte auf allen Ebenen, von Staaten bis hin zur Verringerung des persönlichen CO_2-Fußabdrucks[35].

Das Einbremsen des Klimawandels im 1,5-2-Grad-Ziel ist auf diese Weise unter den entsprechenden förderlichen Rahmenbedingungen (siehe Abschnitt 3.3) noch möglich. Wir sind gefordert, dafür auch bei der Umsetzung konkret und aktiv mit zu tun wie schon bei der Zuhilfe zum Schaffen der Rahmenbedingungen: jede/r von uns in allen dafür wichtigen persönlichen, beruflichen, gesellschaftlichen und politischen Wirkungsbereichen.

---

safeguard our climate – a six-point plan for turning the tide of the world's carbon dioxide by 2020, Nature, 546, 593-595.

35 Als Einstieg zu einer Fülle an vorbildlichen Beispielen ist die Nutzung der Weblinks in Abb 9 zu empfehlen, etwa ausgehend vom Klimaforschungsnetzwerk www.ccca.ac.at oder je nach Präferenz auch von einer NGO wie www.klimabuendnis.at oder einer anderen Institution. Information zum CO2-Fußabdruck und zum ökologischen Fußabdruck generell sowie Zugang zu einschlägigen Online-Rechnern gibt zum Beispiel die Plattform Footprint (www.footprint.at); eine Reihe von CO2-Rechnern sind beispielsweise über die Seite „CO2-Fußabdruck" des Umweltservers der Stadt Graz via www.umwelt.graz.at/cms/ziel/6769742/ verfügbar. Bzgl aktueller Forschung zur weiteren wissenschaftlichen Fundierung des Fußabdruck-Konzepts siehe zB *Giljum, S., et al* (2017): Measuring natural resource use from the micro to the macro level, in: Green Economy Reader-Lectures in Ecological Economics and Sustainability, pp 161-182, Springer, Berlin; Project ERC FINEPRINT – Spatially explicit material footprints: Fine-scale assessment of Europe's global environmental and social impacts (www.wu.ac.at/ecolecon/research/sustainable-resource-use/fineprint/).

4. Motivation und Ausblick – gern tun und daher Zielerreichung 2050

Psychologisch und verhaltenswissenschaftlich basiert weise ich zum Schluss noch auf eine als besonders wirksam erkannte *emotionale Motivation für das Mittun und die Zuhilfe* beim Übergang zu einer klimagerechten Gesellschaft hin: *Es gern tun.* Diese Motivation nährt sich ausführlicher formuliert in etwa so: ich tue es gern, weil ich die Erde und die Menschen gern habe und weil die große Herausforderung Klimaschutz gleichzeitig eine große Chance auf eine bessere Zukunft für mich und uns alle ist, in Österreich und weltweit. Wenn jemand diese positive Motivation spüren kann und gleichzeitig gut zum Wissensstand der Klimaforschung informiert ist, dann kommen Verstand und Herz so zusammen, dass er/sie sich klar entscheiden kann: ja gern, mein Mittun und meine Zuhilfe trage ich gern bei für die nächsten Jahrzehnte. Es gibt weitere gute zum Handeln ermutigende Motivationen und ich lade ein, die je eigene jedenfalls für den Klimaschutz einzubringen.

In diesem Sinn lege ich zusammenfassend folgendes *Motto für den Weg vom Klimawandel-Wissen zum Klimaschutz-Handeln* vor: *Wir alle brauchen Verstand, Mut und Herz. Meistens mehr davon. Gönnen wir uns gern mehr davon!* Abbildung 14 illustriert dieses Motto, unterstreicht, dass die kommenden 10-15 Jahre entscheidend für die Zielerreichung bis 2050 sind und ermutigt dazu, den aus klimawissenschaftlicher Sicht einzig vernünftigen und aus ethischer Sicht einzig sinnvollen Weg Richtung 1,5-2-Grad-Ziel beherzt zu gehen.

Zum Abschluss zu den Rechtswissenschaften: Diese und insbesondere das Klimaschutzrecht, das Fokusthema dieses Buches zu dem dieser Beitrag klimawissen-

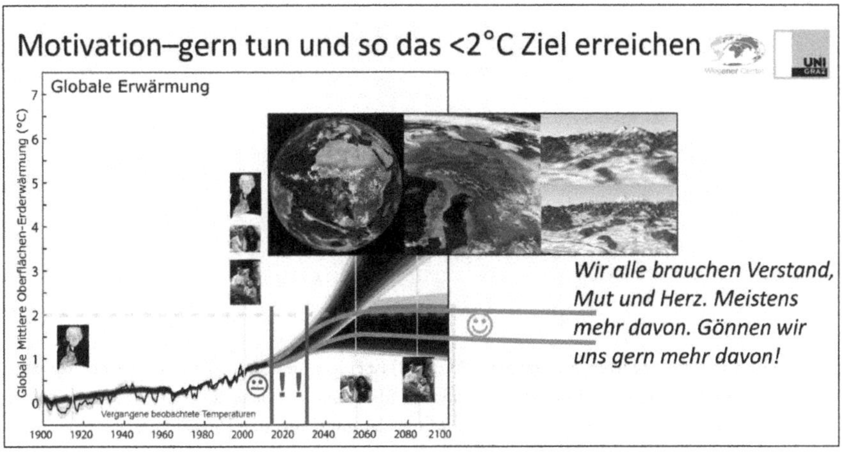

Abb 14: Positive Motivation ist entscheidend für Kraft bis zur Zielerreichung (Basis: Vortrag[2], 2016)

schaftlich einführt, sind zunehmend essenzielle Partner in Forschung und Praxis auf dem Weg Richtung 1,5-2-Grad-Ziel. Das drückt sich auch in der als Folgeschritt zum Umweltrechtsforum 2016 gegründeten Arbeitsgruppe KlimaSchutzRecht[36] aus. Als Ausblick und Grundlage für die folgenden Beiträge beende ich diesen Beitrag daher mit der übergeordneten Forschungsfrage dieser neuen Arbeitsgruppe: *Wie können Legislative und Jurisdiktion in Österreich und der EU durch angemessene Gesetzgebung und Rechtsprechung ihren essenziell nötigen Beitrag zum Klimaschutz und zur Anpassung an den Klimawandel in Zukunft besser leisten?*

Ich wünsche (uns) für die Bearbeitung dieser Frage und die so wichtige weitere Integration des Rechts in die Klimaforschung und Transformationsforschung bestmögliches Gelingen!

36 Die Arbeitsgruppe KlimaSchutzRecht (AG KSR) ist eine gemeinsame Arbeitsgruppe des Klimaforschungsnetzwerks CCCA und der Kommission Klima und Luftqualität der Österreichischen Akademie der Wissenschaften (ÖAW), deren Mitglieder mit Klima und Umwelt befasste Expertinnen und Experten aus unterschiedlichen Disziplinen der Rechts-, Natur-, Sozial- und Geisteswissenschaften sind. Mehr Informationen sind online via http://www.ccca.ac.at/de/netzwerkaktivitaeten/arbeitsgruppen/ag-klimaschutzrecht verfügbar.

Die gesamtwirtschaftlichen Folgekosten klimapolitischen Nicht-Handelns am Beispiel Österreich[1]

Karl W. Steininger

1. Herausforderung Klimawandel

Mit der Einbringung von Treibhausgasen in die Erdatmosphäre und der damit einhergehenden Konzentrationserhöhung derselben hat die Menschheit begonnen das auf unserem Planeten herrschende Klimafenster zu verschieben. Weg von einem Klimafenster, das die gesamte bisherige Zivilisationsgeschichte begleitete, seit der beginnenden Sesshaftigkeit (in Europa vor rund 12,000 Jahren), und an das die Menschen sich, ihre Infrastruktur und auch ihre wirtschaftlichen Aktivitäten angepasst hatten (*Wanner*, 2016). Gemessen beispielsweise an der Temperatur hat sich das globale Mittel seit 1880 bereits um knapp ein Grad Celsius im Jahresdurchschnitt erhöht (IPCC, 2014), in den für viele Folgen relevanteren Maßgrößen über Land stärker (in Österreich beispielsweise messen wir im Jahresdurchschnitt seit 1880 bereits um knapp 2 Grad mehr; APCC, 2014), sowie in einzelnen Regionen und Jahreszeiten oft um ein Mehrfaches auch davon (etwa in der pflanzlichen Hauptwachstumsphase Sommer in der Südoststeiermark stieg die Temperatur allein über die letzten vierzig Jahre um 3,6 Grad an; *Kabas*, 2005). Diese Trendveränderungen wie auch insbesondere die damit einhergehenden Veränderungen in Frequenz und Intensität von Extremereignissen (wie Starkregen und Überschwemmungen, oder Hitzeperioden und Dürreereignissen) – vgl dazu den Beitrag von *Gottfried Kir-*

---

1 Dieser Beitrag beschreibt die Methode und fasst die Kernergebnisse eines umfassenden Forschungsprojekts zu den Folgekosten des Klimawandels in Österreich unter Mitarbeit von 42 Forscherinnen und Forschern zusammen, das der Autor gemeinsam mit *Martin König* leiten durfte. In größerem Detail sind die Auswirkungen des Klimawandels auf die einzelnen Wirtschaftsbereiche dargestellt in den jeweiligen Kapiteln in *Steininger et al* (2015), Economic Evaluation of Climate Change Impacts: Development of a Cross-Sectoral Framework and Results for Austria, Springer. Im vorliegenden Beitrag werden die Kernergebnisse für den Kontext Klimaschutzrecht zusammengefasst. Weitergehende Informationen, wie zB zweiseitige Kurzfassungen zu jedem der betroffenen Bereiche als fact sheet, sind zudem verfügbar auf http://coin.ccca.at.

chengast in diesem Band – sind mit signifikanten wirtschaftlichen Auswirkungen verbunden.

Die Weltorganisation für Meteorologie wies bereits 1979 in ihrer ersten Weltklimakonferenz darauf hin, dass „es für die Nationen dieser Erde dringend geboten ist: [...] die möglichen anthropogen verursachten Klimaänderungen, die der menschlichen Wohlfahrt abträglich sein können, vorherzusehen und zu verhindern", sowie dass „es möglich sei, dass einige Auswirkungen auf regionaler und globaler Skala vor dem Ende des [XX.] Jahrhunderts klar erkennbar und vor der Mitte des folgenden [XXI.] Jahrhunderts signifikant wären" (WMO, 1979).

Die seit 1990 regelmäßig publizierten Sachstandsberichte des Weltklimarates (Intergovernmental Panel on Climate Change, IPCC) fassen jeweils den aktuellen Stand des Wissens zusammen. Bis zum Ende des Jahrhunderts wird bei ungeminderten Treibhausgasemissionen eine Erhöhung der globalen Durchschnittstemperatur im Jahresmittel um 3,2 bis 5,4 °C erwartet (IPCC, 2013, 2014a), mit signifikanten Folgen in allen Erdteilen (IPCC, 2014a,b). Selbst die ambitioniertesten Emissionsminderungsszenarien werden zu signifikanten klimatischen Änderungen führen: so würde sich auch bei der gemäß Pariser Klimaabkommen vereinbarten (aber bis dato nicht durch ausreichend Emissionsminderungszusagen belegten) Begrenzung der Erwärmung bei nicht mehr als 2 Grad die Temperatur in binnenklimatischen Zonen deutlich mehr erhöhen, in den österreichischen Alpen etwa selbst in diesem Fall um 4,5 bis 6,6 °C (*Jacob et al*, 2013).

Die mit dem Klimawandel verbundene gesellschaftliche Herausforderung ist eine dreifache. Zuallererst, wie es die Weltorganisation für Meteorologie bereits 1979 formulierte, „die anthropogen verursachten Klimaänderungen zu verhindern" – durch drastische Emissionsminderung (UNFCCC, 2015). An die bereits sichtbaren und – durch große Trägheit des Klimasystems weitere erst in Zukunft sich zeigenden – Klimaänderungen, die die bisherigen Emissionen bereits ausgelöst haben und zukünftige Emissionen auslösen werden, gilt es sich zweitens anzupassen, um die Folgekosten kleiner zu halten. Schließlich stehen für bereits verursachte Verluste und nicht verhinderte Schäden („loss and damages") auch Kompensationsforderungen zur Diskussion. In allen drei Bereichen ist es wesentlich, als gute Entscheidungsgrundlage Informationen über die durch den Klimawandel ausgelösten Folgen – Nutzen wie Kosten – zu haben. Weil es sich um einen Bereich handelt, der sowohl große Komplexität als auch hohe Unsicherheiten aufweist, ist es ein nicht einfaches Unterfangen solche Information bereit zu stellen.

Während es auf globaler Ebene im Kontext der Bestimmung der sozialen Kosten von Treibhausgasemissionen („social cost of carbon") schon eine Reihe von gesamthaften, allerdings top-down Bewertungen der (Netto-)Folgekosten gibt

(*Tol*, 2002a,b; *Stern*, 2007; *Hof et al*, 2008; *Nordhaus*, 2011; *Watkiss*, 2011), wie auch umfassende Kritik an der dafür herangezogenen ersten Generation von Integrated Assessment Modellen (zB *Pindyck*, 2013), sind bottom-up Bewertungen meist nur für einzelne subnationale Regionen oder Wirtschaftssektoren verfügbar – mit ein Grund für die Kritik an aus mancher Sicht unzureichenden globalen top-down Quantifizierungen. IPCC (2014a,b) betont auf dieser Basis den weiterhin hohen Bedarf an disaggregierten Studien und Szenarien, die für die Bewertung der Folgewirkungen auf nationaler und lokaler Ebene aussagekräftig sind.

Für Österreich liegt als eines der ersten Länder nunmehr auf nationaler Ebene eine solche Bewertung der Folgekosten des Klimawandels, konsistent und umfassend über alle Wirkungsbereiche vor, erstellt von einem Team aus 42 WissenschafterInnen aus 18 Forschungsgruppen aus mehreren europäischen Ländern, um die vielfältigen Wirkungsbereiche adäquat integrieren zu können. Die Ergebnisse sind im Detail dargestellt in *Steininger et al* (2015). Auf Basis dieser Untersuchung gibt der vorliegende Beitrag einen Überblick über die wesentlichsten Ergebnisse im Kontext des hier vorliegenden Bandes zum Klimaschutzrecht.

2. Gesamtwirtschaftliche Bewertung und methodischer Ansatz

Der interdisziplinäre Ansatz "Cost of Inaction – Assessing Costs of Climate Change for Austria" (COIN) evaluiert die ökonomischen Auswirkungen des Klimawandels für Österreich. Dazu werden in den 12 Schlüsselsektoren sektorintern und -übergreifend mittels Szenarien mögliche Auswirkungen von Klimaänderungen in Kombination mit sozioökonomischen Entwicklungen analysiert. Szenarien sind plausible alternative zukünftige Situationen, deren Analyse es erlaubt, Bandbreiten zwischen negativen und positiven Auswirkungen abzuschätzen sowie kritische Konstellationen zu erkennen. Im Ansatz COIN geht das Hauptszenario für den Zeithorizont 2050 von einer globalen Erwärmung leicht unterhalb der in der Vergangenheit tatsächlich gemessenen Emissionen aus (verwendet wird ein sogenanntes A1B-Emissions-Szenario, dieses liegt bis 2050 innerhalb von 2-Grad Erwärmung). Diese Annahme setzt für die Zukunft eine stärkere als derzeit beobachtbare Klimapolitik voraus. Die hier im Folgenden zusammengefassten Analysen berücksichtigen bereits Anpassungen des Einzelnen und zeigen nur jenen Ausschnitt aller möglichen Auswirkungen, der bereits aufgrund vorhandener Modellierungen quantifizierbar ist. Es besteht weiterer Forschungsbedarf insbesondere auch für die nach aktuellem Forschungsstand noch nicht quantifizierbaren Auswirkungen.

Die Forschungsarbeit integriert unter Federführung der Klimaökonomik die Agrarökonomik, Forstwirtschaft, Wasserwirtschaft, Gesundheitsökonomik, Tourismusforschung, Verkehrswissenschaften, Biologie, Energieökonomik, Produktionsökonomik, Stadtplanung, Risikoforschung und Meteorologie, um auf konsistente und damit vergleichbare Weise die ökonomischen Auswirkungen des Klimawandels quer über alle Bereiche zu bewerten. Die Ergebnisse wurden durch ein Internationales Scientific Advisory Board geprüft sowie zwei Review-Prozessen durch insgesamt 38 internationale Gutachter unterzogen, demgemäß weiter verbessert *(Steininger et al,* 2015, 2016).

Die Bereiche der Klimawandelauswirkungen sind in der Österreichischen Strategie zur Anpassung an den Klimawandel (BMLFUW, 2012) nach Handlungsfeldern gegliedert. Der Ansatz COIN verwendet dieselbe Gliederung und untersuchte die Auswirkungen somit für Landwirtschaft, Forstwirtschaft, Wasserwirtschaft, Tourismus, Elektrizitätswirtschaft, Heizen und Kühlen (Gebäude), Gesundheit, Ökosysteme und Biodiversität, Verkehrsinfrastruktur, Handel und Fertigung, Stadt und Raumordnung, Naturgefahren und Katastrophenmanagement (wobei die letzten beiden genannten und in BMLFUW [2012] separaten Bereiche hier jeweils in einen Bereich zusammengefasst wurden). In jedem dieser Bereiche wurden die ökonomisch relevanten Wirkungsketten identifiziert, sowie jener Ausschnitt aus diesen Wirkungsketten auch quantitativ (dh in Euro) bewertet, für den dies nach aktueller Verfügbarkeit von quantitativen Modellen bereits belastbar möglich ist.

Der Klimawandel wird auf globaler Ebene eine Reihe von Auswirkungen auslösen, die dann vielfach auch auf Österreich rückwirken. So wird zum Beispiel erwartet, dass der Klimawandel bis zur Mitte des Jahrhunderts zwar in einigen Regionen die landwirtschaftlichen Erträge erhöht, aber in Summe auf globaler Ebene eine deutliche Verringerung eintritt (IPCC, 2014a,b). Diese klimabedingten Ernteänderungen können zu erhöhten Weltmarktpreisen und neuen Importabhängigkeiten sowie letztlich zu Nahrungsmittelknappheit führen. Auch wird erwartet, dass die Auswirkungen des Klimawandels die Armut in den meisten Entwicklungsländern vergrößern werden sowie neue Armutssegmente in Ländern mit zunehmender Ungleichheit schaffen werden (IPCC, 2014a,b). Dies könnten insbesondere die schon jetzt einsetzenden Flüchtlingsströme aus Afrika nach Europa (und damit Österreich) weiter erhöhen. Aufgrund der Komplexität der Auswirkungen auf globaler Ebene und ihrer Rückwirkungen auf Österreich wurden – bedingt durch die relativ dazu recht kurze Projektlaufzeit – diese in die mit dem COIN Ansatz durchgeführte Untersuchung nicht mit einbezogen. Untersucht wurden lediglich jene Auswirkungen des Klimawandels auf Österreich, die auch in Österreich ihren Ausgang nehmen.

3. Die Bewertung von Trends und Extremereignissen

Der aktuelle Stand des Wissens – zusammengefasst jüngst in IPCC (2013, 2014a,b) – lässt für Europa und Österreich belastbare Aussagen für Trend-Entwicklungen zu, wobei die verbleibenden Unsicherheiten auf regionaler Skala für die Temperaturentwicklung deutlich kleiner sind als für die Niederschlagsentwicklung. Aus Klimaszenarien ableitbare Aussagen über die Entwicklung von Intensität und Häufigkeit von Extremereignissen in der Zukunft hingegen sind deutlich schwieriger, wobei Aussagen über Extremereignisse mit großer räumlicher/zeitlicher Ausdehnung (zB Dürren oder Hitzewellen) belastbarer sind als Aussagen über kleinräumige kurzfristige Ereignisse wie konvektive Extremniederschläge (inklusive Gewitter, Hagel; aber auch deren Folgen wie Muren und Hangrutschungen). Letztere sind jedoch ebenso in hohem Ausmaß schadensrelevant. Auf aktuellem Wissensstand konnten mit dem Ansatz COIN folglich Wirkungsketten evaluiert werden, sofern sie durch Trendentwicklungen ausgelöst werden (etwa höhere Temperatur oder – je nach Region und Jahreszeit – geringere Niederschläge). Für die Auswirkungen von Extremereignissen waren belastbare Aussagen nur für wenige ausgewählte Bereiche möglich: Dürre in der Landwirtschaft, durch großräumige mehrtägige Hochwasser ausgelöste Gebäudeschäden, und Gesundheitsfolgen von Hitzewellen. In der gesellschaftlichen Entscheidung über Antworten auf den Klimawandel (Minderung der Emissionen, Anpassung an ausgelösten Klimawandel) sind jedoch nicht nur durchschnittliche (Trend-)Entwicklungen relevant, sondern gerade auch Ereignisse, die nicht alljährlich auftreten, aber mit umso größeren Folgen verbunden sind. Hier besteht zukünftig noch besonderer Forschungsbedarf.

4. Folgewirkungen des Klimawandels nach einzelnen Bereichen

Die Ertragspotenziale für die *Landwirtschaft* steigen (primär temperaturbedingt, etwa durch längere Vegetationsperioden, aber auch durch CO_2-Düngungseffekte) im österreichweiten Schnitt, zumindest bis zur Mitte des Jahrhunderts. Dem wirken jedoch vielfältige Störungen va durch extreme Wetterereignisse und -perioden, höhere Investitionskosten (zB Bewässerung) sowie Störungen von Ökosystemfunktionen (untersucht wurden Bestäubungsleistung durch Insekten sowie biologische Schädlingskontrolle) entgegen, und können die Ertragspotenzialsteigerungen jeweils auch gänzlich zu Nichte machen. Der Sektor selbst würde von den (zudem insgesamt unsicheren) höheren Ertragspotenzialen weniger profitieren als etwa der Nahrungsmittel- oder Handelssektor.

Die längeren Vegetationsperioden materialisieren sich bei den langen Umlaufzeiten in der *Forstwirtschaft* nicht in höhere Erträge, da die Kalamitäten durch Borkenkäfer in wärmeren Sommern stark zunehmen werden. Zusätzlich wirksame Dürren gerade im Süden und Osten Österreichs sowie gegebenenfalls höhere Windspitzen bei auftretenden Stürmen können die Erträge künftig sinken lassen, sofern keine gezielten Anpassungsmaßnahmen gesetzt werden. Für die Erhaltung der Schutzwaldwirkung würden Investitionen fällig, die über den Produktivitätsausfällen liegen.

Ökosystemleistungen werden klimatisch entscheidend beeinflusst. Die Forschung ist bei der Ableitung von Schwellenwerten, die bestimmte Ökosystemleistungen entscheidend mindern können, noch ganz am Anfang. Erosionsschutz, Schadstoffpufferkapazitäten von Böden und Vegetation oder Trinkwasserbereitstellung sind ökonomisch extrem relevante Ökosystemleistungen. Mit dem Ansatz COIN wurden nur die landwirtschaftlich relevanten Dienstleistungen der Bestäubung durch Insekten und der Schädlingskontrolle durch Nützlinge untersucht, die Ergebnisse wie zuvor angegeben im Bereich Landwirtschaft berücksichtigt.

Gesundheit: Häufiger auftretende und intensivierte Hitzewellen erhöhen die Todesfälle bei der wachsenden Gruppe der älteren Bevölkerung (zusätzlich etwa 1.000 jährliche Todesfälle in der Periode 2036–2065, mittlere Annahmen). Abschätzungen für extremere Jahre mit damit verbundener Ausweitung der vulnerablen Bevölkerungsgruppe auf Personen mit chronischen Erkrankungen können zu einer Versechsfachung der Gesundheitseffekte im Vergleich zu den mittleren Annahmen führen.

Für den Bereich *Wasserver- und -entsorgung* konnte ebenfalls nur ein Teil der Wirkungszusammenhänge quantifiziert werden. Dabei zeigt sich, dass für ein Jahr in der Mitte des Jahrhunderts die ohnehin in beträchtlicher Höhe erforderlichen zusätzlichen Investitionen durch den Klimawandel um zumindest 10 % höher ausfallen werden (aufsummiert bis 2050 um zumindest € 170 Mio. höher). Bereits heute stellen Überschwemmungen eines der ökonomisch bedeutendsten Klima- bzw Wetterrisiken in Österreich dar.

Der Klimawandel fordert das *Katastrophenmanagement* zusätzlich, insbesondere auch in Hinblick auf eine Reduktion der Vulnerabilität. Die Prognoseunsicherheiten sind allerdings groß, da Extremereignisse prinzipiell als Ausreißer aus dem normalen Wettergeschehen schwer abzuschätzen sind. Waren die durchschnittlichen jährlichen Hochwasserschäden für den Zeitraum 1981–2010 im Bereich von € 200 Mio, dürften die Bandbreiten prognostizierter jährlicher Schadenssummen zwischen € 400 Mio und € 1.800 Mio für den Zeitraum 2036–2065 liegen. Eine Abschätzung der Schadenssummen 100-jähriger Hochwasserereignisse zeigt, dass diese sich durch Klimawandel und Vermögenszuwächse etwa verdoppeln, wenn sie statt in der Periode 1977–2006 in der Periode 2036–2065 auftreten. Diese könnten dann Schäden von jeweils € 4 bis 7 Mrd (jeweils zu heutigen Preisen) verursachen.

Schäden vor allem durch niederschlagsinduzierte Massenbewegungen und Unterspülungen an der *Verkehrsinfrastruktur* sind heute schon beträchtlich (€ 18 Mio jährlich für die Straßeninfrastruktur) und werden künftig vor allem von der Entwicklung des Verkehrsnetzes abhängen. Je nach Streckenzuwachs wächst die Exposition der Verkehrsnetze, wobei auch regional sehr unterschiedliche Dispositionen gegenüber den Schadensereignissen (zB Hangrutschungsneigung, Murengefahr, Gefährdung durch Unterspülungen oder auch Windwurf) berücksichtigt werden müssen. Die indirekten Folgewirkungen von Verkehrsunterbrechungen (Produktionsausfälle und Zeitverluste) können – je nach Unterbrechungszeit und Umfahrungsmöglichkeiten – weit über den direkten Reparatur- und Instandsetzungskosten liegen.

Beim Energieverbrauch durch *Gebäude* überwiegen bis zur Mitte des Jahrhunderts die Einsparungen fossiler Energieträger während der Heizperiode gegenüber dem zusätzlichen (elektrischen) Energiebedarf während der Kühlsaison. Kritisch ist allerdings ein Auseinanderdriften zwischen der (in Österreich wesentlich durch Wasserkraft bedingten) *elektrischen Erzeugungskapazität* im Sommer und der erhöhten Kühlenergie-Nachfrage in der gleichen Zeit. Neue sommerliche Lastspitzen beim elektrischen Energiebedarf stehen demnach Einschränkungen in der Erzeugung während sommerlicher Dürreperioden gegenüber, die über Import bzw zusätzliche andere Kraftwerkskapazitäten ausgeglichen werden müssen. Zusatzbelastungen entstehen beim Import für das europäische Stromverbundnetz (vor allem durch die Südländer der EU) und die Gefahr von extrem teuren großräumigen Stromausfällen (Black-Outs) steigt.

Die Auswirkungen des Klimawandels auf *Fertigung und Handel* sind branchenspezifisch sehr vielfältig, von veränderten Anforderungen an Kühlung und Kühlketten in Produktion und Transport bis zur Beeinflussung des Transportnetzes, das ua für Vorleistungen wesentlich ist, durch Extremereignisse. Einheitlich quer über alle Branchen aus Fertigung und Handel wurden die Einbußen in Arbeitsproduktivität durch vermehrte Hitzeperioden bewertet: Sie schlagen bis zur Mitte des Jahrhunderts – allein für Fertigung und Handel – mit bis zu € 140 Mio jährlich zu Buche.

In *Städten* wird der Klimawandel die Auswirkungen städtischer Hitzeinseln weiter verstärken. Durch die versiegelte Fläche und Gebäude ist die sonst durch Flora gewährleistete lokale Abkühlung nicht gegeben, es ist innerhalb der Städte um einige Grad wärmer als im Umland.

Im *Tourismus* nützen steigende Temperaturen und sinkende Niederschlagsmengen vor allem dem Sommertourismus, während sie dem Wintertourismus in seiner derzeitigen Form schaden. Die bis zur Mitte des Jahrhunderts in einem mittleren Klimawandelszenario erwartbaren jährlichen Einbußen in Nächtigungen im Wintertourismus übersteigen mit 1,5 Mio deutlich die Zugewinne im Sommertourismus, und allein dieser Netto-Nachfrageausfall führt zu direkten Verlusten in Höhe von durchschnittlich rund € 300 Mio jährlich. Hinzu kommen noch die makroökonomischen Folgewirkungen (siehe Abschnitt 5 im Folgenden), sowie eine veränderte Kostenstruktur des Sektors (zB Bewässerungskosten, Kunstschneebedarf, Klimaanlage etc) und Auswirkungen von vermehrten Extremwetterereignissen.

5. Volkswirtschaftliche Rückwirkungen und Maßgrößen

Während es bisher für Österreich bereits – meist jedoch regionsspezifische – Untersuchungen in einzelnen Bereichen gab, fokussiert der Ansatz COIN auf eine österreichweite Bewertung aller Bereiche. Zudem ist die durchgängige Ermittlung der jeweiligen Folgewirkungen für den Rest der Volkswirtschaft ein zentraler Mehrwert dieses Ansatzes. So führen etwa die Produktivitätsverluste in Fertigung und Handel, ausgelöst durch mehr Hitzeperioden, durch die wirtschaftliche Verflechtung dieser Sektoren zu Folgeschäden auch in anderen Sektoren, die zu insgesamt mehr als vier Mal höheren gesamtwirtschaftlichen Verlusten führen. Dieser gesamtwirtschaftliche »Vergrößerungseffekt« einzelsektoraler Schäden beträgt – je nach Sektor – zwischen 60 % (makroökonomische Folgewirkungen der Übernachtungseinbußen im Tourismus) und dem genannten mehr als Vierfachen. Der hier gewählte Ansatz bietet erstmals eine derartig umfassende Abschätzung. Erst die Berücksichtigung dieser gesamtwirtschaftlichen Rückwirkungen ermöglicht belastbare Aussagen zu den Auswirkungen auf öffentliche und private Budgets, wie sie für alle Bereiche vorgenommen wurden.

Betreffend der zu betrachtenden und relevanten Maßgröße wird am Beispiel von Hochwasserschäden schnell ersichtlich, dass zwar einerseits durch Produktionsausfälle die Messgröße Bruttoinlandsprodukt (BIP) reduziert, sie aber andererseits durch Wiederaufbauarbeiten gesteigert wird. Netto erhöhen (klimabedingte) Extremereignisse zumindest kurzfristig vielfach das BIP, während erst langfristig etwa auch der verlorengegangene Kapitalstock mindernd durchschlägt. Sind wir also am »Wohlbefinden« der österreichischen Bevölkerung interessiert, so haben wir auf eine Messgröße zu fokussieren, die die bloße Wiederherstellung von zuvor vorhandenen (und erst durch klimawandelbedingte Ereignisse zerstörte) Bestände nicht als Zuwachs des Wohlstandes wertet. Daher wird mit dem Ansatz COIN zusätzlich zur BIP-Veränderung auch ein um diese Effekte bereinigter Wohlstands-Indikator ermittelt. Sowohl die Größenordnung der Entwicklung des Wohlstandsindikators ist eine andere als die des BIP, als in einigen Fällen auch sogar die Richtung (wie am Beispiel Hochwasser gezeigt). Mangels geeigneter Daten und Methoden wurden nicht-marktliche Folgeschäden weitgehend nicht bewertet. So wurden beispielsweise die durch Hochwasser verursachten Kosten psychischer Folgen wie das emotionale Leid beim Verlust von Erinnerungsstücken nicht berücksichtigt.

Die sehr detaillierte Analyse der Wirkungsketten und die monetär einheitlich bewerteten potenziellen Schäden für alle Bereiche (direkt im Sektor, in der Gesamtwirtschaft, auf öffentliche Budgets) liefert auch für die Weiterentwicklung der Klimawandelanpassungsstrategie nützliches Orientierungswissen. Auf dieser Grundlage können nunmehr Prioritäten gesetzt und gezieltere Handlungsanleitungen als wesentlicher Input im weiteren Prozess entwickelt werden.

6. Bewertung der Netto-Gesamtfolgekosten des Klimawandels

Die Klimaerwärmung ist schon beobachtbar, die Temperatur ist in Österreich wie erwähnt im Jahresmittel seit 1880 um knapp 2 Grad gestiegen. Die wetter- und klimabedingten Schäden belaufen sich damit bereits heute in Österreich auf jährlich durchschnittlich rund € 1 Mrd (vgl Tabelle 1). Diese Zahl berücksichtigt nur bedeutende Naturkatastrophen sowie hitzebedingt-frühzeitige Todesfälle. Diese Schäden werden – und zwar in einer Netto-Betrachtung, dh Nutzen abzüglich Kosten – in Zukunft ansteigen, insbesondere wenn es nicht zu signifikanten Emissionsreduktionen kommen sollte. Die Netto-Schäden können dabei in zwei Kategorien unterteilt werden: zum einen kann unter der Annahme eines konstanten Klimas untersucht werden, wie allein die sozioökonomische Entwicklung (etwa der erwartete Anstieg des Anteils der älteren Bevölkerung und die damit einhergehende größere Betroffenheit bei Hitzewellen, selbst wenn diese in unveränderter Frequenz und Intensität auftreten würden) die wetter- und klimabedingten Schäden beeinflussen. Zum zweiten kann untersucht werden, wie der zusätzlich ausgelöste Klimawandel selbst die Netto-Schäden beeinflusst. In Abbildung 1 und Tabelle 1 sind diese beiden Schadenskategorien in ihren Netto-Ausprägungen in einem mittleren Szenario jeweils dargestellt für die (30-jährige) Klimaperiode um das Jahr 2030 (Tabelle 1) sowie um das Jahr 2050 (Abbildung 1 und Tabelle 1). Abbildung 1 ist dabei eine stilisierte Darstellung zur Verdeutlichung des Konzepts. Der Ansatz COIN zeigt, dass die gesellschaftlichen Schäden in Netto-Betrachtung – zunächst für ein mittleres Klimawandelszenario, bis zur Jahrhundertmitte – auf durchschnittlich jährlich € 4,2 Mrd bis € 5,2 Mrd (heutiges Preisniveau) steigen werden (vgl Tabelle 1).

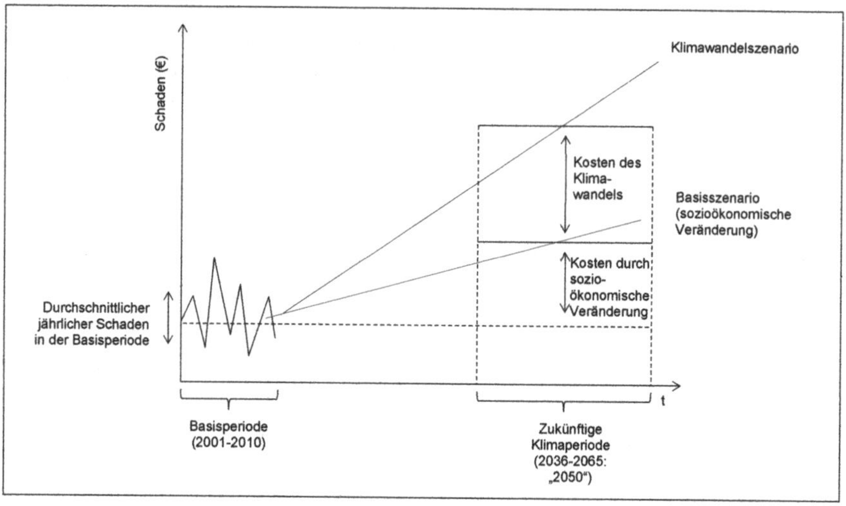

Abbildung 1: Szenarien der wetter- und klimabedingten gesellschaftlichen Kosten

Tabelle 1: Klima- und wetterinduzierte Schäden, Österreich, ohne globale Rückwirkungen, nur belastbar quantifizierbare Wirkungsketten (nicht berücksichtigte Wirkungsketten: siehe Tabelle 3), jährlicher Durchschnitt, sowie geringere und höhere Schadensbereiche, für die Perioden 2016–2045 und 2036–2065

Schaden in Millionen €, Durchschnitt pro Jahr (zu Preisen 2010)		
A) Bereits heute beobachtbare Schäden		
Gesamt (Markt & Nicht-Markt-Schäden)	850 to 1.090	
Jährlicher Durchschnitt Schäden aus klima- und wetterbedingten Ereignissen (Münchner Rück, Ø 2001 bis 2010)	705	
Nicht-Markt Schäden: Hitzebedingte vorzeitige Todesfälle	145 to 385	
B) Zusätzliche zukünftige Schäden	**2016–2045**	**2036–2065**
Schäden durch verändertes Klima (Wohlfahrtsverlust) [Bandbreite: geringere/höhere Schäden]	995 [890 bis 1.211]	1.950 [1.825 bis 2.280]
Zusätzliche Schäden durch sozioökonomische Veränderungen	270 [268 bis 314]	825 [800 bis 1.080]
Nicht-marktliche Schäden:		

Hitzebedingte vorzeitige Todesfälle	95 bis 255	570 bis 1.300
Bewertung mittels Value of Life Years Lost (€ 63.000 pro LYL)	95 [82 bis 580]	570 [285 bis 1.840]
oder Bewertung mittels Value of Statistical Life (€ 1,6 Mio pro SL)	255 [210 bis 1.535]	1.300 [640 bis 4.350]
Gesamte jährliche Schäden (bereits heute beobachtbare Schäden plus zukünftig zusätzliche Schäden)	**2.211 bis 2.610** [2.090 bis 4.150]	**4.200 bis 5.170** [3.760 bis 8.800]

Anmerkungen:
Zahlenwerte in fett: Mittelwert Trendszenario; in eckiger Klammer [Geringere (höhere) Schadenssummen: andere sozioökonomische Entwicklung und geringerer (höherer) Klimawandel] Werte für VSL und LYL aus Watkiss (2011), Hitzebedingte vorzeitige Todeszahlen aus Haas et al 2015

Tabelle 2: In Schadensquantifizierung berücksichtigte Wirkungsketten des Klimawandels

Wirkungsbereich	berücksichtigte Wirkungsketten
Landwirtschaft	- Temperaturanstieg: längere Wachstumsperiode, jedoch Wasser verfügbarkeit zunehmend als limitierender Faktor - Veränderung des Niederschlags und der Bodenerosion, Niederschlagsschäden bei Pflanzen
Forstwirtschaft	- Verlängerung der Wachstumsperiode - Trockenheit - Borkenkäfer
Ökosystem-Dienstleistungen und Biodiversität	
Gesundheit	- Vorzeitige Todesfälle durch Hitze
Wasserver- und entsorgung	- Verringerte Grundwasserneubildung und Quellenergiebigkeit - Starkniederschlagsereignisse und zugehörige Infrastrukturschäden und - anpassungen - Vermehrte Wasserentnahme - Vermehrte Winterabwasservolumina - Sedimentationsanstieg in Trockenperioden
Gebäude	- Verringerung der Heizlast - Erhöhung der Kühllast

Elektrizitätserzeugung	- Veränderte Wasserführung für Wasserkraft - Veränderung in Windgeschwindigkeit und solarer Einstrahlung - Höherer Kühlbedarf im Sommer und verringerter Heizbedarf im Winter mit entsprechender Elektrizitäts-Nachfrageänderung
Verkehr und Mobilität	- Wiederherstellungskosten von Straßeninfrastrutkur nach Überflutungen, Erdrutschen und Vermurung
Herstellung und Handel	- Änderung der Arbeitsproduktivität
Städte und Grünräume	- Verlust des Klimakomforts (bzw Verhinderung desselben durch Ausweitung der Parkflächen)
Katastrophen Management	- Gebäudeschäden nach Fluß-Hochwässern
Tourismus	Änderung in Übernachtunsgzahlen im Winter- und Sommertourismus als Folge von Änderungen in Schneesituation, Niederschlägen und Temperatur

Tabelle 3: In Schadensquantifizierung nicht berücksichtigte Wirkungsketten des Klimawandels (Auswahl)

Wirkungsbereich	Nicht berücksichtigte Wirkungsketten
Landwirtschaft	Kosten der Bewässerung Zusätzliche Schädlingskotrolle Bodenerosion Hitzeinduzierter Produktivitätsverlust der Arbeitskräfte Starkregen-Ereignisse Überflutungsschäden
Forstwirtschaft	Sturm-Ereignisse Änderung in der Artenzusammensetzung durch Erwärmung Hitzeinduzierter Produktivitätsverlust der Arbeitskräfte
Ökosystem-Dienstleistungen und Biodiversität	Es wurden keinerlei Auswirkungen monetarisiert (somit wurden weder Verlust der Schädlingskontrolle, oder von Bestäubungsleistungen, Artenverlust etc. einbezogen).

Gesundheit	Hitzebedingte Krankheiten Extreme Niederschlagsereignisse Luftverschmutzung Wasser- und Lebensmittelübertragene Krankheiten Vektor-übertragene Krankheiten Auswirkungen von Umsiedlungen
Wasserver- und entsorgung	Wiederherstellungskosten nach Überflutungen Wasserqualitätsänderungen durch Erwärmung Dürren und daraus resultierende Investitionen Zunahme der Wasserbehandlung durch geringere Oberflächengewässer-Erneuerungsrate Verschmutzung nach Überflutungen Geringere Sauerstofflöslichkeit in Oberflächengewässern
Gebäude	Geringerer Komfort durch Sommerhitze Höhere Sturm-Frequenz
Elektrizitätserzeugung	Änderung in Wasserführung und –temperatur Naturereignisse (Sturm, Überschwemmungen, andere Extreme) und deren Folgen
Verkehr und Mobilität	Verkehrsunterbrechungen Wasserverkehr (Verringerung der Wassertiefe) Sturm-Ereignisse Temperatur-bedingte Deformation der Straßenoberfläche Eisenbahn Luftverkehr Passagier-Komfort in den Fahrzeugen
Herstellung und Handel	Temperatur- und Extremereignis-bedingte Umstellungen im Produktionsprozess Kühlung und Heizung Schäden an der Infrastruktur Verschiebungen im Konsum
Städte und Grünräume	Verringerung des Klimakomforts Städtetourismus Hitzebedingte Schäden an Gehsteigen, Straßenbahnschienen etc.
Katastrophen Management	Katstrophenhilfskräfte Freiwillige KatastrophenhelferInnen Sturm-Ereignisse Dürren
Tourismus	Änderung in Wasser- und Energienachfrage Änderung in Verfügbarkeit von für Tourimus wichtigen Umweltressourcen Extremereignisse (samt Geschäftsunterbrechungen)

Mit dem Ansatz COIN wurden zudem alternative Klimaszenarien (stärkere und schwächere regionale Ausprägungen innerhalb des gleichen globalen Emissionsszenarios) und sozioökonomische Szenarien (demographische Entwicklung, Wirtschaftswachstum) untersucht, aus deren konsistenter Anwendung über alle Sektoren sich auch ein geringerer und ein höherer Schadensbereich abschätzen lässt, der in Tabelle 1 jeweils in den Bandbreiten wie in eckigen Klammern angegeben eingegrenzt wird. Demgemäß können wir damit rechnen, dass die heute bereits quantifizierbaren Gesamtschäden – und zwar quer über die zuvor genannten Felder, von Land- und Forstwirtschaft bis Tourismus – zur Mitte des Jahrhunderts insgesamt innerhalb einer Bandbreite von jährlich durchschnittlich € 3,8 Mrd bis € 8,8 Mrd liegen werden (vgl Tabelle 1).

Bei diesen Zahlen gilt es Mehreres zu bedenken: Sie betreffen lediglich den zuvor dargestellten und schon belastbar monetär bewertbaren Ausschnitt an Wirkungsketten, die in Österreich ihren Ausgang nehmen (vgl Tabelle 2); es sind darin zudem keinerlei Rückwirkungen globaler Auswirkungen auf Österreich berücksichtigt; an Extremereignissen werden einzig Hochwasserschäden an Gebäuden berücksichtigt (und diese nur im Mittel). Dazu kommen dann die Schäden durch die hierin noch nicht berücksichtigten Klimafolgen (siehe Tabelle 3 für die wichtigsten nicht einbezogenen Wirkungsketten).

In die vielerorts verwendete Maßgröße BIP fließen Aktivitäten wie der Wiederaufbau nach Hochwasserschäden (der allerdings nur den ursprünglichen Wohlfahrts-Zustand, zumindest teilweise, wiederherstellt) als steigernd ein, daher ist der Verlust in BIP gemessen übrigens kleiner. Die bisher genannten Schadenszahlen beziehen sich zudem jeweils nur auf den jährlichen Mittelwert. Gesellschaftlich relevant ist jedoch nicht nur dieser Mittelwert aus möglichen Schadensszenarien, sondern auch in welcher Häufigkeit und Intensität Extremereignisse auftreten können. Die Ergebnisse aus COIN zeigen dies für drei Beispiele: Ein 100-jährliches Hochwasser wird zur Mitte des Jahrhunderts allein zu Gebäudeschäden in Höhe von € 4 bis € 7 Mrd führen, zum Ende des Jahrhunderts in Höhe von € 8 bis € 41 Mrd (ein 20-jährliches dann zu Gebäudeschäden in Höhe von € 3 bis € 16 Mrd, heutiges Preisniveau), je nach gewähltem Klima- und sozioökonomischen Szenario (nur direkte Schadenskosten wie Wertverluste und Reparatur, jedoch noch ohne Berücksichtigung von volkswirtschaftlichen Folgeschäden). Hitzewellen, wie sie bereits zur Mitte des Jahrhunderts im Schnitt alle 20 Jahre auftreten, erhöhen die dadurch ausgelösten Todeszahlen dann auf 6000 bis 9000; Dürreperioden, wie sie zur Mitte des Jahrhunderts bereits jedes vierte Jahr auftreten, verursachen allein in der Landwirtschaft Produktionsausfälle in Höhe von rund € 56 Millionen.

Da wir beim Phänomen Klimawandel mit einer solch großen Bandbreite an Extremereignissen konfrontiert sind, müssen wir als Gesellschaft die Frage beantworten, ob es in der erwarteten Bandbreite Ereignisse gibt, die wir jedenfalls vermeiden wollen. Und dann die entsprechenden Schritte – in Emissionsminderung und Anpassung – setzen.

Auf diese Bandbreite an möglichen Folgen zu reagieren heißt für die Anpassung auch, dass sie zeitgerecht und flexibel angelegt werden müsste, und dementsprechend umfassender, wenn wir den Klimaschutz global nicht oder nicht ausreichend schaffen sollten.

7. Versicherung gegen Klimawandel? Emissionsminderung und Anpassung

Klimawandel ist in menschlichen Zeitdimensionen nicht umkehrbar, und das globalste, langfristigste, und in seiner Größenordnung unsicherste Gesellschaftsproblem (*Wagner* und *Weitzman,* 2015). Was wir heute bereits wissen und quantifizieren können ist erst ein (möglicherweise auch eher kleiner) Teil der klimawandelbezogenen Folgekosten. Versicherungen sind nicht darauf ausgelegt, uns gegen das zu versichern, was mit großer Wahrscheinlichkeit eintreten wird. Sie zielen stattdessen auf Eventualitäten ab, wie die kleine Chance, dass das Haus Feuer fängt. Leider ist die Chance dramatischer Auswirkungen des Klimawandels nicht so klein. Die aktuell gegebene 10-prozentige Chance einer existentiellen, planetaren Katastrophe durch den Klimawandel (*Wagner* und *Weitzman,* 2015) ist viel zu hoch, als dass sie mit der herkömmlichen Versicherungslogik in den Griff zu bekommen wäre. Eine Versicherung, wie wir sie herkömmlich kennen, würde so funktionieren, dass wir einen Betrag regelmäßig vorab auf ein Konto überweisen, um für den Notfall, eben das Eintreten der Klimaschäden, gewappnet zu sein. Das wäre jedoch für das Ausgleichen von Klimaschäden nicht genug. Denn was tun wir dann mit einem zwar ausreichend hohen Kontostand, aber zB keinem hochwasser-, oder murensicheren Wohnraum in (vielen) Regionen Österreichs? Das Geld zu haben nützt nur, wenn es auch rein physisch die Gebäude, Lebensmittel, … (und anderen Güter) noch gibt, um die menschlichen Grundbedürfnisse zu befriedigen.

Versicherung in diesem Sinne bedeutet das Grundproblem selbst zu lösen, die Treibhausgaskonzentration in der Atmosphäre nicht weiter ansteigen zu lassen. Der Vergleich mit einem kranken Patienten liegt nah: Anpassung lindert allenfalls die Symptome während Klimaschutz/Emissionsreduktion die Ursachen (des Klimawandels) bekämpft. Die hier für den Zeithorizont 2050 analysierten Folgen, vor allem aber die später zu erwartenden noch größeren Netto-Kosten des Klimawandels, wenn diesem nicht durch Treibhausgasemissionsminderung begegnet wird, zeigen wie zentral und wichtig zu setzen die Bemühungen im Klimaschutz sind.

Die mit dem COIN Ansatz erzielten Ergebnisse zeigen aber auch auf, dass für ein gesellschaftlich adäquates Umgehen mit Klimawandel ein frühes Intervenieren im Sinne der Anpassung in vielen Bereichen nötig ist, wenn einerseits bereits jetzt auftretende Schäden gemindert werden sollen und andererseits Anpassungen mit langen Vorlaufzeiten bereits jetzt eingeleitet werden sollen (vgl zB Forstwirtschaft, Gesundheit oder Verkehrs- und Gebäudeinfrastruktur). Freilich gilt, dass auch mit Klimawandelanpassung Residualschäden im Allgemeinen nicht zu vermeiden sind. Wesentlich ist, dass Anpassung nicht allein durch die klimawandelbedingten allmählichen Klimaentwicklungen gerechtfertigt wird, sondern zusätzlich durch Schäden durch Extremereignisse/Naturkatastrophen sowie Wettervariabilität. Ein stärkeres Zusammengehen von Naturgefahrenmanagement und Klimawandelanpassung wird derzeit auf EU-Ebene diskutiert und kann auch in Österreich noch verbessert werden, wodurch die ökonomischen Folgewirkungen des Klimawandels abgemildert werden können. Die Österreichische Anpassungsstrategie spiegelt diese Erfordernisse wider und entwirft einen ersten Handlungsrahmen, der planerische und ökosystemstabilisierende Maßnahmen vorschlägt, die einerseits mit Emissionsminderungszielen und andererseits mit weiteren politischen Zielen, wie Ressourcenschutz, Biodiversität und Nachhaltigkeit, im Einklang stehen.

Der Umsetzung dieser Ansätze – in Klimaschutz, Anpassung und im Umgang mit „loss and damages“ – kommt somit in Hinkunft in Österreich besondere Bedeutung zu, wie die hier quantifizierten wirtschaftlichen Folgekosten belegen. In der praktischen Implementierung kann die legistische Umsetzung eine zentrale Rolle spielen, der sich der vorliegende Band insbesondere widmet.

Literatur:

BMLFUW (2012), Die Österreichische Strategie zur Anpassung an den Klimawandel, BMLFUW, Wien, 2012.

Haas, W., Weisz, U., Maier, P., Scholz, F. (2015). Human health. In: *Steininger et al* (eds), Economic Evaluation of Climate Change Impacts. Development of a Cross-Sectoral Framework and Results for Austria. Springer, Cham, pp. 191–213.

Hof, A.F., den Elzen, M.G.J., van Vuuren, D.P. (2008), Analysing the costs and benefits of climate policy: Value judgements and scientific uncertainties, Global Environmental Change 18: 412– 424.

IPCC (2013) Climate Change 2013: The Physical Science Basis, Working Group I Contribution to the Fifth Assessment Report of the Intergovernmental Panel on Climate Change. Oxford University Press, Oxford.

IPCC (2014a) Climate Change 2014: Impacts, Adaptation, and Vulnerability, Working Group II Contribution to the Fifth Assessment Report of the Intergovernmental Panel on Climate Change. Oxford University Press, Oxford.

IPCC (2014b) Climate Change 2014: Impacts, Adaptation, and Vulnerability, Summary for Policy Makers, IPCC.

IPCC (2014c) Climate Change 2014: Mitigation of Climate Change, Working Group III Contribution to the Fifth Assessment Report of the Intergovernmental Panel on Climate Change, Oxford University Press.

Jacob D. et al (2013) EURO-CORDEX: new high-resolution climate change projections for European impact research. Reg Environ Change. doi:10.1007/s10113-013-0499-2.

Kabas, T. (2005), Das Klima in Südösterreich 1961-2004: Die alpine Region Hohe Tauern und die Region Südoststeiermark im Vergleich, Wegener Center Report 4-2005, Wegener Center Verlag, Graz. http://wegcwww.uni-graz.at/publ/wegcreports/2005/WCV-WissBer-N004-TKabas-Okt2005.pdf

Nordhaus, W.D. (2011), Estimates of the social cost of carbon: background and results from the RICE-2011 model. National bureau of economic research working paper 17540.

Pindyck, R.S. (2013), Climate change policy: what do the models tell us? J Econ Lit 51(3):860–872

Steininger, K., König, M., Bednar-Friedl, B., Kranzl, L., Loibl, W., Prettenthaler, F. (eds) (2015). Economic Evaluation of Climate Change Impacts: Development of a Cross-Sectoral Framework and Results for Austria, Springer.

Steininger, K.W., Bednar-Friedl, B., Formayer, H., König, M. (2016), Consistent economic cross-sectoral climate change impact scenario analysis: method and application to Austria, Climate Services 1: 39-52; doi: 10.1016/j.cliser.2016.02.003.

Stern, N. (2007), The economics of climate change: the Stern review. Cambridge University Press, Cambridge.

Tol, R. (2002a), Estimates of the damage costs of climate change, Part I: Benchmark estimates. Environ Resour Econ 21(1):47–73.

Tol, R. (2002b), Estimates of the damage costs of climate change, Part II: Dynamic estimates. Environ Resour Econ 21(2):135–160.

UNFCCC (2015). Adoption of the Paris Agreement. 21st Conference of the Parties, Paris: United Nations. Available online at: http://unfccc.int/resource/docs/2015/cop21/eng/10a01.pdf

Wagner, G., Weitzman, M.L. (2015). Climate Shock: the Economic Consequences of a Hotter Planet, Princeton University Press.

Wanner, H. (2016), Klima und Mensch. Eine 12´000 jährige Geschichte. Haupt, Bern.

Watkiss P. (ed) (2011), The ClimateCost project. Final report. Volume 1: Europe. Stockholm Environment Institute, Sweden.

WMO (1979), Declaration of the World Climate Conference. World Meteorological Organization, Geneva.

II. Klimaschutzrecht: Status Quo

Internationales Klimaschutzrecht nach dem UN-Klimagipfel in Paris 2015

Yvonne Karimi-Schmidt

1. Einleitung

Vom 30. November bis 12. Dezember 2015 fand in Paris die 21. Vertragsstaatenkonferenz[1] (COP 21)[2] zur UN-Klimarahmenkonvention 1992[3] statt. Auf der Pariser Konferenz, die gleichzeitig als 11. Treffen (CMP 11)[4] zum Kyoto-Protokoll 1997[5]

---

1 Die Vertragsstaatenkonferenz (Conference of Parties [COP]) ist das oberste Entscheidungsgremium der Klimarahmenkonvention (United Nations Framework Convention on Climate Change (UNFCCC). In der COP sind alle Vertragsparteien mit einer Stimme vertreten und es gilt das Konsensprinzip, dh es müssen alle Vertragsparteien dem Ergebnis zustimmen. UNFCCC, Bodies, http://unfccc.int/bodies/items/6241.php (besucht am 15.09.2016). Bundesministerium für Land- und Forstwirtschaft, Umwelt und Wasserwirtschaft (BMLFUW), 24.11.2015, Abteilung Präs. 5 - Kommunikation und Service, Was ist die COP? https://www.bmlfuw.gv.at/umwelt/klimaschutz/internationales/klimakonferenzen/cop_21/grundlagen/wasistdiecop.html (besucht am 15.09.2016). Siehe dazu auch *Bodansky/Brunnée/Rajamani*, International Climate Change Law, Juni 2017, Oxford University Press, 19ff, 58.

2 21st Conference of the Parties (COP 21), https://unfccc.int/meetings/paris_nov_2015/session/9057.php (besucht am 15.09.2016).

3 Die UNFCCC wurde am 09.05.1992 in New York angenommen und am „Rio-Erdgipfel" zur Unterzeichnung aufgelegt. Sie trat am 21.03.1994 in Kraft und hat bis zum Stichtag 12.12.2016 eine Zahl von 197 Vertragsparteien. Ziel der UNFCCC ist laut Artikel 2 eine „Stabilisierung der Treibhausgaskonzentrationen in der Atmosphäre auf einem Niveau zu erreichen, auf dem eine gefährliche anthropogene Störung des Klimasystems verhindert wird." Die UNFCCC enthält keine quantitativen THG-Reduktionsziele. UNFCCC, englische Originalversion, https://unfccc.int/resource/docs/convkp/conveng.pdf (besucht am 12.12.2016).

4 11th Meeting of the Parties (CMP 11) to the 1997 Kyoto Protocol, http://unfccc.int/meetings/paris_nov_2015/session/9058.php (besucht am 15.9.2016).

5 Das Kyoto-Protokoll (KP) wurde am 11.12.1997 auf der COP 3 in Kyoto, Japan angenommen und trat am 16.02.2005 in Kraft. Eine Änderung des Kyoto-Protokolls erfolgte am 08.12.2012 auf der COP 18 – CMP 8 durch das Doha Amendement, wodurch eine zweite Verpflichtungsperiode mit quantitativen Zielen für Industriestaaten, aber keinen Verpflichtungen für Entwicklungsländer etabliert wurde. UNFCCC, https://unfccc.int/essential_background/kyoto_protocol/items/1678.php, und UNFCCC, Status of the Doha Amendment, https://unfccc.int/kyoto_protocol/doha_amendment/items/7362.php und UNFCCC, Doha amendment to the Kyoto Pro-

fungierte, wurde von fast allen Staaten der Welt ein neues internationales Klimaschutzübereinkommen verabschiedet.[6]

Dieses als Übereinkommen von Paris[7] oder Pariser Abkommen genannte und 29 Artikel umfassende völkerrechtliche Dokument ersetzt das 2020 auslaufende Kyoto-Protokoll.[8] Gem *Art 21 Abs 1* sollte das Pariser Abkommen 30 Tage nach dem Zeitpunkt in Kraft treten, an dem 55 Vertragsparteien der Klimarahmenkonvention, die zusammen 55 % der Treibhausgasemissionen verursachen, ihre Ratifikations-, Annahme-, Genehmigungs- oder Beitrittsurkunde beim Depositar hinterlegt haben. Das Pariser Abkommen trat viel früher als geplant, nämlich am 4. November 2016 in Kraft. Mit Stichtag 12. Juli 2017 haben es bereits 195 Vertragsparteien unterzeichnet und 153 ratifiziert, darunter auch die großen Emittenten Brasilien, China, Indien und die USA.[9] Das Pariser Abkommen[10] wurde vom vormaligen Generalsekretär der Vereinten Nationen *Ban Ki-moon* als „landmark accord"[11] ge-

---

tocol, https://unfccc.int/files/kyoto_protocol/application/pdf/kp_doha_amendment_english.pdf (besucht am 15.09.2016). Die USA hatten das Kyoto-Protokoll nie ratifiziert, UNFCCC, Status of Ratification of the Kyoto Protocol, https://unfccc.int/kyoto_protocol/status_of_ratification/items/2613.php (besucht am 15.09.2016). Kanada ist am 15.12.2011 aus dem Kyoto-Protokoll ausgetreten, nachdem sich abzeichnete, dass die Reduktionsverpflichtungen nicht erfüllt werden können. Siehe dazu Depositary Notification UN-Doc. C.N.796.2011.TREATIES-1, 16.12.2011, https://treaties.un.org/doc/Publication/CN/2011/CN.796.2011-Eng.pdf und Government of Canada, Ministry of Environment and Climate Change, A Climate Change Plan for the Purposes of the Kyoto Protocol Implementation Act 2012. Canada's Withdrawal from the Kyoto Protocol, 15.12.2011, https://www.ec.gc.ca/Publications/default.asp?lang=En&n=EE4F06AE-1&xml=EE-4F06AE-13EF-453B-B633-FCB3BAECEB4F&offset=3&toc=hide (besucht am 11.07.2017).

6 Adoption of the Paris Agreement, FCCC/CP/2015/L.9/Rev.1 (UNFCCC COP21. United Nations Office at Geneva.), 12.12.2015, http://unfccc.int/resource/docs/2015/cop21/eng/l09r01.pdf (besucht am 15.09.2016).

7 Übereinkommen von Paris, deutsche Übersetzung samt Materialien, abrufbar von der Homepage des österreichischen Parlaments, https://www.parlament.gv.at/PAKT/VHG/XXV/I/I_01193/index.shtml, BGBl III 2016/197, https://www.ris.bka.gv.at/Dokumente/BgblAuth/BGBLA_2016_III_197/BGBLA_2016_III_197.html (besucht am 16.07.2017).

8 UNFCCC, Kyoto Protocol, https://unfccc.int/kyoto_protocol/items/2830.php (besucht am 15.09.2016).

9 UNFCCC, Paris Agreement - Status of Ratification, http://unfccc.int/paris_agreement/items/9444.php. Status at: 11-12-2016, Chapter XXVII, Environment, 7. d Paris Agreement, https://treaties.un.org/Pages/ViewDetails.aspx?src=TREATY&mtdsg_no=XXVII-7-d&chapter=27&clang=_en (besucht am 11.12.2016).

10 UNFCCC, Paris Agreement, englische Originalversion, http://unfccc.int/files/essential_background/convention/application/pdf/english_paris_agreement.pdf (besucht am 15.09.2016).

11 UN-News Centre, 'Today is an historic day,' says Ban, as 175 countries sign Paris climate accord, 22.04.2016, http://www.un.org/apps/news/story.asp?NewsID=53756 (besucht am 11.07.2017).

feiert und insbesondere war die französische Verhandlungsführung gelobt worden.[12] Tatsächlich bedeutet es einen politischen Erfolg[13] in Sachen Klimaverhandlungen und Staatendiplomatie, denn es richtet sich betreffend Klimaschutz erstmals an Industrie- und Entwicklungsländer gleichermaßen.[14]

Vom 7. bis 18. November 2016 fand in Marrakesch, Marokko die erste Konferenz der Vertragsparteien des Pariser Abkommens (CMA 1)[15] in Verbindung mit der COP 22 und CMP 12 statt. Diese Konferenz endete mit dem Beschluss[16] eines Zeitplanes zur Umsetzung der Ziele des Pariser Abkommens. Gleichzeitig war die Konferenz überschattet von der Wahl des neuen US-Präsidenten *Donald Trump,* der den Austritt aus dem Pariser Abkommen im Wahlkampf angekündigt hatte.[17]

Gegenstand dieses Beitrages soll es sein, die Rechtsnatur bzw die Ziele und Prinzipien des neuen internationalen Klimaschutzrechts sowie die Strategien, Pläne und Maßnahmen (zB Ausstieg aus dem Ölgeschäft und Gassektor zur Erzeugung einer Energiewende) der neuen Klimaschutzpolitik darzustellen und zu analysieren. Auch soll der Frage nachgegangen werden, ob mit dem Pariser Abkommen eine Trendwende für den internationalen Klimaschutz und die Abkehr von der Nutzung fossiler Energieträger eingeläutet wurde.

2. Rechtsnatur des Pariser Abkommens

Das Pariser Abkommen ist ein traditioneller völkerrechtlicher multilateraler Vertrag im Sinne des Art 2 der Wiener Vertragsrechtskonvention (WVK).[18] Das Pariser Abkommen muss auch innerstaatlich implementiert werden, um im Verhältnis zu na-

---

12 *Kreuter-Kirchhof,* Das Pariser Klimaschutzübereinkommen und die Grenzen des Rechts – eine neue Chance für den Klimaschutz, DVBl 2017, 97.

13 *Dimitrov,* The Paris agreement on climate change: Behind closed doors. Global Environmental Politics 3/2016, 1.

14 *Seo,* Beyond the Paris Agreement: Climate change policy negotiations and future directions, Regional Science Policy & Practice 2017.

15 UNFCCC, Marrakech Climate Change Conference - November 2016, https://unfccc.int/meetings/marrakech_nov_2016/meeting/9567.php (besucht am 11.12.2016).

16 UNFCCC, Progress tracker: Work programme resulting from the relevant requests contained in decision 1/CP.21, (Information available as at 20 June 2017), https://unfccc.int/paris_agreement/items/9485.php (besucht am 12.07.2017).

17 BBC, News, Donald Trump would 'cancel' Paris climate deal, 27 May 2016, http://www.bbc.com/news/election-us-2016-36401174 (besucht am 15.09.2016).

18 Wiener Übereinkommen über das Recht der Verträge, BGBl 1980/40, konsolidierte Fassung, https://www.ris.bka.gv.at/GeltendeFassung.wxe?Abfrage=Bundesnormen&Gesetzesnummer=10000684 (besucht am 17.07.2017).

tionalen juristischen und natürlichen Personen Rechtswirkungen entfalten zu können.[19] Das Abkommen enthält völkerrechtliche Verpflichtungen für die Vertragsparteien und ist in einen völkerrechtlich verbindlichen Rahmen integriert. Es ist aber nicht notwendigerweise ein Vertrag, in dem jede Bestimmung mit 100 %-iger Rechtskraft ausgestattet ist und rechtlich verbindliche Verpflichtungen im Sinne von Sollensansordnungen für die Vertragsparteien bedeutet.[20] Dies trifft insbesondere die *national festgelegten Beiträge* (NDCs), die nicht Teil des Pariser Abkommens sind, sondern in einem öffentlichen Register[21] des UN-Klimasekretariats eingetragen werden.[22]

3. Ziele und Prinzipien zur Implementierung des Pariser Abkommens

Art 2 des Pariser Abkommens legt ein umfassendes *Langfristziel*[23] fest, das darin besteht, die Verbesserung der Durchführung der UN-Klimarahmenkonvention 1992 zu erreichen. Die weltweite Reaktion auf die Bedrohung durch Klimaänderungen soll – im Zusammenhang mit nachhaltiger Entwicklung und den Bemühungen zur Beseitigung der Armut – verstärkt werden. Konkret sollen a) der *Anstieg der durchschnittlichen Erdtemperatur* auf deutlich *unter 2° C* gegenüber dem vorindustriellen Niveau (1850) gehalten und *Anstrengungen* unternommen werden, die Erderwärmung auf möglichst *1,5° C* im Vergleich zum vorindustriellen Niveau zu begrenzen.[24] Dadurch sollen die Risiken und Auswirkungen der Klimaänderungen

19 *Böhringer*, Das neue Pariser Klimaübereinkommen. Eine Kompromisslösung mit Symbolkraft und Verhaltenssteuerungspotential, ZaörV 2016, 779.

20 *Bodansky*, The Legal Character of the Paris Agreement, Review of European, Comparative & International Environmental Law, Special Issue: The Paris Agreement, 2/2016, 142 (143).

21 UNFCCC, NDC Registry, http://unfccc.int/focus/ndc_registry/items/9433.php (besucht am 22.01.2017).

22 Siehe dazu im Detail *Bodansky*, The Legal Character of the Paris Agreement, 145ff.

23 *Dimitrov*, The Paris agreement on climate change: Behind closed doors, 4. Die Umsetzung des Pariser Abkommens in Österreich, BMLFUW, https://www.bmlfuw.gv.at/umwelt/klimaschutz/pa-umsetzung.html (besucht am 150.9.2016). *Hojesky*, Ergebnisse von Paris im Überblick, BMLFUW, AL Abt. I/4, 18.04.2016, https://www.bmlfuw.gv.at/dam/jcr:96010191-f96f-46dd-95a3-517f8ffd5404/1%20-%20Hojesky%20-%20Ergebnisse%20von%20Paris%20im%20Überblick.pdf (besucht am 15.09.2016).

24 *Lewis*, The Paris Agreement has solved a troubling problem: by endorsing a limit of 1.5[degrees] C, the climate negotiations have effectively defined what society considers dangerous. (WORLD VIEW: A personal take on events), Nature, April 21, 2016, Vol. 532 (7599), 283 (1). *Rhodes*, The 2015 Paris Climate Change Conference: COP21, Science Progress, Volume 99, Number 1, March 2016, 97 (8), Publisher: Science Reviews 2000 Ltd.

erheblich verringert werden. Weiter sollen b) die *Anpassungsfähigkeit* hinsichtlich der nachteiligen Auswirkungen der Klimaänderungen erhöht werden, und die *Widerstandsfähigkeit* gegenüber Klimaänderungen sowie eine treibhausgasemissionsarme Entwicklung so gefördert werden, dass die *Nahrungsmittelerzeugung* nicht bedroht wird. Und es sollen c) die *Finanzmittelflüsse* in Einklang gebracht werden, sodass eine treibhausgasemissionsarme und gegenüber Klimaänderungen widerstandsfähige Entwicklung möglich wird. Dabei soll das Pariser Abkommen so implementiert werden, dass es die Prinzipien von *Gerechtigkeit* und *gemeinsamer aber unterschiedlicher Verantwortlichkeiten und Fähigkeiten* hinsichtlich verschiedener nationaler Gegebenheiten reflektiert.[25]

4. National festgelegte Beiträge (NDCs) aller Staaten nach dem Pariser Abkommen

Art 3 des Pariser Abkommens legt fest, dass zur Verwirklichung der vorhin genannten Zielsetzung von allen Vertragsparteien – also von Industrie- und Entwicklungsländern gleichermaßen – *ehrgeizige Anstrengungen*[26] *(ambitious efforts)* zu unternehmen sind. Diese Anstrengungen bedeuten *Selbstverpflichtungen*[27] der Staaten und sind in Form von *national festgelegten Beiträgen (NDCs)*[28] an das Klimasekretariat der UNFCCC in Bonn zu übermitteln.[29] Die Selbstverpflichtungen der Vertragsparteien sind im Laufe der Zeit zu *steigern*, wobei die Unterstützung der Entwicklungsländer als Notwendigkeit anerkannt wird. Diese Selbstverpflichtungen beinhalten konkrete *Strategien und Maßnahmen*, die in folgenden Artikeln *des Pariser Abkommens* genau erläutert werden: Art 4 *(Minderung/Mitigation)*, Art 7 *(Anpassung/Adaption)*, Art 9 *(Finanzierung/Fincancing)*, Art 10 *(Technologietransfers/Technology)*, Art 11 *(Kapazitätsaufbau/capacity buliding)* und Art 13 *(Transparenz/Transparency)*.

---

25 Art 2 Abs 2 Pariser Abkommen.

26 *Böhringer*, Das neue Pariser Klimaübereinkommen. Eine Kompromisslösung mit Symbolkraft und Verhaltenssteuerungspotential, ZaörV 2016, 753.

27 *Kreuter-Kirchhof*, Das Pariser Klimaschutzübereinkommen und die Grenzen des Rechts, DVBl 2017, 100.

28 (Intended) Nationally Determined Contributions (I)NDCs)). UNFCCC, Communication of long-term strategies, http://unfccc.int/focus/long-term_strategies/items/9971.php (besucht am 12.07.2017). Siehe zB den deutschen Klimaschutzplan 2050, Kabinettbeschluss vom 14. November 2016, Bundesministerium für Umwelt, Naturschutz, Bau und Reaktorsicherheit, 17.11.2016, resubmission 26.04.2017 und 04.05.2017, http://unfccc.int/files/focus/long-term_strategies/application/pdf/161114_klimaschutzplan_2050_broschuere_an_un.pdf (besucht am 12.07.2017).

29 Art 4 Abs 12 Pariser Abkommen.

Bis Mitte Juli 2017 wurden bereits 165[30] beabsichtigte *national festgelegte Beiträge* (INDCs)[31] von 147[32] UNFCCC Vertragsparteien vorgelegt. Mit der Ratifikation des Pariser Abkommens wurden die INDCs zu national festgelegten Beiträgen (NDCs), die in einem öffentlichen Register[33] eingetragen sind. Es besteht die *Selbstverpflichtung der Staaten* zur Setzung von nationalen Maßnahmen zur Umsetzung der NDCs.[34] Das Kyoto-Protokoll legte bestimmte Ergebnisse oder Emissionsziele fest und es existierten rechtlich verbindliche quantifizierte Emissionsreduktionsverpflichtungen, wobei die Entwicklungsländer eben nicht einbezogen waren.[35] Im Gegensatz dazu etabliert das Pariser Abkommen die völkerrechtliche Pflicht, den eigenen Klimaschutzbeitrag durch kontinuierliche Handlungspflichten zu konkretisieren.[36] NDCs sind Ausdruck des bottom-up Ansatzes des Pariser Abkommens, weil es den Staaten die Quantifizierung der von ihnen beabsichtigten Emissionsreduktionen selbst überlässt.[37] NDCs sind selbst nicht Bestandteil des Pariser Abkommens und inhaltlich selbst nicht rechtlich verbindlich.[38]

5. Strategien und Maßnahmen des neuen internationalen Klimaschutzrechts

5.1. Minderung (Mitigation)

Die Strategie der Minderung (Mitigation) ist in *Art 4* des Pariser Abkommens geregelt. Diese mit 19 Absätzen ausgestattete Vorschrift ist eine der wichtigsten und beschäftigt sich mit einer zentralen Säule im internationalen Klimawandel-Prozess. Minderung beinhaltet menschliche Interventionen um Emissionen von Treibhaus-

30 UNFCCC, INDCs as communicated by Parties, http://www4.unfccc.int/submissions/indc/Submission%20Pages/submissions.aspx (besucht am 12.07.2017).

31 UNFCCC, INDCs - Intended Nationally Determined Contributions, http://unfccc.int/focus/indc_portal/items/8766.php (besucht am 22.01.2017).

32 UNFCCC, NDC Registry, All NDCs http://www4.unfccc.int/ndcregistry/Pages/All.aspx (besucht am 22.01.2017).

33 UNFCCC, NDC Registry, http://unfccc.int/focus/ndc_registry/items/9433.php (besucht am 22.01.2017).

34 *Wollansky*, BMLFUW, Sektion I, LGDS und (I)NDCs, 18.04.2016, 4, https://www.bmlfuw.gv.at/dam/jcr:e16abcfb-7c81-4319-b834-6a9184a170c6/3%20-%20Wollansky%20-%20LGDS%20und%20(I)NDCs.pdf (besucht am 28.01.2017).

35 *Böhringer*, Das neue Pariser Klimaübereinkommen, ZaörV 2016, 754.

36 *Kreuter-Kirchhof*, Das Pariser Klimaschutzübereinkommen und die Grenzen des Rechts, DVBl 2017, 100.

37 *Böhringer*, Das neue Pariser Klimaübereinkommen, ZaörV 2016, 754, 762.

38 *Böhringer*, Das neue Pariser Klimaübereinkommen, ZaörV 2016, 755.

gasen (am wichtigsten: CO_2) zu reduzieren oder sie mit Senken (zB Wald oder Aufforstung) der Atmosphäre zu entziehen.[39]

Die Vertragsparteien sind auf Grund dieser Vorschrift aufgerufen *innerstaatliche Minderungsmaßnahmen (domestic mitigation measures)* zu ergreifen, um die Ziele der aufeinanderfolgenden *national festgelegten Beiträge (NDCs)* zu verwirklichen. Jeder nachfolgende NDC einer Vertragspartei wird eine Steigerung gegenüber dem geltenden NDC darstellen und größtmögliche Ambition ausdrücken. Dies unter Berücksichtigung der gemeinsamen, aber unterschiedlichen Verantwortlichkeiten und jeweiligen Fähigkeiten angesichts der unterschiedlichen nationalen Gegebenheiten.

Um das langfristige Temperaturziel (Beschränkung der globalen Erwärmung auf 2 oder 1,5 Grad Celsius gegenüber vorindustriellem Niveau) zu erreichen, sind gem Art 4 leg cit die Vertragsparteien bestrebt, so bald wie möglich den *weltweiten Höhepunkt der Emissionen von Treibhausgasen* zu erreichen. Dabei wird anerkannt, dass der Zeitrahmen für das Erreichen des weltweiten Höhepunkts bei den Entwicklungsländern größer sein wird. Danach sind rasche Reduktionen herbeizuführen, um in der zweiten Hälfte dieses Jahrhunderts – also ab 2050 – ein *Gleichgewicht* zwischen den anthropogenen Treibhausgasen, Emissionen aus Quellen und dem Abbau solcher Gase durch Senken herzustellen. Dies alles soll auf der Grundlage der Gerechtigkeit und im Rahmen der nachhaltigen Entwicklung und der Bemühungen zur Beseitigung der Armut durchgeführt werden.

Gem *Art 4 Abs 4* sollen dabei die *entwickelten Länder (IL)* die Führung übernehmen, indem sie sich zu absoluten gesamtwirtschaftlichen Emissionsreduktionszielen verpflichten. Die *Entwicklungsländer* dagegen sollen ihre Minderungsanstrengungen verstärken und werden ermutigt, mit der Zeit angesichts der unterschiedlichen nationalen Gegebenheiten auf gesamtwirtschaftliche Emissionsreduktionsziele überzugehen. Den Entwicklungsländern wird bei der Durchführung entsprechende Unterstützung gewährt. Die *am wenigsten entwickelten Länder (least developed countries, LDCs)* und die *kleinen Inselstaaten (small Island states, SIDS)* können solche Strategien, Pläne und Maßnahmen erarbeiten und übermitteln, die ihre besonderen Gegebenheiten widerspiegeln. NDCs[40] werden alle fünf Jahre aktualisiert (gesteigert), womit der dynamische[41] Charakter des Übereinkommens gewährleistet ist und die übermittelten NDCs werden in ein vom UNFCCC Sekretariat geführtes *öffentliches Register*[42]

39 UNFCCC, Action on mitigation: Reducing emissions and enhancing sinks, https://unfccc.int/focus/mitigation/items/7171.php (besucht am 28.01.2017).

40 In Übereinstimmung mit Beschluss 1/CP.21.

41 *Hojesky*, Ergebnisse von Paris im Überblick, 6.

42 UNFCCC, NDC Registry, http://unfccc.int/focus/ndc_registry/items/9433.php (besucht am 22.01.2017).

eingetragen. Bis April 2016 hatte bereits eine große Zahl der Vertragsstaaten NDCs vorgelegt und daher wurde von einer Erfolgsgeschichte dieses Systems gesprochen.[43]

5.2. Anpassung (Adaption)

Art 7 des Pariser Abkommens beschäftigt sich mit der zweiten wichtigen Säule[44] der Klimapolitik, nämlich der sog Anpassung (Adaption) an die Klimaänderung. Der Begriff bezieht sich auf eine *Anpassung in ökologischen, sozialen und ökonomischen Systemen* als Antwort auf aktuelle oder erwartete Veränderungen im oder durch das Klimasystem - so dass dessen Auswirkungen minimiert werden oder sogar davon profitiert werden kann.[45] Anpassungsaktivitäten können dabei nicht Klimaschutzbemühungen ersetzen. Anpassung ist eine Querschnittsmaterie und betrifft viele Themenfelder und Handlungsebenen.[46] Die Anpassungsaktivitäten umfassen *fünf allgemeine Komponenten*: Beobachtung; Bewertung der Klimaauswirkungen und Verwundbarkeit; Planung; Implementierung; Überwachung und Bewertung von Anpassungsmaßnahmen.[47]

Gem Art 7 des Pariser Abkommens anerkennen die Vertragsparteien, dass Anpassung eine globale Herausforderung mit lokalen, subnationalen, nationalen, regionalen und internationalen Dimensionen ist. Anpassung leistet als Schlüsselfaktor einen Beitrag zur langfristigen weltweiten Reaktion auf die Klimaänderungen zum Schutz der Menschen, deren Existenzgrundlagen und Ökosysteme, wobei die Bedürfnisse der besonders anfälligen Entwicklungsländer berücksichtigt werden. Mit Anpassungsmaßnahmen soll ein geschlechtergerechter, partizipatorischer und vollständig transparenter Ansatz unter Berücksichtigung von besonders schutzbedürftigen Gruppen, Gemeinschaften und Ökosystemen verfolgt werden. Anpassungsmaßnahmen sollen gem Art 7 Abs 5 auf wissenschaftlichen Erkenntnissen und traditionelles Wissen, das Wissen indigener Völker und lokalen Wissenssystemen gegründet und ausgerichtet sein. Wichtig bei Anpassungsbemühungen sind die Unterstützung und internationale Zusammenarbeit, und die Berücksichtigung der

43 *Hojesky*, Ergebnisse von Paris im Überblick, 4.

44 *Breitwieser/Radunsky*, Anpassung (an der Klimawandel) Loss and Damage, 18.04.2016, 2, https://www.bmlfuw.gv.at/dam/jcr:2e363965-2dbd-4fa8-8167-964e1cf86a8a/6%20-%20Breitwieser_Radunsky%20-%20Anpassung%20Loss%20and%20Damage.pdf (besucht am 28.01.2017).

45 UNFCCC, FOCUS: Adaptation, http://unfccc.int/focus/adaptation/items/6999.php (besucht am 22.01.2017). What is Adaption, http://unfccc.int/adaptation/items/7021.php#whatis (besucht am 22.01.2017).

46 Climate Change Centre Austria, CCCA Fact Sheet #12|2014, 1.

47 UNFCCC, Adaptation, http://unfccc.int/adaptation/items/4159.php (besucht am 22.01.2017) und FOCUS: Adaptation http://unfccc.int/focus/adaptation/items/6999.php (besucht am 22.01.2017).

Bedürfnisse der Entwicklungsländer (Art 7 Abs 6). Ein wesentlicher Aspekt bei der Verstärkung der Anpassungsbemühungen ist die *Zusammenarbeit* gem Art 7 Abs 7 des Pariser Abkommens – unter Berücksichtigung des *Anpassungsrahmens von Cancún* (2010)[48]. Durch die *weltweite Bestandsaufnahme (global stocktake)* gem Art 14 des Pariser Abkommens werden die Anpassungsbemühungen der Entwicklungsländer anerkannt und die Durchführung der Anpassungsmaßnahmen verbessert (Art 7 Abs 14 des Pariser Abkommens).

5.3. Klimafinanzierung (*climate finance*) als Teil des Solidarpaktes der Staaten

Der dritte Eckpunkt der neuen Klimapolitik ist in *Art 9* des Pariser Abkommens enthalten und regelt die Klimafinanzierung[49] *(climate finance)*, worunter man die finanzielle Unterstützung der Entwicklungs- und Schwellenländer bei Klimaschutzmaßnahmen und bei Maßnahmen zur Anpassung an den Klimawandel versteht.

Art 9 legt fest, dass die *entwickelten Länder finanzielle Mittel bereitstellen müssen*, um – in Fortführung ihrer bestehenden Verpflichtungen aus dem Rahmenübereinkommen[50] – die Entwicklungsländer, sowohl bei der Minderung als auch bei

48 UNFCCC, Cancun Adaptation Framework (paras 11-35), http://unfccc.int/resource/docs/2010/cop16/eng/07a01.pdf#page=4 und http://unfccc.int/adaptation/items/5852.php (besucht am 26.01.2017).

49 *Diernhofer*, COP 21. Das Paris Agreement und die Implikationen auf die Klimafinanzierung, 18.04.2016, https://www.bmlfuw.gv.at/umwelt/klimaschutz/pa-umsetzung.html (besucht am 15.09.2016). *„Climate finance refers to local, national or transnational financing, which may be drawn from public, private and alternative sources of financing. Climate finance is critical to addressing climate change because large-scale investments are required to significantly reduce emissions, notably in sectors that emit large quantities of greenhouse gases. Climate finance is equally important for adaptation, for which significant financial resources will be similarly required to allow countries to adapt to the adverse effects and reduce the impacts of climate change.“* UNFCCC, FOCUS: Climate Finance, http://unfccc.int/focus/climate_finance/items/7001.php#intro (besucht am 28.01.2017).

50 Gem Art 4 der UN-Klimarahmenkonvention (UNFCCC) haben die Industriestaaten zugesagt, „neue und zusätzliche finanzielle Ressourcen“ für die Klimafinanzierung zu schaffen. Das spiegelt sowohl die historischen Emissionen und damit die Hauptverantwortlichkeit der Industriestaaten am menschengemachten Klimawandel wider, als auch deren größere wirtschaftliche Stärke. Siehe dazu http://wiki.bildungsserver.de/klimawandel/index.php/Kohlendioxidemissionen#Historische_Emissionen (besucht am 15.09.2016). Auf der Klimakonferenz 2009 in Kopenhagen (COP 15) haben die Staaten im Rahmen des völkerrechtlich unverbindlichen und nur eine politische Abschlusserklärung darstellenden Copenhagen Accord, (FCCC/CP/2009/L.7, para 8) drei Perioden für den Aufbau der Klimafinanzierung definiert. Die erste Periode ist die dreijährige „Fast Start Finance“ Periode, 2010 bis Ende 2012: In diesem Zeitraum sollten die Industriestaaten jährlich 30 Milliarden US-Dollar an die Entwicklungsländer leisten, https://www.klimaretter.info/klimakonferenz/klimakonferenz-kopenhagen. Dem Beschluss der UN-Klimakonferenz 2012 in Doha zu-

der Anpassung zu unterstützen. Weiter sollen die anderen Vertragsparteien ermutigt werden, diese Unterstützung auf freiwilliger Grundlage zu gewähren oder fortzusetzen. Im Rahmen eines *weltweiten Bemühens* sollen entwickelte Länder weiterhin die *Führung* übernehmen, Mittel der Klimafinanzierung aus verschiedenen Quellen, durch verschiedene Instrumente und über verschiedene Wege zu mobilisieren. Dies unter Beachtung der bedeutenden Rolle öffentlicher Mittel durch verschiedene Maßnahmen einschließlich der Unterstützung der von den Ländern ausgehenden Strategien, wobei die Bedürfnisse und Prioritäten der Entwicklungsländer zu berücksichtigen sind. Diese Mobilisierung von Mitteln der Klimafinanzierung soll eine Steigerung gegenüber den bisherigen Bemühungen darstellen.

Durch die Bereitstellung zusätzlicher finanzieller Mittel soll ein *Gleichgewicht* zwischen Anpassung und Minderung angestrebt werden. Dabei zu berücksichtigen sind die von den Ländern ausgehenden Strategien sowie Prioritäten und Bedürfnisse der Entwicklungsländer, vor allem der am wenigsten entwickelten Länder (LDCs) und der kleinen Inselstaaten (SIDS), und die Notwendigkeit öffentlicher Mittel und aus Zuschüssen bestehender Mittel für die Anpassung.

Gem Art 9 Abs 5 des Pariser Abkommens übermitteln die entwickelten Länder alle zwei Jahre als Anhaltspunkt dienende quantitative und qualitative Informationen betreffend bereitgestellter oder mobilisierter Finanzmittel. Soweit verfügbar sind auch Informationen über die voraussichtliche Höhe der öffentlichen Finanzmittel, die den Entwicklungsländern zur Verfügung gestellt werden sollen, darzulegen. Die *anderen Vertragsparteien*, die Mittel zur Verfügung stellen, werden ermutigt, diese Informationen alle zwei Jahre auf freiwilliger Grundlage zu übermitteln. Die *weltweite Bestandsaufnahme* berücksichtigt die von den entwickelten Ländern, und/oder den Organen dieses Übereinkommens zur Verfügung gestellten

folge sind die Industriestaaten dieser Verpflichtung nachgekommen. Allerdings kritisierten NGOs, dass ein Teil der 30 Milliarden US-Dollar keine „neuen und zusätzlichen finanziellen Ressourcen" darstellten, sondern ohnehin, zum Beispiel im Rahmen der herkömmlichen Entwicklungshilfe, geflossen wären. Die zweite Finanzierungsperiode dauert bis 2020: In dieser Zeit sollen die Mittel anwachsen und schließlich 2020 den Umfang von jährlich 100 Milliarden US-Dollar erreichen. Die dritte Finanzierungsperiode ist ab 2020: demnach haben die Industriestaaten ab 2020 den Entwicklungsländern jährlich 100 Milliarden US-Dollar zur Klimafinanzierung zur Verfügung zu stellen. Das Geld kann aus einer Vielzahl ganz unterschiedlicher Quellen stammen – es kann aus öffentlichen Töpfen, im Rahmen bilateraler Abkommen oder über internationale Entwicklungsbanken fließen. Oder aus sog „alternativen" Quellen. Ein großer Teil der zugesagten jährlichen 100 Milliarden US-Dollar soll über den Grünen Klimafonds (Green Climate Fund, http://www.greenclimate.fund/home), der 2010 in Cancun beschlossen wurde, fließen. Klimaretter Lexikon, Klimafinanzierung, http://www.klimaretter.info/tipps-klima-lexikon/19508-klimafinanzierung (besucht am 28.01.2017).

einschlägigen Informationen über die Bemühungen im Zusammenhang mit der Klimafinanzierung. Gem Art 9 Abs 7 des Pariser Abkommens übermitteln die entwickelten Länder alle zwei Jahre transparente und konsistente *Informationen* über geleistete und durch öffentliches Handeln mobilisierte Unterstützung für die Entwicklungsländer. Die anderen Vertragsparteien werden ermutigt, dasselbe zu tun. Das bedeutet, sie werden darin bestärkt bzw eingeladen, auf freiwilliger Basis ebenfalls Unterstützung zu leisten. Dieser Satz bezieht sich vor allem auf Ölstaaten und Schwellenländer.[51]

Art 9 Abs 8 des Pariser Abkommens bestimmt, dass der *Finanzierungsmechanismus* des Klimarahmenübereinkommens einschließlich seiner Aufgaben erfüllenden Einrichtungen auch als Finanzierungsmechanismus des Pariser Abkommens dient. Die entwickelten Länder müssen von 2020 - 2025 jährlich 100 Milliarden $ (91 Milliarden €) an Klimahilfen für Entwicklungsländer zur Verfügung stellen.[52] Für die Jahre ab 2026 soll dann ein neues, kollektives höheres Finanzziel festgelegt werden, das über die 100 Milliarden hinausgeht. Das Defizit dabei ist, dass nirgends steht, wer ab 2026 einen Beitrag zu diesem neuen Finanzziel leisten muss.[53] Damit zeichnet sich ein *zweistufiges Vorgehen* ab: *Bis 2025* sind die entwickelten Länder noch alleine für die Klimafinanzierung verantwortlich. *Ab 2026* müssen dann auch wohlhabende Entwicklungsländer einen Beitrag leisten.[54]

5.4. Technologietransfers (technology transfer)

Art 10 des Pariser Abkommens beschäftigt sich mit der Thematik des Technologietransfers[55] und der Technologieentwicklung. Festgehalten wird hier, dass die

---

51 Energy News Magazine, Weltklimavertrag tritt im November in Kraft, 06.10.2016, http://www.energynewsmagazine.at/de/weltklimavertrag+tritt+im+november+in+kraft_n9298 (besucht am 28.01.2017).

52 Klimalexikon, Klimafinanzierung, http://www.klimaretter.info/tipps-klima-lexikon/19508-klimafinanzierung (besucht am 15.9.2016). *Diernhofer*, COP 21. Das Paris Agreement und die Implikationen auf die Klimafinanzierung, 5.

53 *Mihatsch*, So geht Klimaschutz im 21. Jahrhundert, Klimadiplomatie, http://klimadiplomatie.de/news/316-so-geht-klimaschutz-im-21-jahrhundert (besucht am 28.01.2017).

54 Ibid.

55 Technologie spielt eine wichtige Rolle bei der Erreichung von Klimazielen (Reduzierung von Emissionen und Anpassung) – zB erneuerbare Energietechnologien, effizientere Anlagen, Speichertechnologien, Früherkennungssysteme bei Naturkatastrophen, klimaschonender Anbau in der Landwirtschaft. *More*, BMLFUW, I/9, Technologietransfer, 18.04.2016, 2; https://www.bmlfuw.gv.at/dam/jcr:e53b0a92-289f-4d46-b1d0-4c022a61fbb7/7%20-%20More%20-%20Technologietransfer.pdf (besucht am 28.01.2017). Der Technologietransfer ist bereits in der UNFCCC (Art 4) verankert und wurde auch stetig weiterentwickelt.

Vertragsparteien eine gemeinsame langfristige Vision betreffend *uneingeschränkter Entwicklung und Weitergabe von Technologie* für die Durchführung von Minderungs- und Anpassungsmaßnahmen haben und Technologie als wichtiger Beitrag dafür anerkannt ist. Auf Grund der genannten Vorschrift *verstärken* die Vertragsparteien die gemeinsamen Anstrengungen und Maßnahmen im Bereich der Entwicklung und Weitergabe von Technologie, wobei nicht mehr ein ausschließlicher Fokus auf „Nord-Süd-Transfer" besteht.

Der aufgrund des Klimarahmenübereinkommens (UNFCCC) geschaffene *Technologiemechanismus*[56] wird übernommen und dient dem Pariser Abkommen. Mit Art 10 des Pariser Abkommens wird ein neuer Technologierahmen (framework) geschaffen, der *übergeordnete Leitlinien für die Arbeit des Technologiemechanismus* in Verbindung mit der Förderung und Erleichterung verstärkter Anstrengungen bei der Entwicklung und Weitergabe von Technologie vorgibt. Partnerschaftliche Ansätze – dh Zusammenarbeit – im Bereich der Forschung und Entwicklung ist zu fördern. Innovationen sind von entscheidender Bedeutung für eine weltweite Reaktion auf die Klimaänderungen und für die Förderung des Wirtschaftswachstums und der nachhaltigen Entwicklung. Den *Entwicklungsländern* wird Unterstützung einschließlich finanzieller Unterstützung bei Maßnahmen im Bereich der Entwicklung und Weitergabe von Technologie in den verschiedenen Phasen des Technologiezyklus gewährt. Die weltweite Bestandsaufnahme (global stocktake gem Art 14 leg cit) berücksichtigt die verfügbaren Informationen über die Bemühungen im Bereich der Technologie zugunsten der Entwicklungsländer. Somit bestehen Berichtspflichten hinsichtlich Technologietransfer an diese Länder.

5.5. Kapazitätsaufbau (capacity building)

Art 11 des Pariser Abkommens beschäftigt sich mit dem sogenannten Kapazitätsaufbau (capacity building, CP)[57] in *Entwicklungsländern* und legt den Fokus auf die

56 Auf der COP 16 in Cancun 2010 wurde ein eigener Technologiemechanismus gegründet. Siehe FCCC/CP/2010/7/Add.1, para. 117, http://unfccc.int/resource/docs/2010/cop16/eng/07a01.pdf#page=18. Dieser Technologiemechanismus (http://unfccc.int/ttclear/support/technology-mechanism.html) besteht aus dem Technologie Exekutiv Komitee (Technology Executive Committee (TEC), http://unfccc.int/ttclear/tec), welches politische und strategische Entscheidungen trifft und dem Klimatechnologiezentrum und –netzwerk (Climate Technology Centre and Network (CTCN), https://www.ctc-n.org/), welches operativ tätig ist und der Unterstützung für Entwicklungsländer dient. Der Fokus liegt hierbei auf dem Technologietransfer „Nord – Süd".

57 *Kohlbach*, BMLFUW, I/4, Capacity Building, Mainstreaming, 18.04.2016, 2, https://www.bmlfuw.gv.at/dam/jcr:7b2fe2ea-c3b7-42bc-b880-73f2c5051fa9/8%20-%20Kohlbach%20-%20Capacity%20Building%20Mainstreaming.pdf (besucht am 28.01.2017). *Dagnet/Northrop*, 3 Reasons Why Ca-

am wenigsten entwickelten Länder (LDCs) sowie die kleinen Inselstaaten (SIDS). Kapazitätsaufbau orientiert sich an den Bedürfnissen der Länder („country-driven", „country ownership") und war ein wichtiges Anliegen der LDCs und SIDS bei den Verhandlungen in Paris. Daher gibt es einen eigenen Artikel im Pariser Abkommen (Art 11) und zahlreiche Detailregelungen in einer Begleitentscheidung.[58]

Durch den Kapazitätsaufbau soll die Kapazität (Wissen, Engagement, Strukturen, Prozesse) und die Fähigkeit dieser Länder gestärkt und wirksame Schritte zur Bewältigung der Klimaänderungen ergriffen werden. Auf Grund von Minderungs- und Anpassungsmaßnahmen sowie der Entwicklung, Verbreitung und Anwendung von Technologie, soll der Zugang zu Klimafinanzierung, Bildung, Ausbildung und öffentlichem Bewusstsein und die transparente, rechtzeitige und genaue Weiterleitung von Informationen erleichtert werden. Kapazitätsaufbau kann somit als eine *Querschnittsmaterie*[59] in der Klimapolitik gesehen werden und umfasst Emissionsminderung, Anpassung, Transparenz, Technologietransfer, Klimafinanzierung. Kapazitätsaufbau soll die Eigenverantwortung der Vertragsparteien, insbesondere der Entwicklungsländer auf nationaler, subnationaler und lokaler Ebene fördern und sich auf die Erkenntnisse der UNFCCC stützen. Es soll ein schrittweiser Prozess sein, der partizipatorisch, übergreifend und geschlechtergerecht ist.

Kapazitätsaufbau steht im Zeichen der *Zusammenarbeit* aller Vertragsparteien, um die Kapazitäten der Entwicklungsländer zu stärken. Die entwickelten Länder sollen Maßnahmen zum Kapazitätsaufbau in den Entwicklungsländern verstärken. Es besteht die Aufgabe für alle Stakeholder weltweit, unvermeidbare Auswirkungen des Klimawandels und Auswirkungen von Entscheidungen auf Treibhausgasemissionen zu berücksichtigen. Es bestehen regelmäßige *Berichtspflichten* für jene Vertragsparteien, die den Kapazitätsaufbau der Entwicklungsländer durch regionale, bilaterale und multilaterale Ansätze und betreffend Aktivitäten stärken. Aber auch die Entwicklungsländer sollen regelmäßig über die Fortschritte bei der Umsetzung der Pläne, Politiken, Tätigkeiten oder Maßnahmen zum Aufbau von Kapazitäten berichten.

---

pacity Building Is Critical for Implementing the Paris Agreement, 18.12.2015, http://www.wri.org/blog/2015/12/3-reasons-why-capacity-building-critical-implementing-paris-agreement (besucht am 01.02.2017). UNFCCC, Capacity-building in the UNFCCC process, http://unfccc.int/cooperation_and_support/capacity_building/items/1033.php (besucht am 01.02.2017).

58 Report of the Conference of the Parties on its twenty-first session, held in Paris from 30 November to 13 December 2015, Addendum. FCCC/CP/2015/10/Add.1, Decision 1/CP.21, Adoption of the Paris Agreement, Para. 71 und FCCC/CP/2015/10/Add.3, Decision 14/CP.21, Capacity-building under the Convention.

59 *Kohlbach*, BMLFUW, I/4, Capacity Building, Mainstreaming, 3.

Der Kapazitätsaufbau wird durch *institutionelle Regelungen* verstärkt, wozu auch die aufgrund der UNFCCC geschaffenen gehören. In der Begleitentscheidung[60] 1/CP.21[61] zum Pariser Abkommen wurde außerdem die Einrichtung eines neuen CB-Komitees, des sog. Paris Committee on Capacity-building (PCCB)[62], die Etablierung eines Arbeitsprogrammes für die Periode von 2016-2020[63] sowie die Schaffung einer neuen CB-Initiative für Transparenz (Capacity-building Initiative for Transparency, CBIT)[64] festgelegt. Da eine gute Datenlage als wichtige Basis für eine erfolgreiche globale Klimapolitik gilt, war der Fokus auf die Schaffung bzw Stärkung institutioneller und technischer Kapazitäten für *verstärkte Transparenz* (Berichtswesen) in Entwicklungsländern gerichtet.[65] In der Begleitentscheidung /CP.21[66] wurde daher auch eine Aufforderung an die Globale Umweltfazilität (GEF)[67] gerichtet, die CB-Initiative für Transparenz (CBIT)[68] als Priorität unter GEF 6 zu unterstützen.[69]

5.6. Erweiterter Transparenzrahmen durch Berichtspflichten und weltweite Bestandsaufnahme (global stocktake)

Art 13 des Pariser Abkommens enthält genaue Regelungen zum Thema Transparenz und zur Schaffung eines erweiterten aber doch einheitlichen Transparenzrahmens

60 Ibid.

61 FCCC/CP/2015/10/Add.1, Decision 1/CP.21, Adoption of the Paris Agreement, Para. 71.

62 UNFCCC, Capacity-building: Paris Committee on Capacity-building, Para. 71, http://unfccc.int/cooperation_and_support/capacity_building/items/10053.php (besucht am 01.02.2017). Die Terms of Reference des PCCB wurden in Marrakech, bei der COP 22 angenommen, Decision -/CP.22, http://unfccc.int/files/meetings/marrakech_nov_2016/application/pdf/auv_cop22_i13_pccb.pdf (besucht am 01.02.2017).

63 FCCC/CP/2015/10/Add.1, Decision 1/CP.21, Adoption of the Paris Agreement., Para. 73.

64 Ibid., Para. 84. https://www.thegef.org/topics/capacity-building-initiative-transparency-cbit (besucht am 01.02.2017).

65 *Kohlbach*, BMLFUW, I/4, Capacity Building, Mainstreaming, 4.

66 FCCC/CP/2015/10/Add.1, Decision 1/CP.21, Adoption of the Paris Agreement, Para. 84.

67 Die GEF ist ein internationaler Mechanismus zur Finanzierung von Umweltschutzprojekten in Entwicklungsländern und hat wesentlich dazu beigetragen, dass diese Länder den weltweiten Umweltschutz in ihre Entwicklungsstrategien aufgenommen haben. Bundesministerium für wirtschaftliche Zusammenarbeit und Entwicklung, Globale Umweltfazilität (GEF), http://www.bmz.de/de/ministerium/wege/multilaterale_ez/akteure/wio/gef/ (besucht am 01.02.2017).

68 Capacity-building Initiative for Transparency (CBIT), https://www.thegef.org/topics/capacity-building-initiative-transparency-cbit (besucht am 01.02.2017). Mainstreaming im Klimakontext bedeutet die Stärkung und Verbesserung von Strukturen und Prozessen mit dem Ziel, Klimaschutz umfassend in (politische) Entscheidungen einzubeziehen. Mainstreaming hat eine konzeptuelle Nähe zu CB, findet sich aber nicht explizit als Konzept im Pariser Abkommen.

69 FCCC/CP/2015/10/Add.1, Decision 1/CP.21, Adoption of the Paris Agreement, Para. 86.

für Maßnahmen und Unterstützung. Demnach berücksichtigt der Transparenzrahmen durch inhärente Flexibilität die unterschiedlichen Kapazitäten der Vertragsparteien, insbesondere der Entwicklungsländer. Der Transparenzrahmen stützt sich auf die *Transparenzregelungen* des Rahmenübereinkommens und verstärkt sie, wobei die Besonderheiten der LDCs und SIDS berücksichtigt werden. Wichtig zu erwähnen ist auch, dass der Transparenzrahmen in einer vermittelnden, zurückhaltenden und straflosen Weise unter Achtung der nationalen Souveränität angewendet wird und vermieden werden soll, die Vertragsparteien unangemessenen zu belasten.

Zweck des Transparenzrahmens ist es, ein klares Verständnis über die Maßnahmen zur Bewältigung der Klimaänderungen zu vermitteln. Weiter sollen klare Angaben über die von den einzelnen Vertragsparteien jeweils gewährte beziehungsweise erhaltene Unterstützung und ein Überblick über die gewährte finanzielle Unterstützung erlangt werden. Jede Vertragspartei übermittelt regelmäßig folgende *Informationen*: a) einen nationalen Bericht mit einem Verzeichnis der anthropogenen Emissionen von Treibhausgasen aus Quellen und des Abbaus solcher Gase durch Senken; b) die erforderlichen Informationen zur Verfolgung der Fortschritte bei der Umsetzung und dem Erreichen ihres NDCs.

Jede Vertragspartei soll *Informationen* über die Auswirkungen der Klimaänderungen und die Anpassung übermitteln. Die *entwickelten Länder müssen* und die Unterstützung gewährenden Vertragsparteien sollen Informationen über die Unterstützung übermitteln, die sie den Entwicklungsländern in Form von finanziellen Mitteln, Weitergabe von Technologie und Kapazitätsaufbau gewährt haben. Die *Entwicklungsländer sollen* Informationen über die Unterstützung übermitteln, die sie in Form von finanziellen Mitteln, Weitergabe von Technologie und Kapazitätsaufbau benötigt und erhalten haben. Die von jeder Vertragspartei übermittelten Informationen werden einer *technischen Überprüfung durch Sachverständige* im Einklang mit Beschluss 1/CP.21 unterzogen. Bei Entwicklungsländern umfasst der Überprüfungsprozess auch Hilfe bei der Bestimmung des Bedarfs im Bereich des Kapazitätsaufbaus. Außerdem beteiligt sich jede Vertragspartei an einer vermittelnden multilateralen Erörterung der Fortschritte. Die technische Überprüfung durch Sachverständige besteht aus einer Prüfung der gewährten Unterstützung und ihrer Umsetzung, sowie dem Erreichen der NDCs. Die Überprüfung gibt Aufschluss über verbesserungswürdige Bereiche und ob die Informationen den genannten Modalitäten, Verfahren und Leitlinien unter Berücksichtigung der eingeräumten Flexibilität entsprechen. Besondere Aufmerksamkeit gebührt bei der Überprüfung den Entwicklungsländern.

Die COP beschließt auf ihrer ersten Tagung gemeinsame *Modalitäten, Verfahren und Leitlinien für die Transparenz* der Maßnahmen und der Unterstützung. Die

Transparenzregelungen aufgrund des UNFCCC – einschließlich der NDCs, der Zweijahresberichte und der aktualisierten Zweijahresberichte, der internationalen Bewertung und Überprüfung und der internationalen Konsultation und Analyse – sind Bestandteil der Erfahrungen, auf die bei der Erarbeitung der Modalitäten, Verfahren und Leitlinien zurückgegriffen wird. *Entwicklungsländer* erhalten Unterstützung beim Aufbau transparenzbezogener Kapazitäten. Die Entwicklungsländer hatten ursprünglich zwei Transparenzsysteme gefordert, eines für Industrie- und eines für Entwicklungsländer. Beim Thema Transparenz haben sich die Industriestaaten durchgesetzt. Es geht um die Frage, wie die Treibhausgase gemessen und die Ergebnisse gemeldet werden. Art 13 des Pariser Abkommens sieht ein einheitliches Transparenzsystem für alle Länder vor. Demnach sollen alle Staaten ihre Klimaschutzaktivitäten und Daten zu den Treibhausgasen registrieren und offenlegen. ZB in Form von für alle Staaten verpflichtenden *nationalen Emissionsinventuren* auf Basis von IPCC-Methodologie. Für Entwicklungs- und Schwellenländer wird dieser Punkt aber „flexibel" ausgelegt, denn viele Länder haben derzeit noch nicht die nötigen Fähigkeiten, um eine Treibhausgas-Buchhaltung zu führen. Hier hilft etwa das deutsche Umweltbundesamt.[70] Derzeit unterstützt es zwanzig Länder beim Aufbau von Emissionsregistern.

Ein wesentlicher Aspekt des Pariser Abkommens ist die *weltweite Bestandsaufnahme* (global stocktake) gem *Art 14*. Die weltweite Bestandsaufnahme ist die Bewertung der gemeinsamen Fortschritte bei der Verwirklichung des Zwecks des Pariser Abkommens und seiner langfristigen Ziele. Die erste weltweite Bestandaufnahme findet gem Art 14 Abs 2 leg cit im Jahr 2023 statt. Danach alle fünf Jahre. Die Vertragsstaatenkonferenz (COP) wird von den Ergebnissen der in Art 14 genannten weltweiten Bestandsaufnahme (global stocktake) unterrichtet. Das Ergebnis der weltweiten Bestandsaufnahme dient dazu, dass auf nationaler Ebene eine Aktualisierung und Verstärkung ihrer Maßnahmen sowie die Verstärkung der internationalen Zusammenarbeit bei Klimaschutzmaßnahmen stattfindet.[71]

5.7. Senken - REDD+-Mechanismus: Reduzierung der Emissionen aus Entwaldung und Walddegradierung

Ein weiterer wichtiger Inhalt des neuen Klimaschutzregimes ist in *Art 5* des Pariser Abkommens enthalten, wo der REDD[72]+-Mechanismus institutionalisiert wurde.[73]

---

70 *Reimer*, „Der Weltklimarat schreibt mein Kochbuch", 12.03.2015, http://www.klimaretter.info/forschung/hintergrund/17641-qder-weltklimarat-schreibt-mein-kochbuchq (besucht am 15.09.2016).

71 Art 14 des Pariser Abkommens.

72 REDD+ = Reducing Emissions from Deforestation and Forest Degradation.

73 *Braun*, Wälder und REDD+ im Pariser Abkommen, 18.04.2016, https://www.bmlfuw.gv.at/dam/

REDD+ bedeutet Reduzierung der Emissionen aus Entwaldung und Walddegradierung in Entwicklungsländern.

Gem Art 5 Abs 1 leg cit sollen die Vertragsparteien Maßnahmen zur Erhaltung und gegebenenfalls Verbesserung von *Senken und Speichern von Treibhausgasen*, darunter Wälder, ergreifen. Dieser Mechanismus sieht die *Förderung der nachhaltigen Waldbewirtschaftung*[74] bzw *Erhaltung und Verbesserung von Ökosystemen* – zB Zahlungen an Gemeinden vor, die im oder am Wald leben und diesen schützen.[75] Nachhaltige Waldbewirtschaftung wird zB in folgenden Ländern betrieben: Paraguay, Argentinien Brasilien, Burkina Faso, Äthiopien, Georgien, Kirgistan, Bhutan, Bangladesch, Laos.[76] Obwohl die Ausbeutung der Wälder mit rund einem Fünftel zu den weltweiten Treibhausgasemissionen beiträgt, war es trotzdem bislang nicht gelungen, Maßnahmen zum Waldschutz in einem Klimaabkommen zu verankern. Das hat sich in Paris nunmehr geändert: Denn „das Paris-Abkommen umfasst Wälder – zum ersten Mal in der Geschichte der Klimaverhandlungen“,[77] wie vom Waldspezialisten *Donald Lehr*[78] in einem Kommentar zutreffend bemerkt wird. Das Abkommen verpflichtet alle Länder zur Bewahrung und Erweiterung von Senken und Reservoiren. Dies gilt als Code für Wälder und andere Ökosysteme (zB Ozeane), die der Atmosphäre CO_2 entziehen.[79] Daher wird REDD+ als essentielle Lösungsstrategie des Klimaproblems angesehen.[80] Der Weg zum angepeilten 1,5° C-Ziel ist laut Prognosen nur dann erreichbar, wenn die Treibhausgasemissionen weltweit zwischen 2045 und 2060 auf null reduziert werden.[81] Die Treibhausgasemissionen der Staaten dürfen dann nur noch so hoch sein, wie etwa mit Waldanpflan-

jcr:741470a7-6aae-4b97-b925-457f527f37f4/4%20-%20Braun%20-%20Wälder%20und%20 REDD+.pdf (besucht am 28.1.2017). Klimaretter-Lexikon, REDD, http://www.klimaretter.info/tipps-klima-lexikon/1927-redd (besucht am 28.01.2017).

74 *Latorre*, Redd+ in der Praxis: Worauf muss man achten? 18.04.2016, https://www.bmlfuw.gv.at/dam/jcr:59b638e4-aa25-42fb-ba0f-74fe04e1a352/5%20-%20Garcia-Latorre%20-%20REDD+%20 %20 in%20der%20Praxis.pdf (besucht am 28.01.2017).

75 Klimaretter-Lexikon, Pariser Klimaabkommen: Ein Blick in die Paragrafen, http://www.klimaretter.info/klimakonferenz/klimagipfel-paris/hintergrund/20315-ein-blick-in-die-paragrafen (besucht am 15.09.2016).

76 *Latorre*, Redd+ in der Praxis: Worauf muss man achten? 3.

77 Ibid.

78 *Lehr*, Director http://www.pangeaworld.com/core_team_lehr.htm (besucht am 15.9.2016).

79 Klimaretter-Lexikon, „Senken und Reservoiren“, http://www.klimaretter.info/tipps-klima-lexikon/1891-senke (besucht am 15.09.2016).

80 *Braun*, Wälder und REDD+ im Pariser Abkommen, 3.

81 Energiebericht der Stadt Wien, Magistrat der Stadt Wien, Magistratsabteilung 20 – Energieplanung, https://www.wien.gv.at/stadtentwicklung/energieplanung/pdf/energiebericht2016.pdf (besucht am 22.01.2017).

zungen oder durch CO_2-Speichern im Boden kompensiert werden kann. Forscher betonen, dass daher bis zum Jahre 2070 die Verbrennung von Kohle, Öl und Gas aufhören muss.[82]

6. Durchsetzungsmechanismus

Das Pariser Abkommen ist darauf angelegt, einen Ausgleich zwischen einer breiten Partizipation und einem im Kampf gegen den Klimawandel stehenden Engagements zu schaffen. Daher wurden vorwiegend administrative und verfahrensrechtliche Pflichten mit einer rechtsverbindlichen Natur geschaffen, wobei der materielle Inhalt weitgehend dem Ermessen der Vertragsparteien überlassen werden sollte. Dies wird im bottom-up-Ansatz der national festgelegten Beiträge (NDCs) deutlich. NDCs wurden bereits auf der 19. Konferenz der Vertragsparteien (COP 19) in Warschau im Jahr 2013 auf der Grundlage der Begriffe der freiwilligen Beiträge der Länder im Rahmen des völkerrechtlich unverbindlichen Kopenhagener Akkords festgestellt (2009).[83] Durch die Übernahme des bottom-up-Ansatzes, gepaart mit bestimmten Konstanten für NDCs sowie der sich schrittweise annähernden Prozesse zur sukzessiven und kollektiven Erhöhung des Ehrgeizes im Laufe der Zeit (fünfjährige Zyklen in Art 4 Abs 9, der Transparenzrahmen in Art 13 und der globalen Bestandsaufnahme in Art 14) versucht das Pariser Abkommen, diesen Ausgleich zwischen Partizipation und Engagement zu schaffen. Die rechtlich verbindlichen Verpflichtungen betreffen daher weitgehend die regelmäßige Vermittlung und Aktualisierung eines NDC, die Bereitstellung von notwendigen Informationen und die Berichterstattung nach den Regeln, die im Rahmen des verbesserten Transparenzsystems festgelegt werden sollen.[84]

Die Einhaltung der in einer Vereinbarung festgelegten internationalen Verpflichtungen ist daher ein wichtiger Faktor für die Wirksamkeit des Pariser Abkommens.[85] Es ist auch eine unabdingbare Voraussetzung, Vertrauen zwischen den Parteien zu schaffen.[86] Und Vertrauen führt wieder zu steigender Teilnahme und Ehrgeiz. Aus diesen Gründen beinhalten eine Reihe von Umweltverträgen, einschließlich

82 Energy News Magazine, Weltklimavertrag tritt im November in Kraft.

83 *Voigt*, The Compliance and Implementation Mechanism of the Paris Agreement, 161.

84 *Bodansky*, The Legal Character of the Paris Agreement, 142.

85 *Voigt*, The Compliance and Implementation Mechanism of the Paris Agreement, 161.

86 *Bodansky*, The Art and Craft of International Environmental Law, September 2011, Harvard University Press, 226. *Voigt*, The Compliance and Implementation Mechanism of the Paris Agreement, 162.

des Pariser Abkommens, jetzt *Compliance-Verfahren*, die darauf abzielen, Fälle von Verstößen zu verhindern und die erforderliche Leistung der Parteien zu erleichtern. Die Einbeziehung von Compliance-Vereinbarungen in einem Vertrag kann jedoch auch abschreckende Auswirkungen auf die Teilnahme und/oder den Ehrgeiz haben. Wenn die Nichteinhaltung zu Sanktionen führt, könnten die Parteien eine Zurückhaltung bei der Begehung von zu ehrgeizigen Handlungen zeigen. Oder noch schlimmer, sie könnten sich entschließen, sich überhaupt nicht der Vereinbarung anzuschließen.[87] Eine Compliance-Vereinbarung im Pariser Abkommen musste daher sehr sorgfältig in die komplizierte Architektur gesponnen werden, bestehend aus den selbstbestimmten Beiträgen sowie der differenzierten Art der Unterscheidung zwischen den Parteien sowie den Prozessen, die zur Verbesserung der Transparenz und der Steigerung im Laufe der Zeit gemacht wurden.

Art 15 des Pariser Abkommens etabliert daher einen *Compliance Mechanismus* zur Erleichterung der Durchführung und zur Förderung der Einhaltung der Bestimmungen.[88] Der Mechanismus besteht aus einem *Sachverständigenausschuss*, der einen vermittelnden Charakter hat und in einer transparenten, nicht streitig angelegten und nicht auf Strafen ausgerichteten Weise handelt. Der Ausschuss berücksichtigt besonders die nationalen Fähigkeiten und Gegebenheiten der Vertragsparteien. Der Ausschuss nimmt seine Aufgaben nach den Modalitäten und Verfahren wahr, die von der COP beschlossen werden und erstattet dieser jährlich Bericht. Es handelt sich somit um ein förderliches und nicht konfrontatives System der Überprüfung der Fortschritte der Staaten bei der Umsetzung des Abkommens, wobei Sanktionen bzw Strafen nicht vorgesehen sind.[89]

7. Verluste und Schäden

Ein weiterer wichtiger Eckpunkt ist im *Art 8*[90] des Pariser Abkommens betreffend Verluste und Schäden (Loss and Damage, L&D) enthalten. Die Vertragsstaaten anerkennen demnach die Notwendigkeit, ärmeren Staaten bei Verlusten und Schäden

---

87 *Voigt*, The Compliance and Implementation Mechanism of the Paris Agreement, 162.

88 Zur Historie des Mechanismus im Detail siehe die Ausführungen bei *Voigt*, The Compliance and Implementation Mechanism of the Paris Agreement, Review of European, Comparative & International Environmental Law, Special Issue: The Paris Agreement, Nr 2/2016, 161.

89 Bundesministerium für Land- und Forstwirtschaft, Umwelt und Wasserwirtschaft, Die Klimakonferenz COP 21 in Paris, 23.11.2015, Abteilung I/4 - Klimaschutz und Luftreinhaltung https://www.bmlfuw.gv.at/umwelt/klimaschutz/internationales/cop21paris.html (besucht am 15.09.2016).

90 *Breitwieser/Radunsky*, Anpassung (an den Klimawandel) Loss and Damage, 3.

durch den Klimawandel zu helfen. Es geht um Verluste und Schäden, die mit den nachteiligen Auswirkungen der Klimaänderungen einschließlich extremer Wetterereignisse[91] und sich langsam anbahnender Ereignisse verbunden sind. Es gilt diese Auswirkungen zu vermeiden, auf ein Mindestmaß zu verringern und zu bewältigen. Wichtig dabei ist auch die nachhaltige Entwicklung bei der Verringerung der Gefahr von Verlusten und Schäden.

Art 8 Abs 2 leg cit bestimmt, dass der *Internationale Mechanismus von Warschau (WIM)*[92] für Verluste und Schäden der Weisungsbefugnis und Leitung der COP unterliegt. Der Internationale Mechanismus von Warschau arbeitet mit bestehenden Gremien und Sachverständigengruppen sowie mit einschlägigen Organisationen und Sachverständigengremien innerhalb und außerhalb des Pariser Abkommens zusammen. Mit Art 8 leg cit kam man somit der Forderung der am meisten verwundbaren Länder nach und diese Bestimmung wird daher auch als Meilenstein in der inter-

91 Anfang November 2013 hatte sich auf den Philippinen der Taifun Haiyan zugetragen, der die TeilnehmerInnen der COP 19 in Warschau daran erinnerte, dass unter den negativen Auswirkungen aus der Klimaänderung vor allem die Menschen in den Entwicklungsländern leiden. Andere Regionen sind ebenfalls von wiederkehrenden Katastrophen betroffen, wie etwa den Dürrekatastrophen, die in der Sahelzone oder am Horn von Afrika die Lebensgrundlagen der Menschen zerstören. 2013 kämpfte auch eine Familie vom Insel-Archipel Kiribati darum, in Neuseeland offiziell als Klimaflüchtling anerkannt zu werden. Kiribati ragt nur einige Meter aus dem Meer und wird durch den steigenden Meeresspiegel bedroht. Der Antrag wurde im Oktober 2013 abgelehnt. Bundesministerium für Land- und Forstwirtschaft, Umwelt und Wasserwirtschaft, 19. Weltklimakonferenz in Warschau, https://www.bmlfuw.gv.at/umwelt/klimaschutz/internationales/klimakonferenzen/warschau-2013.html (besucht am 15.09.2016).

92 Auf der COP 19/CMP9, die vom 11.-23. November 2013 in Warschau stattfand, wurde auf Bestreben der Entwicklungsländer der sog „*Internationale Warschauer Mechanismus (WIM)*" (Entscheidung 2/CP.19) geschaffen. Damit sollen arme Staaten Unterstützung beim Umgang mit den negativen Auswirkungen aus der Klimaänderung erhalten. Erst sollten wissenschaftliche Erkenntnisse gesammelt und das Wissen bestehender Institutionen verknüpft werden. Die Umsetzung des WIM erfolgt durch das Exekutivkomitee (ExCOM; Executive Committee of the Warsaw International Mechanism for Loss and Damage, https://unfccc.int/adaptation/groups_committees/loss_and_damage_executive_committee/items/7543.php) unter der Leitung der COP. Siehe UNFCC, Warsaw International Mechanism for Loss and Damage associated with Climate Change Impacts, WIM, http://unfccc.int/adaptation/workstreams/loss_and_damage/items/8134.php. Wesentliche Entscheidungen zum neuen Mechanismus sollten erst bei der COP 22 in Marrakech 2016 vereinbart werden (Entscheidung 3/CP.22 Warsaw International Mechanism und Entscheidung 4/CP.22 Review of the Warsaw International Mechanism. Beide Entscheidungen sind abgedruckt im Dokument FCCC/CP/2016/10/Add.1 vom 31.01.2017, Report of the Conference of the Parties on its twenty-second session, held in Marrakech from 7 to 18 November 2016. Addendum. Part two: Action taken by the Conference of the Parties at its twenty-second session). Siehe auch den neuesten Excom-Bericht: FCCC/SB/2016/3 vom 14.10.2016, Report of the Executive Committee of the Warsaw International Mechanism for Loss and Damage associated with Climate Change Impacts.

nationalen Klimapolitik gesehen, da der bereits zwei Jahre zuvor etablierten WIM institutionell (L&D-Organs des Executive Committee (ExCOM)) abgesichert wird.[93]

Art 8 Abs 3 und 4 des Pariser Abkommens bestimmt, dass die Vertragsparteien das Verständnis, die Maßnahmen und die Unterstützung betreffend die mit den Klimaänderungen verbundenen Verluste und Schäden in kooperativer und vermittelnder Weise verbessern sollen. Zu den Bereichen der *Kooperation und Vermittlung* können folgende gehören: a) Frühwarnsysteme; b) Notfallvorsorge; c) sich langsam anbahnende Ereignisse; d) möglicherweise zu unumkehrbaren und dauerhaften Verlusten und Schäden führende Ereignisse; e) umfassende Risikobewertung und umfassendes Risikomanagement; f) Risikoversicherungsfazilitäten, Bündelung von Klimarisiken und andere Versicherungslösungen; g) nichtwirtschaftliche Verluste; h) Widerstandsfähigkeit von Gemeinschaften, Existenzgrundlagen und Ökosystemen.

Für Entwicklungsländer soll zB ein *Versicherungssystem* betreffend Schäden aufgebaut werden. Mit Art 8 wurde aber *keine Grundlage für Haftung oder Schadensersatz* geschaffen. Das war eine „rote Linie" für die USA, die es nicht zu überschreiten galt.[94] Aufgrund des Rechtssystems in den USA gab es anfangs die Befürchtung wegen des Klimawandels zur Verantwortung und damit zu Schadenersatzzahlungen gezwungen zu werden.[95] Das Pariser Abkommen ist völkerrechtlich zwar verbindlich. Es gibt jedoch keine Strafen oder Sanktionen bei Nichterfüllung der Punkte.

8. Klimabedingte Migration

Ein weiterer interessanter Eckpunkt ist die *Präambel* des Pariser Abkommens, wo die klimabedingte Migration[96] Erwähnung fand. In einem gemeinsamen Bericht

93 *Breitwieser/Radunsky,* Anpassung (an den Klimawandel) Loss and Damage, 3.

94 Die USA wollten ursprünglich vermeiden, dass der Begriff der klimawandelbedingten Schäden und Verluste –„Loss and Damage" – überhaupt vorkommt. Sie konnten sich aber nicht durchsetzen. Im zweiten Teil gibt es jetzt mit Art 8 eine eigene Textpassage mit fünf Paragrafen. Klimaretter-Lexikon, Loss and Damage, http://www.klimaretter.info/tipps-klima-lexikon/19902-loss-and-damage (besucht am 15.09.2016). Allerdings haben die USA ein „Trostpflaster" bekommen: In einem weniger verbindlichen Teil des Abkommens ist festgehalten, dass damit „keine Grundlage für Haftung oder Schadensersatz geschaffen wird". Klimaretter.info, Paris/COP 21, Hintergrund, Interview von *Susanne Götze* und *Jörg Staude* mit US-Chefunterhändler *Todd Stern,* 07.12.2015, „Die Koalition der Willigen wächst", http://www.klimaretter.info/klimakonferenz/klimagipfel-paris/hintergrund/20238-qdie-koalition-der-willigen-waechstq (besucht am 15.09.2016).

95 klimaretter.info, Pariser Klimaabkommen: Ein Blick in die Paragrafen, http://www.klimaretter.info/klimakonferenz/klimagipfel-paris/hintergrund/20315-ein-blick-in-die-paragrafen (besucht am 15.09.2016).

96 *Phillip Dane Warren,* Forcing migration after Paris COP21: evaluating the "climate change displa-

der Hilfs- und Entwicklungsorganisation Oxfam Deutschland[97] wurde bereits im Jahre 2013 die Notwendigkeit der stärkeren Koordinierung in Sachen *Klimaflüchtlinge* betont. Das völkerrechtliche Konzept der „klimabedingten Flucht" gibt es bis dato noch nicht, weshalb Betroffene aus Umweltgründen bisher kein politisches Asyl beantragen können. Mit der Erwähnung in der Präambel ist allerdings ein Anfang gemacht worden.

9. Kritik am Pariser Abkommen

Negativ in Erscheinung trat zunächst die Tatsache, dass die Emissionen von *Flug- und Schiffsverkehr* – wie schon in bisherigen UNFCCC-Folgekonferenzen – von der Regelung in einem Klimaabkommen herausgefallen sind.[98] Diese Emissionen sollen von den entsprechenden UN-Sonderorganisationen, nämlich der Internationalen Zivilluftfahrtorganisation (*ICAO*)[99] für die Luftfahrt und der *Internationalen Meeresorganisation (IMO)*[100] für den Schiffsverkehr, kontrolliert werden. Doch laut Kritik hatte die ICAO[101] bisher wenig Erfolg bei der Begrenzung der Emissionen. Dasselbe gilt für die IMO.[102] Die Vertragsstaaten konnten sich in Paris jedenfalls nicht auf gemeinsame Ziele und Maßnahmen für beide Sektoren einigen.

Das Pariser Abkommen beruht auf *freiwilligen Emissionsminderungsverpflichtungen*, während es keinen richtigen Rechtsrahmen gibt, der die freiwilligen Zusagen der Mitglieder bindet (UNFCCC 2015). Laut Kritik wurden zwar die Gesichter der

cement coordination facility" (21st climate change conference), Columbia Law Review, 2016, Vol. 116, Nr. 8, S. 2103-2144.

97 Oxfam Deutschland, Broschüre: Auf der Flucht vor dem Klima, 05.02.2013, https://www.oxfam.de/ueber-uns/publikationen/flucht-klima (besucht am 15.09.2016).

98 *Luhmann*, klimadiplomatie.de, 12.10.2015, „Kollateralschaden beim Eindampfen des Vertragsentwurfs", http://www.klimadiplomatie.de/debatte/262-kollateralschaden-beim-eindampfen-des-pariser-vertragsentwurfs (besucht am 15.09.2016).

99 International Civil Aviation Organization, http://www.icao.int/ (besucht am 15.09.2016).

100 International Maritime Organization, http://www.imo.org/ (besucht am 15.09.2016).

101 *Luhmann*, klimadiplomatie.de - „Kollateralschaden beim Eindampfen des Vertragsentwurfs", 12.10.2015, http://www.klimadiplomatie.de/debatte/262-kollateralschaden-beim-eindampfen-des-pariser-vertragsentwurfs (besucht am 15.9.2016). *Mihatsch*, klimadiplomatie.de, 13.12.2015, So geht Klimaschutz im 21. Jahrhundert, http://klimadiplomatie.de/news/316-so-geht-klimaschutz-im-21-jahrhundert (besucht am 15.9.2016). *Mahnke*, klimaretter.info, 10.10.2013, http://www.klimaretter.info/mobilitaet/nachricht/14760-nichts-als-ablenkungsmanoever (besucht am 15.09.2016).

102 Schifffahrt soll Emissionsdaten sammeln, klimaretter.info, 14.05.2014, http://www.klimaretter.info/politik/nachricht/18778-schifffahrt-soll-emissionsdaten-sammeln (besucht am 15.09.2016).

internationalen Verhandlungsführer gerettet, tatsächlich ist es aber mit einem noch schwächeren Rechtsrahmen ausgestattet als das Kyoto-Protokoll.[103]

10. Zusammenfassung und Ausblick

Das Pariser Abkommen ist ein auf der COP 21 im Dezember 2015 geschaffenes, neues und rechtsverbindliches völkerrechtliches Abkommen plus Begleitentscheidungen zur technischen Ausgestaltung und Umsetzung der Klimarahmenkonvention (UNFCCC). Mit dem Abkommen wurde ein Gesamtpaket mit Langfristzielen verankert. Das Pariser Abkommen ist der Höhepunkt und Abschluss eines mehrjährigen Verhandlungsprozesses und stellt gleichzeitig auch den Anfang einer neuen Form der globalen Zusammenarbeit sowie den Beginn eines technischen Umsetzungsprozesses dar. Das Pariser Abkommen weist mit 2°C und 1,5°C konkrete Referenzen auf und ist erstmals umfassend, da alle Vertragsstaaten zum Klimaschutz verpflichtet werden, nationale Beiträge (NDCs) vorzulegen.

Die NDCs werden dynamisch alle fünf Jahre beginnend im Jahr 2023 aktualisiert, wobei eine *globale Bestandsaufnahme („global stocktake")* den Zielpfad zu allen Themenbereichen überprüfen soll. Ein erster Dialog zu Klimaschutzmaßnahmen findet 2018 statt. Transparenz in der Berichterstattung und ein neues Klimafinanzziel ab 2026 sind ebenfalls vorgesehen. Das Pariser Abkommen stärkt laut Einschätzung namhafter Beobachter die Klimapolitik und die Green Economy der EU und Österreichs, und sorgt für mehr Wettbewerbsgleichheit zwischen den Volkswirtschaften. Laut Prognosen wird es positive Auswirkungen auf Investitionsentscheidungen, Forschung und Entwicklung haben und viele Chancen für Österreichs innovative Wirtschaft in den Bereichen der erneuerbaren und klimafreundlichen Hochtechnologie, der modernen Verkehrssysteme sowie der Beratung bringen. Es wird als ein Signal für Entscheidungsträger gesehen, dass eine Dekarbonisierung,[104] dh die Abkehr der Energiewirtschaft von der Nutzung kohlenstoffhaltiger/fossiler Energieträger erfolgen muss und der Klimaschutz eine Kernaufgabe der nächsten Jahrzehnte wird. Die COP 22 fand vom 7. bis 18. November 2016 in Marokko, Marrakesch statt und ist mit der Proklamation eines *Aktionsplans zur Umsetzung der*

---

103 *Seo*, Beyond the Paris Agreement: Climate change policy negotiations and future directions, Regional Science Policy & Practice 2017.

104 RP-Energie-Lexikon - Dekarbonisierung, Kohlenstoff, Kohle, Klimagefahren, Klimaschutz, Kohlenstoffblase, Divestment, 29.09.2016, https://www.energie-lexikon.info/dekarbonisierung.html (besucht am 06.02.2017).

Klimaschutzziele[105] *von Paris* zu Ende gegangen. Viele Vertragsstaaten kündigten an, ihre Energieversorgung bis 2050 auf erneuerbare Energieträger umzustellen.[106]

Die COP 23[107] fand vom 6. bis 17. November 2017 in Deutschland, Bonn statt und war vom Inselstaat Fidschi organisiert. Der Inselstaat leidet selbst besonders unter den Folgen des Klimawandels. Der Regierungschef von Fidschi, *Frank Bainimarama* hatte den amerikanischen Präsidenten *Donald Trump* bereits im November 2016 eingeladen.[108] *Trump* sollte sich vor Ort die Menschen und Gemeinden ansehen, die ihr Land bereits wegen des Meeresspiegelanstiegs verlassen mussten. In einer Rede am 1. Juni 2017 [109] gab Präsident *Donald J. Trump* jedoch bekannt, dass die Vereinigten Staaten sich aus dem Pariser Klimaabkommen zurückziehen werden. Die USA werde Verhandlungen beginnen, um ein völlig neues Abkommen mit günstigeren Bedingungen für die Vereinigten Staaten wieder einzugehen oder zu verhandeln, „if we can it's great, but if we can't, that's fine' so US Präsident Trump.[110] Durch die Haltung der USA bleibt beim internationalen Klimaschutz nun Vieles offen, obwohl es mit dem in Kraft treten des Pariser Abkommens einen weitgehenden Konsens zum Thema gibt.

105 UNFCCC, Marrakech Action Proclamation, 18.11.2016, https://unfccc.int/files/meetings/marrakech_nov_2016/application/pdf/marrakech_action_proclamation.pdf (besucht am 06.02.2017).

106 *Kieselhorst*, Das sind die Ergebnisse der Klimakonferenz in Marrakesch, vorwärts.de, 21.11.2016, http://www.vorwaerts.de/artikel/ergebnisse-klimakonferenz-marrakesch (besucht am 12.12.2016).

107 UNFCCC Calendar, http://unfccc.int/meetings/unfccc_calendar/items/2655.php?year=2017 (besucht am 06.02.2017). International Institute for Sustainable Development (IISD), Event: UNFCCC COP 23 | SDG Knowledge Hub, http://sdg.iisd.org/events/unfccc-cop-23/ (besucht am 06.02.2017).

108 *Mathiesen*, climate change news, Fiji invites Trump to visit climate-hit Pacific islands, 18.11.2016, http://www.climatechangenews.com/2016/11/18/pacific-islands-climate-trump/ (besucht am 06.02.2017).

109 The White House, President Trump Announces U.S. Withdrawal From the Paris Climate Accord, 01.06.2017, https://www.whitehouse.gov/blog/2017/06/01/president-donald-j-trump-announces-us-withdrawal-paris-climate-accord (besucht am 14.07.2017).

110 Reuters/The Guardian, US will withdraw from Paris agreement, Trump announces – video, https://www.theguardian.com/us-news/video/2017/jun/01/donald-trump-us-will-withdraw-from-paris-agreement-video.

Emissionshandel als Flaggschiff des Europäischen Klimaschutzrechts?

Stephan Schwarzer/Martin Niederhuber

1. Überblick über das europäische Klimaschutzrecht

Die hochgesteckte Bezeichnung des CO_2-Emissionshandels (Emission Trading Scheme, im Folgenden ETS) als „Flaggschiff der ambitionierten EU-Klimapolitik" stammt von den EU-Rechtsetzungsorganen selbst[1]. Vorschläge, von ihm abzugehen, wurden mit dem Hinweis auf dessen Unverzichtbarkeit stets a limine zurückgewiesen. Dennoch ist die Kritik nie verstummt, und im juristischen und ökonomischen Schrifttum ist die These, der „Emissionshandel funktioniere nicht", fast schon eine stehende Redewendung[2].

Beide Bewertungen sind krass überzogen: Die Performance des Emissionshandels war nicht so großartig, dass eine Diskussion über Alternativen deplatziert wäre. Schon jetzt leisten neben ihm auch andere Instrumente erhebliche Beiträge. Aber das Funktionieren schlechthin kann man dem Instrument schwerlich absprechen. Angebracht erscheint eine differenziertere Betrachtung. Jedenfalls hat die rechtliche Implementierung des ETS funktioniert. Versuche, ihn juristisch aus den Angeln zu heben, waren erfolglos.

---

1 Vgl auch *Frenz*, Handbuch Europarecht, Band 6, Institutionen und Politiken, 1342 („wichtigstes Instrument"), *Madner*, Europäisches Klimaschutzrecht. Vom Zusammentreffen von „alten" und „neuen" Instrumenten im Umweltrecht, ZfV 2015, 201 (Kernelement, 202), *Epiney*, Instrumente und Optionen im europäischen Klimaschutzrecht, in IUR/UTR (Hrsg), Europäisches Klimaschutzrecht und erneuerbare Energien, 2014, 1 („zentrales Instrument", 13).

2 Vgl aus dem älteren Schrifttum *Wegener*, Die Novelle des Emissionshandelssystems („Wirkungslosigkeit des ETS"), *Winter*, Das Klima ist keine Ware („ökonomisches verdrängt ökologisches Denken") und *Beckmann/Fisahn*, Probleme des Handels mit Verschmutzungsrechten, alle in ZUR 2009, 283, 289 und 299. (ETS nahezu funktionsunfähig, wegen der ETS-Bürokratie eine „Karikatur seiner selbst"). Aus dem neuen Schrifttum vgl *Kerschner/Wagner*, Zivilrechtliche Übertragung von Energieeinsparungen nach dem Energieeffizienzgesetz, ÖZW 2015, 50 („partielles Versagen der CO_2-Zertifikate", 58). Der renommierte österreichische Energie- und Klimaökonom *Stefan Schleicher* kritisierte den ETS in einem Vortrag am 25. April 2017 als wirkungslose „CO2-Buchhaltung".

Nach immerhin zwölf Jahren seines Wirkens lässt sich eine Bilanz ziehen und die Zukunftstauglichkeit einschätzen.

Zuvor aber einige Bemerkungen zum Entwicklungsstand des EU-Klimaschutzrechts. Innerhalb des Umweltrechts nimmt das Klimaschutzrecht eine dominante Stellung ein, und dies bereits seit vielen Jahren. Ja, es griff sogar auf benachbarte Rechtsgebiete über, allen voran auf das Energierecht, das durch den Klimaschutzgedanken eine neue Prägung erfuhr.

Die expansive Entwicklung begann im Gefolge des Abschlusses des Kyoto-Protokolls 1997. Damals bestand die EU noch aus 15 Staaten. Durch die später erfolgten Beitritte wurde diese Ausrichtung nicht mehr verändert, was zum Teil durch Zugeständnisse an die neuen Mitgliedstaaten erkauft wurde[3]. Diese Feststellung hat gerade für den Emissionshandel ihre Berechtigung.

Die hohe Gewichtung des Klimaschutzes erwies sich als politisch sehr stabil. Sie hat sämtliche Regierungswechsel in den Mitgliedstaaten in zwei Dekaden ungebrochen überdauert.

Anders als manche nationale Rechtsordnungen (wie die österreichische), die ein Klimaschutzgesetz[4] hervorgebracht haben, kennt das Unionsrecht keinen Rechtsakt, der das Thema Klimaschutz im Namen führt. Dennoch ist das europäische Klimaschutzrecht nach Jahren stürmischer Expansion heute bereits sehr fordernd – und die Entwicklung schreitet auch auf Unionsebene weiter voran. Es verteilt sich auf eine Unzahl von Rechtsakten, die – in stärkerer oder schwächerer Intensität – alle Emissionsquellen von Treibhausgasen betreffen.

Einige prominente Aushängeschilder des geltenden EU-Klimarechts seien in einem kurzen Rundgang durch die Rechtslandschaft präsentiert:

- Das Abfallrecht[5] verringert durch seine Deponiebestimmungen Methanemissionen von Abfalldeponien.
- Die Gemeinsame Agrarpolitik (GAP) fördert eine umweltgerechte Landwirtschaft und damit auch eine Reduktion des Einsatzes von Düngemitteln, die mit erheblichem Energieaufwand produziert werden[6].

---

3 Vgl unten bei FN 49.

4 Bundesgesetz BGBl I 2011/106. Vgl zu diesem „Rahmenplanungsgesetz“ *Schwarzer*, Zielvereinbarungen zwischen politischen Akteuren als Steuerungsinstrument im neuen Klimaschutzgesetz, RdU 2012, 49.

5 Die DeponieVO 2008, BGBl II 2008/39 idgF verbietet die Ablagerung von gemischtem Hausmüll, aus dem klimaschädlichen Methanemissionen entstehen.

6 In Österreich befinden sich rund 85% der Flächen im EU-kofinanzierten Agrar-Umwelt-Programm (ÖPUL-Sonderrichtlinie 2015 – GZ BMLFUW-LE 1.1.8/0014-II/3/2016).

- Chemikalienvorschriften schränken das Inverkehrbringen klimaschädlicher Stoffe ein und erzwingen deren Substitution durch andere Stoffe[7].
- Das Kraftfahrrecht hat Verordnungen hervorgebracht, die die CO_2-Emissionen der pro Kalenderjahr in Verkehr gebrachten Neuwagenflotte limitieren. Inverkehrbringer, die die Grenzwerte nicht einhalten, müssen eine Art Pönale an die EK zahlen[8].
- Eine Gebäudeeffizienzrichtlinie wirkt auf die Absenkung des Energieverbrauchs für das Heizen und Kühlen von Gebäuden hin[9].
- Das Industrieanlagenrecht verlangt die energieeffiziente Gestaltung von Fertigungsprozessen entsprechend den besten verfügbaren Technologien.
- Hinzu kommen etliche Querschnittsinstrumente wie zB die UVP-Richtlinie, die EMAS-Verordnung, die Richtlinie über das gemeinschaftliche Umweltzeichen und die Ökodesignrichtlinie, die auch den Klimaschutz betreffen.

Die Liste ließe sich noch lange fortsetzen[10].

Zum *Kern des europäischen Klimaschutzrechts* kann man jene Rechtsakte zählen, die die EU selbst wiederholt als Energie- und Klimapaket bezeichnet hat. Ihn bildet ein Quartett bestehend aus

- der Erneuerbaren Energien-Richtlinie[11],
- Energieeffizienzrichtlinie[12],
- dem Effort Sharing-Rechtsakt[13] und, last but not least, aus
- der Emissionshandelsrichtlinie[14],

  die in diesem Beitrag im Fokus steht.

Diesem Paket von Rechtsakten vorgelagert waren sowohl bei der Einführung als auch bei der Weiterentwicklung Aktionsprogramme, Strategiepapiere sowie grundlegende Beschlussfassungen des Europäischen Rates, die aber selbst keine Rechtsaktqualität aufweisen. Der wahre Motor, der hinter dieser Dynamik steckt, ist aber die Rolle des Schrittmachers, die sich die EU auf Ebene der globalen Klimapolitik selbst auferlegt hat. Die großen Energie-Klima-Pakete wurden stets im Vorfeld der großen internationalen Klimakonferenzen geschnürt und sollten die anderen Akteure zu gleichartigen Anstrengungen motivieren. Dieses Kalkül ist bisher freilich nur in begrenztem Ausmaß aufgegangen.

---

7 Vgl OzonVO (EG) 1005/2009 und F-GaseVO (EU) 517/2014.

8 Vgl Verordnung (EG) 443/2009 und Verordnung (EU) 510/2011.

9 Vgl Richtlinie 2010/31/EU, ABl L 2010/153, 13.

10 Vgl *Meßerschmidt*, Europäisches Umweltrecht (2011) 767 ff.

11 Richtlinie 2009/28/EG, ABl L 2009/140, 16.

12 Richtlinie 2012/27/EU, ABl L 2012/315, 1.

13 Entscheidung 406/2009/EG, ABl L 2009/140, 136.

14 Richtlinie 2003/87/EG, ABl 2003/275, 32 idF Richtlinie 2009/29/EG, ABl 2009/140, 63.

Die meisten der genannten Rechtsakte existieren schon in überarbeiteten Fassungen, welche die meist noch zurückhaltenden Erstversionen inhaltlich stark anreicherten und ausbauten. Weitergehende Reviews stehen ante portas. Aktuell liegt ein Paket von Vorschlägen der EK[15] vor, das verschärfte Klima- und Energieziele bis 2030 anpeilt. Auch diese verstehen sich jedoch nur als Zwischenetappe auf dem Weg zur weitgehenden Dekarbonisierung des Wirtschaftssystems bis 2015 im Einklang mit dem Pariser Klimaschutzabkommen.

Als Gesamtbefund lässt sich festhalten, dass das unionale Klimaschutzrecht alle wesentlichen Bereiche umspannt, die mit Treibhausgasemissionen zu tun haben. Die Regelungsintensität mag immer noch unterschiedlich sein. Bisweilen ist sie einem nationalen Gesetz vergleichbar, bisweilen lässt sie noch Freiräume. Sie hat aber jedenfalls auf breiter Front zugenommen. Teilweise wird mit engmaschigen, teilweise mit rahmenartigen Richtlinien operiert. Die Kombination von Zielverpflichtungen in quantifizierter Form mit detailliert ausgearbeiteten Regelungen setzt die Mitgliedstaaten gehörig unter Druck.

Zentrale Bedeutung kommt einem Rechtsakt zu, der die Mitgliedstaaten verpflichtet, ihre Treibhausgasemissionen um bestimmte Prozentsätze zu kürzen. Die Frage, wie das bewerkstelligt wird, verbleibt hier zumindest formal, trotz fortgeschrittener Rechtsetzung auf Unionsebene, von den Mitgliedstaaten zu beantworten. Je herausfordernder die Zielvorgaben werden, desto mehr müssen die Mitgliedstaaten alle verfügbaren Instrumente einsetzen, und die faktische Wahlfreiheit schrumpft. Zu den oben erwähnten Rechtsakten treten auf nationaler Ebene somit im nicht harmonisierten Bereich noch eine Vielzahl von Förderungs- und Abgabenregulativen[16], welche die Zielerreichung unterstützen sollen.

Am Ende der Subsidiaritätsskala befindet sich der Rechtsakt über den gemeinschaftlichen CO_2-Emissionshandel. Mit ihm zieht die Union die Verantwortung für einen ganzen Sektor – und es handelt sich unionsweit betrachtet mit 45 % der Emissionen um den größten Sektor – fast vollständig an sich. Dies vor allem deshalb, weil in der ersten und zweiten Handelsperiode der nationale Umsetzungsplan der Zustimmung der EK bedarf, während für die dritte Handelsperiode eine noch stärkere unionsrechtliche Harmonisierung vorgesehen wurde. Das Ausführungsgesetz und die Administration, die den Mitgliedstaaten verblieben sind, haben weitgehend exekutiven Charakter[17].

---

15 Vgl Clean Energy for All Europeans, 30.11.2016, https://ec.europa.eu/energy/en/news/commission-proposes-new-rules-consumer-centred-clean-energy-transition.

16 ZB Begünstigungen für emissionsarme Fahrzeuge bei der Normverbrauchsabgabe und der Versicherungssteuer oder Förderprogramme für Gebäudesanierungen.

17 Emissionszertifikategesetz, BGBl I 2011/118 idF BGBl I 2015/128.

Fassen wir zusammen: Die Bezeichnung des ETS als Flaggschiff der EU-Klimaschutzrechts meint keineswegs, dass der ETS allein auf weiter Flur sei. Das Gegenteil ist der Fall: Das Klimaschutzrecht der Union ist in ein Konglomerat verschiedenster Regelungen unterschiedlichster Provenienz eingewoben, das kaum noch einen Regelungsgegenstand ausspart. Auf die Interferenzen zwischen ETS und sonstigen Klimaschutzregelungen wird noch zurückzukommen sein.

2. Einführung in das unionsrechtliche Emissionshandelsregime

Das Konzept des Handels mit „Verschmutzungsrechten" wurde von der Umweltökonomie in den siebziger Jahren entwickelt[18]. Es erhebt für sich den Anspruch, vorgegebene umweltpolitische Ziele, hier jenes der Emissionsreduktion, mit geringstmöglichen Kosten zu erreichen. Als Vergleichsobjekt wird das Ordnungsrecht herangezogen, das durch seine Starrheit das ökonomische Optimum deutlich verfehle[19].

Zunächst wird das Prinzip eingeführt, dass Emittenten für ihre Emissionen Emissionszertifikate benötigen. Diese gibt der Staat aus. Für einen (anfänglich hohen) Teil ihres Bedarfes bekommen die Emittenten die Zertifikate gratis zugeteilt. Den fehlenden Teil müssen sie selbst am Markt erwerben. Betriebe, die ihre Emissionsrechte nicht in vollem Umfang benötigen, weil sie Emissionen eingespart haben, bieten sie jenen zum Kauf an, die keine Maßnahmen setzen wollen oder können, und daher eine Lücke schließen müssen[20].

Das Ziel ist somit ein doppeltes:

- Emissionsverringerung bis zu einem bestimmten Gesamtvolumen einerseits und
- Minimierung der Kosten der Emissionsminderung andererseits[21].

An diesen Zielen gemessen, funktioniert der Emissionshandel immer, eine Zielverfehlung ist nicht denkbar. Denn der Emissionsplafonds wird eingehalten und die Kostenminimierung erledigt der Markt, wenn er ausreichend liquide ist. Je weniger das CO_2-Zertifikat kostet, desto besser ist das ökonomische Kriterium erfüllt. Nur wenn der Markt illiquide ist, wird das Ziel der Kostenminimierung verfehlt. Dieser Vorwurf wurde aber, soweit ersichtlich, gegen den CO_2-Emissionshandel der EU nicht erhoben und wäre auch durch die Fakten widerlegt.

---

18 Vgl *Feess*, Umweltökonomie und Umweltpolitik[3] (2007) 123 ff; *Endres*, Umweltökonomie[4] (2013) 132, 137 und 347 ff und *Meßerschmidt*, Europäisches Umweltrecht 779 f.

19 Kritisch zur Kritik am Ordnungsrecht *Schwarzer*, Buchbesprechung Umweltökonomie, Wirtschaftspolitische Blätter 2013, 747 ff.

20 Vgl *Kloepfer*, Umweltrecht[4] (2016) 1565 und *Frenz*, Emissionshandelsrecht (2004) 60 f.

21 *Feess*, Umweltökonomie 0132f, eingehend *Meßerschmidt*, Europäisches Umweltrecht 778ff.

Wenn nun der Preis sinkt, ist dies das Ergebnis des Wechselspiels von Angebot und Nachfrage. Wächst das Angebot an Emissionstiteln, dann deshalb, weil Emittenten Emissionsminderungsmaßnahmen gesetzt haben, die sie in die Lage versetzen, den Überschuss auf den Markt zu werfen. Sinkt die Nachfrage, dann benötigen Unternehmen weniger Verschmutzungsrechte, weil sie ebenfalls Maßnahmen gesetzt haben. Geringe Nachfrage und hohes Angebot bewirken zwangsläufig eine Baisse auf den Handelsplattformen. Dass Emittenten Maßnahmen zur Minderung der Emissionen setzen und von Nachfragern zu Anbietern von Zertifikaten mutieren, entspricht exakt dem Umweltschutzziel des ETS.

In der Realität hat sich der Preis in Bandbreiten entwickelt, die unter den Erwartungen des Gesetzgebers blieben. Es wurden eben Maßnahmen gesetzt, die die Emissionen verringert haben. Aus der Abwärtsbewegung der Preise wurde abgeleitet, dass der Markt nicht funktioniere. In unseren Augen ist das ein kapitaler Fehlschluss, denn der niedrige Marktpreis ist – wie gesagt bei hoher Liquidität – der beste Beweis für das Funktionieren des Emissionshandels.
Inzwischen hat aber eine schleichende Uminterpretation des Ziels des Emissionshandels Platz gegriffen: Nunmehr wird als Ziel gesehen, Investitionen in CO_2-mindernde Technologien unabhängig von der Erreichung des Mengenziels, also auch darüber hinaus, zu incentivieren. Dazu benötigt man einen CO_2-Preis, der hoch sei. Das Theorem wird somit auf den Kopf gestellt. Mit Änderungen der Richtlinie intervenierte der Gesetzgeber direkt in den Markt, indem er die verfügbare Menge an Zertifikaten verkleinerte[22]. Es wurde eine so genannte Marktstabilitätsreserve (MSR) eingeführt. Durch ein Verschieben einer vordefinierten Menge in dieses 2019 in Kraft tretendende Instrument, soll die Anzahl der am Markt gehandelten Zertifikate jährlich reduziert werden. Dieser Mechanismus intendiert eine Steigerung der Zertifikatspreise. Im Hintergrund wirkt, dass sich bestimmte Technologien erst ab einem bestimmten CO_2-Preis rechnen. Einschlägig tätige Investoren haben Interesse daran, dass diese Schwelle überschritten wird – von den Interessen der Spekulanten, die auf ihren teuer eingekauften CO_2-Reserven nicht sitzen bleiben wollen, einmal abgesehen.

Hohe Zertifikatspreise begünstigen zwar Investitionen in neue Energietechnologien, sie belasten aber auch die energieintensive Industrieproduktion mit Zusatzkosten, die außerhalb der EU nicht anfallen. Zwar gibt es auch außerhalb der EU einige Emissionshandelssysteme. Von der Stringenz des europäischen Regimes sind

---

22 Beschluss (EU) 2015/1814 vom 6.10.2015 über die Einrichtung und Anwendung einer Marktstabilitätsreserve für das System für den Handel mit Treibhausgasemissionszertifikaten in der Union und zur Änderung der Richtlinie 2003/87/EG, ABl L 2015/264, 1.

sie freilich noch meilenweit entfernt. De facto nimmt die EU mit ihrem System eine prononcierte Vorreiterrolle wahr.

Durch diese eigene Intention des Hinaufziehens des Preises sah sich die EU genötigt, Industriesektoren zu definieren, die als abwanderungsgefährdet gelten und daher Anspruch auf Gratiszertifikate haben sollen[23]. Die Kriterien für Gratiszuteilungen nehmen mittlerweile einen fixen Platz in der Diskussion um jede Richtlinienänderung ein. Der Zielkonflikt verschärft sich mit den von den ETS-Betrieben zu liefernden Beiträgen zum Reduktionsziel. Die geforderten Reduktionen werden immer größer, während die Menge der zur Verfügung stehenden Gratiszertifikate schmilzt, dies mit der Intention: der Preis der Zertifikate soll steigen. Somit würde sich die aus dem Emissionshandel resultierende Kostenbelastung potenzieren, was aber wiederum durch erhöhte Gaben von Gratisemissionsrechten abgewendet werden soll – soweit dies mathematisch dann überhaupt noch möglich ist[24].

Momentan ist dieses Thema hochaktuell. Rat, Parlament und EK tun sich aber ersichtlich schwer mit der Lösung des Zielkonflikts. Gratiszertifikate wird es geben, da sind sich alle Organe schon einig. Die Frage ist nur, ob in ausreichender Menge. Dies ist für die Frage der Wirksamkeit des Schutzes entscheidend.

Bleibt noch zu beantworten, warum sich das hochkomplexe Instrument Emissionshandel auf Unionsebene – trotz der verbreiteten Aversion der Juristen gegen derartige Marktlösungen – überhaupt durchgesetzt hat. Lange Zeit schien es, dass die Idee der Emissionszertifikate in Europa nicht Anklang findet. Erst um die Jahrtausendwende begann sich die EK näher dafür zu interessieren. Der Grund dafür lag in den primärrechtlichen Regeln über die Rechtserzeugungsverfahren. Das von manchen präferierte Instrument der CO_2-Abgabe hatte den gravierenden Nachteil, dass es im Rat wie bei allen Abgabenregelungen der Einstimmigkeit bedurfte[25]. Diese Hürde wurde von der EK als geradezu prohibitiv betrachtet.

Das Instrument Emissionshandel kam der Idee einer Monetarisierung der Umweltkosten für die Emittenten durch eine Emissionssteuer am nächsten – und es konnte im Rat mit qualifizierter Mehrheit beschlossen werden. Die Aussicht, dass alle Teilnehmer mit diesem Instrument noch Geld verdienen können, denn Käufer stehen Verkäufern gegenüber, mag am Rande auch mitgespielt haben. Für die Finanzminister der Mitgliedstaaten ist erfreulich, dass über den ETS – anders als bei der CO_2-Abgabe – ohne Erhöhung der Abgabenquote staatliche Einnahmen generiert werden.

23 Zur Abwanderungsgefahr *Meßerschmidt*, Europäisches Umweltrecht 780f.

24 Dies führte dazu, dass der Umweltausschuss des EP der Zementindustrie den Schutz vorenthalten wollte. Damit sollte die mathematische Grenze für die übrigen Sektoren erhöht werden. Das Plenum des EP hat diesen Vorschlag aber letztlich verworfen.

25 Art 192 Abs 2 lit a AEUV.

Auch für die Emissionshandelsrichtlinie gilt, dass die Erstversion den Mitgliedstaaten verhältnismäßig große Gestaltungsmöglichkeiten einräumte, wodurch ihnen die Zustimmung zum neuen Rechtsakt schmackhafter gemacht wurde. 2009 wurde das Netz der Harmonisierung schon viel enger gespannt und die meisten Gestaltungsbefugnisse der Mitgliedstaaten bei der Zuteilung von Zertifikaten wurden kassiert. Bei der nun laufenden Richtlinienrevision wird das ökologische Reduktionsziel stark verschärft. Nunmehr ist der Emissionshandel vermutlich gemeinsam mit der Chemikalienverordnung REACH das umweltpolitische Instrument mit dem höchsten Grad der Vergemeinschaftung.

3. Grundfragen des Emissionshandels anhand der Judikatur von EuGH und EuG

Konsequenterweise hatten sich die Gerichte auf Unionsebene bislang auch nicht mit Fragen des Zertifikatehandels als solchem, sondern ausschließlich mit dem ordnungsrechtlichen Rahmen des ETS auseinanderzusetzen:
- Welche Branchen bzw Anlagen sollen dem ETS unterliegen?
- Welche Anlagen(teile) bzw Betriebszustände können davon abgegrenzt werden?
- Sind die – mittlerweile umfassend harmonisierten – Regeln zur Zuteilung von Zertifikaten sachgerecht und verhältnismäßig?
- Und was gilt dann, wenn es zwischen Betrieb und Behörde keine Einigkeit darüber gibt, in welcher Höhe für die Emissionen des vorangegangenen Jahres Zertifikate abzugeben sind?

Ein Streifzug durch Einzelfragen des Emissionshandelsrechts im Lichte der Rechtsprechung zeigt, dass die Grundausstattung des ETS den gerichtlichen Beschwerdeverfahren Stand gehalten hat. Versuche, höhere Zuteilungen zu erstreiten, waren in diesem Bereich nicht von Erfolg gekrönt. Die zunehmende Komplexität der Rechtsvorschriften wird auch künftig Interesse an gerichtlichen Klärungen entstehen lassen.

3.1. Welche Sektoren sollen bzw müssen in den ETS miteinbezogen werden?

3.1.1. Luftverkehr

Der Luftverkehr ist grundsätzlich seit dem Jahr 2012 dem ETS unterworfen. Dies betrifft im Wesentlichen alle Luftfahrzeugbetreiber, die in einem EWR-Staat starten *oder* landen. Diese Regelung wurde allerdings angesichts der mittlerweile erfolgreichen Bemühungen der Internationalen Zivilluftfahrtorganisation ICAO, ein globales marktbasiertes Klimaschutzinstrument für den internationalen Luftverkehr zu verabschieden und ab dem Jahr 2020 einzuführen, auf jene Flüge eingeschränkt, die im EWR starten *und* landen.

Noch vor dieser partiellen Sistierung der Einbeziehung des Luftverkehrs in das ETS hielt der EuGH mit Urteil vom 21.12.2011, C-366/10, *Air Transport Association of America ua*,[26] fest, dass der Anwendungsbereich der Emissionshandelsrichtlinie nicht gegen völkerrechtliche Verträge und Völkergewohnheitsrecht verstößt. Ein Geltungsbereich der Richtlinie, der jene Flüge umfasst, die in einem Mitgliedstaat starten oder landen, ist zulässig, da ein Luftfahrzeug, welches sich auf einem Flugplatz eines Mitgliedstaats befindet, der uneingeschränkten Hoheitsgewalt dieses Mitgliedstaats und der Union unterliegt.

Ebenso zulässig ist der Umstand, dass die abzugebenden Zertifikate unter Berücksichtigung des ganzen internationalen Flugs zu berechnen und abzugeben sind, da es den Unionsregelungen im Umweltbereich zu eigen ist, dass die Faktoren, die zur Verschmutzung der Luft, des Meeres oder der Landgebiete der Mitgliedstaaten beitragen, auch auf Geschehen zurückzuführen sind, die sich außerhalb dieses Gebiets ereignen.

3.1.2. Sektoren Chemie und Nichteisenmetalle

Der Gerichtshof hatte weiters zu beurteilen, ob durch die Nichteinbeziehung der Sektoren Chemie und Nichteisenmetalle in das ETS im Vergleich zum Stahlsektor der Gleichheitsgrundsatz verletzt wird.

Mit Urteil vom 16.12.2008, C-127/07, *Société Arcelor Atlantique et Lorraine*, geht der EuGH davon aus, dass sich diese Sektoren zwar grundsätzlich in einer vergleichbaren Situation befänden und der Stahlsektor durch die Einbeziehung in das ETS auch einen Nachteil erleiden könne, die unterschiedliche Behandlung aber dennoch gerechtfertigt sei.

Dem Gemeinschaftsgesetzgeber komme nämlich dann ein weites Ermessen zu, wenn er komplexe Beurteilungen und Prüfungen vornehmen oder ein komplexes System umstrukturieren oder schaffen muss, sodass er einen schrittweisen Lösungsansatz nach objektiven Kriterien wählen kann. Die hohe Anzahl an Anlagen im

26 *Athen*, „Hinterm Horizont geht's weiter!" Einbeziehung des Luftverkehrs in den Handel mit Treibhausgaszertifikaten, EuZW 2012, 337; *Fischer*, EuGH: Zur Einbeziehung des Luftverkehrs in den Emissionshandel auch aus Drittstaaten, IR 2012, 59; *Madner*, Neue Entwicklungen im Europarecht, in IUR (Hrsg), Jahrbuch des österreichischen und europäischen Umweltrechts 2013, 8; *Stadlmeier*, Vereinbarkeit des EU-Emissionshandelssystems für den Luftverkehr mit dem Völkerreicht; Umfang der Prüfbefugnis durch den EuGH, RdU 2012, 163.

Chemiesektor und die vergleichsweise niedrigeren CO_2-Emissionen des Nichteisenmetallsektors waren aus Sicht des Gerichtshofs für eine Rechtfertigung nach diesen Kriterien ausreichend.

Stimmen in der Literatur leiten daraus aber ab, dass der Prüfmaßstab des EuGH strenger ausfallen könnte, sobald sich das „neue und komplexe" System eingespielt habe.[27]

3.2. Welche Anlagen(teile) unterliegen dem ETS-Regime?

3.2.1. Anlagenbegriff

Wie weit geht der Anlagenbegriff der Emissionshandelsrichtlinie? Oder anders formuliert: Welche Anlagen(teile) sind einer dem ETS unterliegenden Kerntätigkeit zuzurechnen? Diese Frage ist schon alleine deshalb spannend, weil eine „Abschichtung" einzelner Anlagen(teile) – in manchen Konstellationen aber wohl auch ein Miteinbeziehen derselben – in der Systematik des ETS Vorteile für den Betreiber bringen kann. Darüber hinaus erhält sie zusätzliche Brisanz durch den Umstand, dass die Anlagenbegriffe der Emissionshandelsrichtlinie einerseits und der Industrieemissionsrichtlinie[28] andererseits weitgehend deckungsgleich sind.

Die Anlagendefinition der Emissionshandelsrichtlinie geht von einer ortsfesten technischen Einheit aus, in der eine oder mehrere der in Anhang I der Richtlinie genannten Tätigkeiten sowie andere unmittelbar damit verbundene Tätigkeiten durchgeführt werden, die mit den an diesem Standort durchgeführten Tätigkeiten in einem technischen Zusammenhang stehen und die Auswirkungen auf die Emissionen und die Umweltverschmutzung haben können.

3.2.2. Miteinbeziehung zwingend verbundener Tätigkeiten

Mit Urteil vom 9.6.2016, C-158/15, *Elektriciteits Produktiemaatschappij Zuid-Nederland EPZ*,[29] kam der EuGH zu dem Ergebnis, dass ein 800 m von einem – dem

27 *Meßerschmidt*, Europäisches Umweltrecht 786, Rz 58 mwN.

28 Richtlinie 2010/75/EU über Industrieemissionen (integrierte Vermeidung und Verminderung der Umweltverschmutzung), ABl L 2010/334, 17. Zur IPPC-Richtlinie als Vorgängerin der Industrieemissionsrichtlinie: *Bergthaler/Follner*, IPPC-Anlagen in der GewO: Anlagenbegriff und verfahrensrechtliche Konsequenzen, ecolex, 2004, 750; *Gerhold*, IPPC-rechtliche Abgrenzungsfragen der Pharmaindustrie: Entwicklung-Herstellung-Veredelung, RdU-U&T 2006/8, 38.

29 *Suchanek*, EuGH: Plädoyer für einen „engen" Anlagenbegriff, www.umweltrechtsblog.at vom 10.6.2016.

ETS unstrittig unterliegenden – Kohlekraftwerk entferntes und von ihm durch eine öffentliche Straße getrenntes Kohlelager dem Anlagenbegriff der Emissionshandelsrichtlinie zuzurechnen ist.

Zu beurteilen war also, ob dem Kraftwerk als „Anlagenkern" das Kohlelager als verbundene Tätigkeit zuzurechnen ist. Der Gerichtshof bejahte dies mit dem Argument, dass die gelagerte Kohle für das Funktionieren des Kraftwerks „unentbehrlich" sei und durch das Förderband ein technischer Zusammenhang vorliege. Die Entfernung von etwa 800 m zwischen dem Grundstück, auf dem sich der Lagerplatz befindet, und dem Kraftwerk und die dazwischen verlaufende öffentliche Straße seien hingegen unerheblich. Da nun die Lagerung auch Auswirkungen auf die Emissionen und die Umweltverschmutzung haben kann, war das Lager als Teil der dem ETS unterliegenden Anlage zu betrachten.

Besondere Beachtung verdient dabei das durch den Gerichtshof genannte Kriterium der Unentbehrlichkeit. Schon bisher wurde dieses so verstanden, dass eine unentbehrliche Tätigkeit (also eine Tätigkeit, die zwingend am Standort erfolgen muss) der Anlage zuzurechnen ist, während an sich substituierbare, am Standort lediglich fakultativ durchgeführte Verfahrensschritte vom Begriff der dem ETS unterliegenden Anlage abzugrenzen sind.[30]

3.3. Für welche Betriebszustände sind Zertifikate zu erteilen bzw zu entrichten?

3.3.1. Probebetrieb

Mit Urteil vom 28.7.2016, C-457/15, *Vattenfall Europe Generation*,[31] hält der EuGH fest, dass die Emissionshandelspflicht einer Anlage zur Stromerzeugung mit dem erstmaligen Ausstoß von Treibhausgasen und damit möglicherweise noch vor der ersten Stromerzeugung beginnt.

Die allgemeine Systematik der Emissionshandelsrichtlinie beruhe auf einer genauen Verbuchung von Vergabe, Besitz, Übertragung und Löschung der Zertifikate. Die Mitgliedstaaten hätten dabei sicherzustellen, dass die in Anhang I der Richtlinie genannten Tätigkeiten, bei denen die für diese Tätigkeiten spezifizierten Emissionen entstehen, von keiner Anlage durchgeführt werden, ohne dass der Betreiber über eine auf Grundlage der Richtlinie erteilte Genehmigung verfügt. Die Erteilung

---

30 *Suchanek*, EuGH: Plädoyer für einen „engen" Anlagenbegriff, www.umweltrechtsblog.at vom 10.6.2016.

31 *Kobes*, Umweltrecht: Zeitlicher Beginn der Berichterstattungspflicht und der Pflicht zur Abgabe von Treibhausgasemissionszertifikaten bei Stromerzeugungsanlagen, EuZW 2016, 740.

einer solchen Genehmigung setze allerdings die Einhaltung der Verpflichtung der Betreiber voraus, bis zum 30. April des laufenden Jahres eine ihren Gesamtemissionen im vorhergehenden Kalenderjahr entsprechende Anzahl von Zertifikaten zwecks Löschung abzugeben. Diese Abgabeverpflichtung beruhe wiederum auf der Berichterstattung durch die Betreiber im Einklang mit den Vorschriften.

Die hier maßgebliche Verordnung über die Überwachung und Berichterstattung[32] umfasst nicht nur Emissionen infolge des regulären Betriebs, sondern auch Emissionen infolge außergewöhnlicher Vorgänge wie der Inbetriebnahme und Stilllegung einer Anlage. Da diese Aufzählung nicht abschließend sei, müssten bei anderen außergewöhnlichen Vorgängen – etwa beim Probebetrieb einer Anlage – entstandene Emissionen für die Überwachung und Berichterstattung der Emissionen ebenfalls berücksichtigt werden.

Es sei also unerheblich, dass ein unter die Emissionshandelsrichtlinie fallendes Kraftwerk in einer ersten Probephase, bei der es zum Ausstoß von Treibhausgasen in die Atmosphäre gekommen ist, keinen Strom erzeugt, weil es für die Verpflichtung zur Abgabe von Zertifikaten nicht erforderlich sei, dass die bei der Verbrennung von Brennstoffen entstehende Wärme zur Stromerzeugung genutzt wird.

3.3.2. Herstellung von PCC

Mit Urteil vom 19.1.2017, C-460/15, *Schäfer Kalk*,[33] hat der EuGH eine Diskussion entschieden, die den Kern des Emissionshandels tangiert; nämlich die Frage, ob für CO_2, das gar nicht in die Atmosphäre emittiert wird, überhaupt CO_2-Zertifikate zu entrichten sind.

Im Anlassfall verwendete der Betreiber CO_2 für die Herstellung von künstlichem Kalziumkarbonat (PCC; also im Wesentlichen synthetischem Kalk), einer stabilen chemischen Verbindung, die eine Emission von CO_2 ausschließt. Der Gerichtshof hielt nun an sich Selbstverständliches fest: CO_2, das nicht in die Atmosphäre freigesetzt wird, ist auch keine „Emission" im Sinne der Emissionshandelsrichtlinie.

Die Verordnung über die Überwachung und Berichterstattung[34], welche dies nur für den Fall der – an sich umstrittenen – Abscheidung und Speicherung von CO_2

32 Verordnung (EU) 601/2012 über die Überwachung von und die Berichterstattung über Treibhausgasemissionen gemäß der Richtlinie 2003/87/EG (kurz: Monitoring-Verordnung, M-VO), ABl L 2012/181, 30.

33 *Sander*, Knalleffekt im Emissionshandel bestätigt, www.umweltrechtsblog.at vom 21.1.2017; *Sander*, Generalanwältin stellt Begriff der „Emission" klar, www.umweltrechtsblog.at vom 10.11.2016; *Bergthaler/Sander*, Schnell und Aktuell, Knalleffekt im Emissionshandel, RdU 2017, 4.

34 Vgl FN 32.

in geologischen Strukturen (CCS) anerkannte, ist insoweit ungültig. Damit wird das dem ETS immanente Anreizsystem, CO_2-Emissionen zu reduzieren, um die dadurch freiwerdenden Zertifikate anderweitig zu nutzen – gegebenenfalls auch am Markt zu verkaufen –, bekräftigt.

3.3.3. Betriebseinstellung

Für einen Betrieb, der bereits eingestellt wurde, sind auch keine Zertifikate zu entrichten.

Der EuGH erkennt mit Urteil vom 8.3.2017, C-321/15, *ArcelorMittal Rodange et Schifflange*,[35] dass der Mitgliedstaat aber dann zur Rückforderung der nicht genutzten Zertifikate ohne Entschädigung berechtigt ist, wenn diese zugeteilt wurden, obwohl der Betrieb der gegenständlichen Anlage schon vor diesem Zeitpunkt eingestellt worden ist.

Wenn die Anlage nämlich ihre Tätigkeit vor dem Zeitpunkt der Zuteilung der Zertifikate eingestellt hat, können diese ganz offensichtlich nicht zum Zweck der Verbuchung der Treibhausgasemissionen genutzt werden, die von dieser Anlage ja gar nicht mehr erzeugt werden können. Unter diesen Umständen verstieße die Nichtabgabe der streitigen Zertifikate gegen die Anforderungen der Emissionshandelsrichtlinie an die genaue Verbuchung, die Genauigkeit und Übereinstimmung zwischen den tatsächlichen und den genehmigten Emissionen. Falls nun die streitigen Zertifikate im Hinblick auf diese Anforderungen unrechtmäßig zugeteilt wurden, kann nicht davon ausgegangen werden, dass sie als Emissionszertifikate im Sinne der Richtlinie wirksam entstanden sind.

3.4. Zertifikatszuteilung: sachgerecht und verhältnismäßig?

3.4.1. Systematik

Die Regeln für die Zuteilung von Emissionszertifikaten wurden für den Handelszeitraum ab 2013 stark verändert, um in Anbetracht der aus der ersten und der zweiten Handelsperiode (2005 bis 2007 und 2008 bis 2012) gewonnenen Erfahrungen ein stärker harmonisiertes Emissionshandelssystem zu schaffen. Der ETS in der dritten Handelsperiode kann dabei auf folgende Kernelemente heruntergebrochen werden:

- Die bislang auf Basis nationaler Zuteilungspläne festgelegte Gesamtzahl an Zertifikaten wird durch eine EU-weite Festlegung der Höchstmengen abgelöst.

35 *Bachl*, Aktuelle Judikatur, www.umweltrechtsblog.at vom 20.3.2017.

- Diese unionsweite Menge an Zertifikaten wird jährlich um einen linearen Faktor von 1,74 % verringert, sodass es bis zum Jahr 2020 zu einer Reduktion von 21 % gegenüber dem Jahr 2005 kommt.
- Während für die Industrie zunächst noch kostenlose Zuteilungen in Frage kommen, die allerdings von anfangs 80 % bis zum Jahr 2020 auf 30 % der erforderlichen Emissionsberechtigungen absinken, wird für die Stromwirtschaft – welcher grundsätzlich die Möglichkeit der Abwälzung ihrer Kosten auf den Verbraucher offensteht – der Grundsatz der Versteigerung etabliert.
- Für besonders energieintensive Industrien, hinsichtlich derer die Gefahr der Verlagerung ihrer Produktion in das EU-Ausland besteht, sieht die Richtlinie – abgesehen von einem Korrekturfaktor zur Anpassung an die Gesamtmenge – eine umfassende kostenlose Zuteilung vor.
- Ergänzt wird dies durch ein zentrales System zur Registrierung und Verbuchung der Zertifikate.

Was nun die kostenlos zuzuteilenden Zertifikate betrifft, musste die Kommission unionsweite und vollständig harmonisierte Durchführungsmaßnahmen erlassen. Sie war insoweit verpflichtet, Ex-ante-Benchmarks für die einzelnen Sektoren bzw Teilsektoren festzulegen und dabei als Ausgangspunkt die Durchschnittsleistung der jeweils 10 % effizientesten Anlagen anzusetzen. Auf der Grundlage dieser Benchmarks wird die Zahl der Emissionszertifikate berechnet, die den betroffenen Anlagen ab 2013 kostenlos zuzuteilen sind.

Mit Beschluss zur Festlegung EU-weiter Übergangsvorschriften zur Harmonisierung der kostenlosen Zuteilung[36] legte die Kommission – so weit wie möglich – produktbezogene Benchmarks fest und ergänzte dies – für jene Fälle, wo dies nicht praktikabel war – durch eine Hierarchie von drei Fall-Back-Methoden. So gilt eine Wärme-Benchmark für Wärmeverbrauchsprozesse, bei denen ein Träger messbarer Wärme eingesetzt wird, und eine Brennstoff-Benchmark, wenn nicht messbare Wärme verbraucht wird. Für Prozessemissionen werden die Emissionszertifikate auf der Basis der historischen Emissionen zugeteilt.

Die Mitgliedstaaten sind in der dritten Handelsperiode nun verpflichtet, zunächst die vorläufige jährliche Anzahl der den einzelnen Anlagenteilen kostenlos zuzuteilenden Emissionszertifikate zu bestimmen. Die Kommission hat alle Anlageneinträge sowie die zugeordneten vorläufigen Jahresgesamtmengen zu prüfen und einen einheitlichen sektorübergreifenden Korrekturfaktor festzulegen. Diese

36 Beschluss 2011/278/EU zur Festlegung EU-weiter Übergangsvorschriften zur Harmonisierung der kostenlosen Zuteilung von Emissionszertifikaten gemäß Artikel 10a der Richtlinie 2003/87/EG, ABl L 2011/130, 1.

Festlegung ist notwendig, da ja die jährliche Höchstmenge der kostenlos zuzuteilenden Zertifikate begrenzt ist. Schließlich nimmt dann der betreffende Mitgliedstaat, sofern die Kommission den Eintrag einer Anlage und deren vorläufige Jahresgesamtmenge nicht ablehnt, die Berechnung der endgültigen Jahresmenge an Emissionszertifikaten vor, die für jedes Jahr des Zeitraums 2013 bis 2020 kostenlos zuzuteilen sind.

3.4.2. Rechtmäßigkeit der kostenlosen Zuteilung

Während für die erste und zweite Handelsperiode die Systematik nationaler Zuteilungspläne und deren Überprüfung durch die Kommission im Vordergrund stand, werden nun – nach Entfall dieser Pläne – die Grundfesten der harmonisierten Zuteilung kostenloser Zertifikate beurteilt:

Die Festlegung der jährlichen Höchstmenge an kostenlos zuzuteilenden Zertifikaten bezieht sich auf Industrieanlagen; die Emissionen von Stromerzeugern sind nicht zu berücksichtigen (EuGH 28.4.2016, C-191/14 ua, *Borealis Polyolefine ua*; 8.9.2016, C-180/15, *Borealis ua*; 26.10.2016, C-506/14, *Yara Suomi ua*).

Die Mitgliedstaaten haben dafür Sorge zu tragen, dass die für Zuteilungszwecke verwendeten Daten vollständig, kohärent und so akkurat wie möglich sind. Dem folgend ist jeder Mitgliedstaat berechtigt, auf Grundlage des Beschlusses zur Festlegung EU-weiter Übergangsvorschriften zur Harmonisierung der kostenlosen Zuteilung[37] alle Informationen über geplante oder tatsächliche Änderungen der Kapazität, der Aktivitätsrate und des Betriebs einer Anlage zu erheben, ohne dass dies auf Informationen beschränkt wird, die die Zuteilung beeinflussen können (EuGH 8.9.2016, C-461/15, *E.ON Kraftwerke*).

Bei der Festlegung von Benchmarks als Grundlage für die Zuteilung ist die Leistung der 10 % effizientesten Anlagen heranzuziehen. Angesichts des Umstandes, dass diese Festlegung komplexe Entscheidungen und komplexe technische und wirtschaftliche Beurteilungen verlangt, verfügt die Kommission hier über ein weites Ermessen (EuGH 8.9.2016, C-180/15, *Borealis ua*; 26.10.2016, C-506/14, *Yara Suomi ua*).

Der sektorübergreifende Korrekturfaktur wird nur auf jene Menge an Zertifikaten angewandt, die Industrieanlagen kostenlos zugeteilt werden (EuGH 28.4.2016, C-191/14 ua, *Borealis Polyolefine ua;* EuGH 14.7.2016, C-456/15, *BASF*).[38]

37 FN 36.

38 *Ehrmann*, Zuteilung von Emissionszertifikaten – Wirkung der Ungültigkeit eines Kommissionsbeschlusses, NVwZ 2016, 1309.

Die Anwendung des sektorübergreifenden Korrekturfaktors ohne Unterschied sowohl für Anlagen in Sektoren, in denen ein erhebliches Risiko der Verlagerung von CO_2-Emissionen besteht, als auch für Anlagen in Sektoren, die einem solchen Risiko nicht ausgesetzt sind, ist zulässig (EuGH 26.10.2016, C-506/14, *Yara Suomi ua).*

Die Bestimmung dieses Korrekturfaktors durch die Kommission war insofern fehlerhaft – und somit unter Setzung einer Sanierungsfrist von zehn Monaten aufzuheben –, als bei der Festlegung der jährlichen Höchstmenge an Zertifikaten zu viele Emissionen (nämlich auch solche aus seit 2013 dem ETS unterliegenden Tätigkeiten von schon bisher dem ETS unterliegenden Anlagen) mit einbezogen wurden (EuGH 28.4.2016, C-191/14 ua, *Borealis Polyolefine ua*; 8.9.2016, C-180/15, *Borealis ua*; 26.10.2016, C-506/14, *Yara Suomi ua).*

Der Umstand, dass der Beschluss über nationale Umsetzungsmaßnahmen für die übergangsweise kostenlose Zuteilung[39] keine Härtefallklausel für Unternehmen vorsieht, für die auf Grundlage der harmonisierten Zuteilungsregeln die Gefahr einer wirtschaftlichen „Erdrosselung" besteht, verstoße nicht gegen den Grundsatz der Verhältnismäßigkeit. Die Einführung einer derartigen Klausel wäre nämlich schwer mit dem Verursacherprinzip zu vereinbaren; Anlagenbetreiber hätten weniger Anreize, ihre Emissionen durch ökonomische oder technische Anpassungsmaßnahmen zu reduzieren (EuG 26.9.2014, T-634/13, *Arctic Paper Mochenwangen*; zum Beschluss 2011/278/EU[40] vgl EuG 26.9.2014, T-614/13, *Romonta*; EuG 26.9.2014, T-629/13, *Molda*; EuG 26.9.2014, T-630/13, *DK Recycling und Roheisen*; EuG 26.9.2014, T-631/13, *Raffinerie Heide).*

3.4.3. Besteuerung/Belastung

Werden nun kostenlos Zertifikate vergeben, so darf das Ziel der Emissionshandelsrichtlinie, die wirtschaftlichen Auswirkungen des ETS übergangsweise zu mildern, nicht durch die Vorschreibung einer Schenkungssteuer in Höhen von 32 % des Zertifikatswertes konterkariert werden (EuGH 26.2.2015, C-43/14, *Š-Energo).*[41]

Als zulässig beurteilte der Gerichtshof hingegen eine nationale Festlegung, die zur Herabsetzung der Vergütung für die Stromerzeugung um den Betrag führte, um

39 Beschluss 2013/448/EU über nationale Umsetzungsmaßnahmen für die übergangsweise kostenlose Zuteilung von Treibhausgasemissionszertifikaten gemäß Artikel 11 Absatz 3 der Richtlinie 2003/87/EG, ABl L 2013/240, 27.

40 FN 36.

41 *Ehrmann*, Schenkungssteuer bei Zuteilung von Emissionszertifikaten, NVwZ 2015, 795; *Madner*, Neue Entwicklungen im Europarecht, in IUR (Hrsg), Jahrbuch des österreichischen und europäischen Umweltrechts 2016, 14.

den sich diese Vergütung durch die Einbeziehung des Wertes der (damals) kostenlos zugeteilten Emissionszertifikate in den Strompreis erhöht hat. Den Mitgliedstaaten bleibe es unbenommen, wirtschaftspolitische Maßnahmen, wie eine Kontrolle der auf dem Markt für bestimmte Güter oder Ressourcen praktizierten Preise, zu erlassen, welche die Art und Weise regeln, in welcher der Wert der kostenlos zugeteilten Emissionszertifikate auf die Verbraucher abgewälzt wird. Dabei hatte der Gerichtshof im Wesentlichen die Dämpfung der Wirkungen von Zufallsgewinnen im Blick; der Grundsatz der kostenlosen Zuteilung darf dadurch aber nicht neutralisiert werden (EuGH 17.10.2013, C-566/11 ua, *Iberdrola ua)*.

3.5. Sind Sanktionen bei nicht vollständiger Abgabe von Zertifikaten zulässig?

3.5.1. Sanktionsbefreiender Prüfbericht

Das Urteil des EuGH vom 29.4.2015, C-148/14, *Nordzucker*,[42] entlastet Betreiber, die auf Basis eines verifizierten Prüfberichtes Zertifikate zur Deckung der Emissionen des Vorjahres abgeben, dann aber in einen Rechtsstreit mit der Behörde eintreten (müssen), ob dieser Prüfbericht korrekt war.

Die Nordzucker AG erstellte einen Bericht über ihre Treibhausgasemissionen des Jahres 2006, ließ diesen Bericht durch eine zuständige Prüfstelle validieren und gab die auf dieser Grundlage festgelegte Anzahl an Zertifikaten ab. Eine nachträgliche Kontrolle durch die Deutsche Emissionshandelsstelle führte zu einer Korrektur des Berichts und der abzugebenden Zertifikate. Die Behörde verhängte gegen den Betrieb Sanktionszahlungen aufgrund der Verletzung der Verpflichtung, eine ausreichende Anzahl von Zertifikaten zur Abdeckung seiner Emissionen abzugeben.

Der Gerichtshof hielt zunächst fest, dass die allgemeine Systematik der Emissionshandelsrichtlinie auf einer genauen Verbuchung von Vergabe, Besitz, Übertragung und Löschung der Treibhausgasemissionszertifikate beruhe. Die Verpflichtung des Betreibers, bis zum 30.4. des laufenden Jahres eine den Emissionen des Vorjahres entsprechende Anzahl an Zertifikaten zwecks Löschung abzugeben, stelle eine der Säulen des ETS dar. Dementsprechend sei diese Verpflichtung in der Emissionshandelsrichtlinie auch mit einer präzisen Sanktionsandrohung (in Höhe von EUR 100 pro nicht abgegebenem Zertifikat) bewehrt.

---

42 *Raschauer/Sander*, Schnell und Aktuell, Aus für Sanktionszahlungen nach dem EZG, RdU 2015, 180; *Ehrmann*, Umweltrecht: Sanktionen wegen Emissionsüberschreitung, EuZW 2015, 512; *Schlatter*, Aus für automatische Sanktionszahlungen im Emissionshandel, www.umweltrechtsblog.at vom 15.7.2015; *Madner*, Neue Entwicklungen im Europarecht, in IUR (Hrsg), Jahrbuch des österreichischen und europäischen Umweltrechts 2016, 14.

Wenn sich nun aber der Betreiber gutgläubig auf seinen geprüften Emissionsbericht verlassen hat, kann eine nachträgliche Prüfung durch die Behörde, welche Fehlmengen aufzeigt, diese standardisierten Sanktionen – in einer Höhe, die einem Vielfachen des derzeitigen Zertifikatspreises entspricht – nicht auslösen.

3.5.2. Sanktionsauslösendes Versehen

Liegt die nicht rechtzeitige Abgabe von Zertifikaten aber in einem Versehen des Unternehmens, so kommen – wie der EuGH mit Urteil vom 17.10.2013, C-203/12, *Billerud Karlsborg*,[43] festhielt – die Sanktionszahlungen der Emissionshandelsrichtlinie in voller Höhe zur Anwendung.

Die Richtlinie lege nicht nur die Verpflichtung fest, am 30.4. des laufenden Jahres Zertifikate zur Abdeckung der Emissionen des Vorjahres zu besitzen, sondern diese auch abzugeben, damit sie im Gemeinschaftsregister gelöscht werden können. Die Strenge und Höhe der Sanktion sei dadurch gerechtfertigt, dass Verstöße gegen diese Verpflichtung in der gesamten Union schlüssig und konsequent geahndet werden müssen, um die Funktionsfähigkeit des ETS zu gewährleisten.

Die einzige Möglichkeit der Vermeidung von Sanktionen läge im Fall „höherer Gewalt", die der Gerichtshof als ungewöhnliche und unvorhersehbare Umstände definiert, auf die der Betrieb keinen Einfluss hat und die über ein bloßes unternehmensinternes Versäumnis hinausgehen.

3.6. Wie öffentlich ist das Gemeinschaftsregister?

3.6.1. Keine Daten ohne Zustimmung

Mit Urteil vom 22.12.2010, C-524/09, *Ville de Lyon*, erteilt der Gerichtshof den Begehrlichkeiten der Stadt Lyon, anlässlich der Verhandlungen über einen Pachtvertrag mit einem dem ETS unterliegenden Unternehmen sämtliche im Gemeinschaftsregister verbuchten Transaktionsdaten (Kauf und Verkauf von Zertifikaten) dieses und anderer Unternehmen zu erhalten, eine Absage.

Es handle sich dabei um vertrauliche Daten, auf die ohne Zustimmung des Kontoinhabers (also des betroffenen Betriebs) erst nach Ablauf der in der Verordnung

43 *Telschow*, EuGH: Strafzahlung wegen Emissionsüberschreitung im Emissionshandel kann nicht herabgesetzt werden, IR 2014, 60; *Ehrmann*, Sanktion wegen nicht rechtzeitiger Abgabe der Zertifikate für Treibhausgasemissionen, NVwZ 2013, 1536; *Madner*, Neue Entwicklungen im Europarecht, in IUR (Hrsg), Jahrbuch des österreichischen und europäischen Umweltrechts 2015, 10.

über ein standardisiertes und sicheres Registrierungssystem[44] festgelegten fünf Jahre zugegriffen werden kann.

4. Der ETS im Widerstreit mit anderen Instrumenten

Mengenmäßig betrachtet ist die Bezeichnung des ETS als Flaggschiff der Klimapolitik der Union prima facie nicht unzutreffend, da fast die Hälfte der Treibhausgasemissionen der EU (45 %) von ihm betroffen ist. Freilich betrifft auch die Energieeffizienzrichtlinie alle Emissionen, da sie den gesamten Energieverbrauch ins Visier nimmt, wenn auch in weniger stringenter Manier. Als Flaggschiff des *europäischen* Klimaschutzes kann man den ETS auch insofern titulieren, weil er unter allen Instrumenten den höchsten Grad der Vergemeinschaftung aufweist. Dem Instrument ist insofern Erfolg zu attestieren, als das Mengenziel (zumindest grosso modo[45]) erreicht wurde.

Gegen die These spricht, dass der Erfolg auch anderen Instrumenten zuzuschreiben ist, die quasi im Schatten des ETS stehend diesem die Schwerarbeit abnehmen und ihm den Weg bahnen. Dazu zählen allen voran die Erneuerbare Energien Richtlinie und die beiden Effizienzrichtlinien. Sie bewirken, dass fossile durch nichtfossile Energien ersetzt werden und überhaupt weniger Energie verbraucht wird. Zahlreiche andere Richtlinien verstärken diese Schubkraft. Die Summe dieser komplementären Regelungen ist dafür (mit)verantwortlich, dass die Nachfrage nach CO_2-Emissionstiteln rückläufig war und die Preise dementsprechend nachgaben.

Auch das Ordnungsrecht steht in Gestalt des Industrieanlagenrechts im Widerstreit mit dem ETS. Fragen der Energieeffizienz sind bei Festlegungen zu den besten verfügbaren Technologien nicht wegzudenken[46].

Darum beschweren sich ja die Verfechter der reinen Lehre des Emissionshandels, dass es viel zu viele „overlapping policies“ gebe, welche auf regulativem Wege besorgen, was eigentlich als Aufgabe des Emissionshandels gedacht war[47]. Die Vorstellung, der EU-Gesetzgeber könnte zugunsten des ETS auf die flankierenden Po-

---

44 Verordnung (EG) 2216/2004 über ein standardisiertes und sicheres Registrierungssystem gemäß der Richtlinie 2003/87/EG sowie der Entscheidung 280/2004/EG, ABl L 2004/386, 1.

45 Sieht man davon ab, dass bis zum Ablauf der Reduktionsverpflichtungen des Kyoto-Protokolls Emissionsgutschriften aus dem Nicht-EU-Raum eingebracht werden konnten.

46 Dazu *Madner*, ZfV 2015, 201 nwN.

47 *Gravel/Lehmann*, Polit-ökonomische Grenzen des Emissionshandels und ihre Implikationen für die klima- und energiepolitischen Instrumentenwahl, ZfU 2013, 406 treten diesem Exklusivanspruch des ETS entgegen und für den Policy-Mix ein.

litiken verzichten, ist natürlich völlig unrealistisch. Auch zukünftig wird der ETS in Konkurrenz mit einer Vielzahl anderer Instrumente stehen. Diese werden – ebenso wie der ETS – bei jeder neuen Etappe weiter ausgebaut und gewinnen an Bedeutung. Wie groß der Mehrwert ist, den der ETS darüber hinaus stiftet, ist unbekannt.

5. Ausblick

Faktisch hat die Union keine Alternative zum ETS – ein Systemwechsel wäre auf Unionsebene nicht durchsetzbar. Ein Verzicht erscheint ebenfalls undenkbar, schon wegen der befürchteten negativen Signalwirkung. So sind die Rechtsetzungsorgane bemüht, Fehler zu bereinigen, was teilweise gelingt, aber mit immer höherer Komplexität der Regelungen erkauft wird.

Bis 2020 ist nicht mit gröberen Änderungen der Spielregeln zu rechnen. Allerdings können Änderungen für die Zeit nach 2020 Vorwirkungen auf die noch laufende Handelsperiode entfalten. Insbesondere könnte der Preis der CO_2-Zertifikate anziehen, wenn sich in der (ab 2021 wirksamen) Richtlinie Verknappungstendenzen ab 2020 konkretisieren und verstärken. Dies könnte zur Folge haben, dass sich manche Marktteilnehmer aus Vorsichtsgründen frühzeitig mit Reserven eindecken und ihre Überschüsse nicht mehr am Markt anbieten.

Sein Klimaziel wird der ETS auch nach 2020 erfüllen. Denn durch die Festlegung von Plafonds ist die Gesamtmenge der Emissionen nicht ausdehnbar. Das Problem liegt eher in der Belastung der Marktteilnehmer mit (stark) steigenden Kosten, wobei zwei Faktoren zusammenspielen: zum einen die gewollte Preiserhöhung durch Verknappung der Gesamtmenge, und zum anderen die Erhöhung des Zukaufsbedarfs durch Verringerung der Anteile der Gratiszertifikate. Daher kann es zur ungewollten Erfüllung des EU-Klimaschutzziels im Wege von Standortverlagerungen aus dem EU-Raum hinauskommen, was aber nichts Anderes bedeutet, als dass die Emissionen, die in Europa wegfallen, anderswo hinzukommen[48].

Osteuropäische Länder wird die Wucht dieses Effekts viel schwächer treffen, erstens soweit deren Unternehmen noch wirtschaftliche Reduktionspotenziale vorfinden, zweitens weil Osteuropa mit Transferzahlungen aus dem Topf der europaweiten Versteigerungserlöse rechnen darf[49], drittens, weil die Stromerzeugung auf Koh-

48 Es wird auch argumentiert, dass die hinzukommenden Emissionen die wegfallenden sogar übersteigen. Dies aus zwei Gründen: erstens, weil außerhalb der EU CO2-Kosten weniger oder kein Gewicht haben und zweitens, weil mit Importen zusätzliche transportbedingten CO_2-Emissionen verbunden sind und daher weniger regulatorischer Druck wirkt.

49 Vgl Art 10 Abs 2b Richtlinie 2009/29/EG: „Solidaritätsmechanismus".

lebasis teilweise von der Notwendigkeit der Ersteigerung von Zertifikaten freigestellt wird[50]. Das Problem der Verzerrung der Wettbewerbsfähigkeit stellt sich somit inner- und außereuropäisch. Dadurch und durch andere Arrangementfehler kann bewirkt werden, dass CO_2-effiziente Anlagen weniger Gratiszertifikate bekommen als solche, die ihre Emissionen noch recht kostengünstig vermindern können – eine gerichtliche Korrektur konnte dafür, soweit ersichtlich, noch nie erstritten werden.

Mitunter, zuletzt vom Umweltausschuss des EP, wird als Ausweg aus dem Dilemma vorgeschlagen, Importe aus dem Nicht-EU-Raum mit denselben CO_2-Kosten zu belasten wie Erzeugungen innerhalb der EU. Handelspolitisch ist eine derartige Strategie der *Border Adjustments* nicht leicht zu realisieren, insbesondere dann, wenn nur ein Wirtschaftsraum sie alleine durchsetzen möchte[51]. Davon abgesehen ist die Ermittlung der den Importprodukten aufzuerlegenden CO_2-Kosten auch eine große regulatorische und administrative Herausforderung. ZB müssten jedem Zementprodukt aufgrund der verwendeten Rohstoffe aber auch aufgrund der jeweils gewünschten Produktqualität seine spezifischen CO_2-Emissionen zugeordnet werden und dies Jahr für Jahr, da sich die Verhältnisse ändern können.

Immer wieder taucht auch die Idee auf, dass bestimmte Anteile der Auktionserlöse für Zuschüsse zu Investitionen oder Technologieentwicklungen gebunden werden sollten. Das EP schlägt langfristige Anreize für die Abscheidung und Speicherung von CO_2[52] und die Abscheidung und Verwendung von CO_2[53] vor. Darüber hinaus sollen Mittel für die Entwicklung neuer Technologien für erneuerbare Energien und für bahnbrechende Innovationen auf dem Gebiet CO_2-effizienter Technologien und Prozesse zur Verfügung stehen.

Fraglich ist, ob der Rat diese Vorschläge goutieren wird, da die Mitgliedstaaten grundsätzlich an ungeschmälerten Einnahmen und daher auch an möglichst wenig Ausgabenbindungen interessiert sind. Zu bezweifeln ist, dass mit den zur Diskussion stehenden relativ bescheidenen Volumina bei der Einführung von Low Carbon Technologien wirklich große Sprünge gemacht werden können.

---

50 Vgl Art 10c Richtlinie 2009/29/EG: „Option einer übergangsweisen kostenlosen Zuteilung von Zertifikaten zur Modernisierung der Stromerzeugung".

51 Beim Flugverkehr hat die EU versucht, Drittstaatenflüge in das ETS-Regime einzubinden. Letztlich musste sie darauf verzichten.

52 Sog Carbon Capture and Storage (CCS).

53 Sog Carbon Capture and Utilization (CCU).

Das österreichische Klimaschutzgesetz

Teresa Habjan

1. Einleitung

Dieser Beitrag soll einen Überblick über die Entstehung und den Inhalt der österreichischen Klimaschutzregelungen geben, soweit sie die Emissionen außerhalb des EU-Emissionshandelssystems[1] betreffen. Ein erster Anlauf zur Regelung dieser Materie wurde 2008 unternommen, nunmehr ist das *Bundesgesetz zur Einhaltung von Höchstmengen von Treibhausgasemissionen und zur Erarbeitung von wirksamen Maßnahmen zum Klimaschutz,*[2] das im November 2011 in Kraft getreten ist, die primäre Rechtsgrundlage. Dieses Gesetz regelt auf innerstaatlicher Ebene die Verteilung der Emissionshöchstmengen, die Österreich nach der sog Effort Sharing Decision,[3] eines Bestandteils des Klima- und Energiepakets der Europäischen Union,[4] verbleiben.[5]

---

1 Sogenannter „non-ETS“ (non-Emission Trading System) -Bereich.

2 BGBl I 2011/106.

3 Entscheidung 406/2009/EG des Europäischen Parlaments und des Rates vom 23. 4. 2009 über die Anstrengungen der Mitgliedstaaten zur Reduktion ihrer Treibhausgasemissionen mit Blick auf die Erfüllung der Verpflichtungen der Gemeinschaft zur Reduktion der Treibhausgasemissionen bis 2020, ABl L 2009/140, 136.

4 Dieses Paket besteht insb noch aus der RL 2009/28/EG des Europäischen Parlaments und des Rates vom 23. 4. 2009 zur Förderung der Nutzung von Energie aus erneuerbaren Quellen, ABl L 2009/140, 16; der RL 2009/29/EG des Europäischen Parlaments und des Rates vom 23. 4. 2009 zur Änderung der Richtlinie 2003/87/EG zwecks Verbesserung und Ausweitung des Gemeinschaftssystems für den Handel mit Treibhausgasemissionszertifikaten, ABl L 2009/140, 62; und der RL 2009/31/EG des Europäischen Parlaments und des Rates vom 23. 4. 2009 über die geologische Speicherung von Kohlendioxid, ABl L 2009/140, 114.

5 Vgl auch *Peeters/Stallworthy*, Legal consequences of the Effort Sharing Decision for member state action, in *Peeters/Stallworthy/de Cendra de Larragán* (Hrsg), Climate Law in EU Member States (2012), 15.

2. Entstehung des österreichischen Klimaschutzgesetzes

2.1. Erster Entwurf 2008

Das Jahr 2008 war in vielerlei Hinsicht bedeutsam für den Klimaschutz. Es war der Beginn der ersten Kyoto-Verpflichtungsperiode, aus diesem Anlass wurden in Österreich zahlreiche Berichte von unterschiedlichen Institutionen veröffentlicht, die ein klares Verfehlen der Kyoto-Ziele prognostizierten und damit verbunden hohe Kosten[6] für erforderlich werdende Zertifikatsankäufe auf Österreich zukommen sahen. Das Umweltbundesamt konstatierte etwa eine Abweichung vom Kyoto-Ziel um rund 10,6 Mio Tonnen CO_2-Äquivalente.[7] Auch der Rechnungshof gab im Zuge seiner Überprüfung der Umsetzung der österreichischen Klimastrategie zur Erreichung des Kyoto-Ziels die ernüchternde Prognose ab, es scheine unwahrscheinlich, „dass das Kyoto-Ziel mit der derzeitig schleppenden Umsetzung der in der Klimastrategie geplanten nationalen Maßnahmen erreicht werden kann."[8]

Mitte des Jahres sandte das Umweltministerium den Entwurf eines *Bundesgesetz[es], mit dem dem Bund und den Ländern Klimaschutzverpflichtungen zugeordnet werden*[9] zur Begutachtung aus. Der etwas sperrig formulierte Titel lässt die Intention des sechs Paragraphen und eine Anlage umfassenden Gesetzes[10] bereits erkennen. Als Ziele waren neben der koordinierten Umsetzung wirksamer Maßnahmen zum Klimaschutz[11] auch die Umlegung der völker- und unionsrechtlichen Verpflichtungen auf Bund und Länder durch Festlegung von Treibhausgas-Höchstmengen, einschließlich der damit verbundenen Folgen einer allfälligen Nichterreichung dieser Verpflichtungen[12] vorgesehen. Mit diesem Entwurf waren noch zwei weitere Änderungen verbunden: Klimaschutz sollte im *BVG über den umfassenden*

6 Tatsächlich sind laut dem Bericht des BMLFUW „Österreichs JI/CDM-Programm 2015" 71,38 Millionen Emissionsreduktionseinheiten zu durchschnittlich je 6,15 Euro angekauft worden, um das Kyoto-Ziel zu erreichen, was Kosten in Höhe von über 430 Mio. Euro bedeutet.

7 Vgl Umweltbundesamt, Klimaschutzbericht 2008, 12 (abrufbar unter http://www.umweltbundesamt.at/fileadmin/site/publikationen/REP0150.pdf).

8 Vgl Bericht des RH, Reihe BUND 2008/11, Rz 32.2.

9 ME Bundesklimaschutzgesetz 2008, 204/ME 23. GP.

10 Als Randnotiz sei erwähnt, dass das Inhaltsverzeichnis des im selben Jahr in Kraft getretenen "Climate Change Act 2008" des Vereinigten Königreichs dieselbe Seitenanzahl umfasst und dieses Gesetz die Materie deutlich umfassender in 101 Artikeln regelt.

11 ME Bundesklimaschutzgesetz 2008, § 1 Abs 1.

12 § 1 Abs 2 leg cit.

Umweltschutz[13] (mittlerweile das *BVG Nachhaltigkeit*[14]) explizit als Teil des umfassenden Umweltschutzes verankert werden und dem Bund sollte durch eine Ergänzung des Art 11 B-VG eine Bedarfskompetenz in Klimaschutzangelegenheiten zukommen. Diese hätte wie folgt aussehen sollen:

> *Dem Art. 11 wird folgender Abs. 10 angefügt:*
> (10) Soweit ein Bedürfnis nach Regelung als vorhanden erachtet wird, können durch Bundesgesetz
> 1. aufgeteilt nach Ländern zeitraumbezogene Höchstmengen von Treibhausgasemissionen oder Mindestanteile erneuerbarer Energieträger an der gesamten Energieerzeugung oder
> 2. Maßnahmen zur Bekämpfung des Klimawandels, insbesondere zur Reduktion von Treibhausgasemissionen,
> festgelegt werden. Zur Absicherung der Erfüllung dieser Festlegungen kann durch Bundesgesetz ein Sanktionsmechanismus eingerichtet werden.[15]

Das Bundesklimaschutzgesetz selbst sollte eine ausdrückliche Verpflichtung des Bundes und der Länder zur Ergreifung geeigneter Klimaschutzmaßnahmen enthalten,[16] sowie einen Verhandlungsmechanismus festlegen,[17] der zu einer Aufteilung der Treibhausgas-Emissionshöchstmengen führen sollte. Für den Fall, dass über diesen Verhandlungsmechanismus keine Einigung erzielt werden kann, war ein Verteilungsschlüssel vorgesehen, der etwa bei gemeinsamen Zuständigkeiten von Bund und Ländern jeweils 50:50 betragen sollte.[18] Die Zuständigkeiten für die einzelnen Sektoren waren in der Anlage des Entwurfs klar auf den Bund und seine Ministerien und die Länder aufgeteilt. Der Sektor Raumwärme sollte unter die Zuständigkeit der Länder fallen, für die Abfallwirtschaft sollte das Bundesministerium für Land- und Forstwirtschaft, Umwelt und Wasserwirtschaft zuständig sein und den Sektor Verkehr sollten sich drei Bundesministerien[19] und die Länder teilen.

Der Entwurf wurde in der Begutachtungsphase stark kritisiert, vor allem von den Ländern. Diese lehnten neben einer nicht stattgefundenen Vorabstimmung insbe-

13 BVG vom 27. November 1984 über den umfassenden Umweltschutz, BGBl 1984/491.
14 BVG über die Nachhaltigkeit, den Tierschutz, den umfassenden Umweltschutz, die Sicherstellung der Wasser- und Lebensmittelversorgung und die Forschung, BGBl I 2013/111.
15 ME BVG, mit dem das Bundes-Verfassungsgesetz geändert wird, 204/ME 23. GP.
16 ME Bundesklimaschutzgesetz 2008, § 2 Abs 2.
17 § 3 Abs 1.
18 § 3 Abs 4.
19 BM für Finanzen, BM für Verkehr, Innovation und Technologie, BM für Wirtschaft und Arbeit.

sondere die Kostenverteilung zwischen Bund und Ländern im Fall der Nicht-Einigung im Verhandlungsmechanismus ab.[20] Auch das Bundeskanzleramt und besonders der Verfassungsdienst bemängelten die nicht erfolgte Koordination im Vorfeld, speziell in Bezug auf die angedachte Verfassungsänderung.

2.2. Klimaschutzgesetz 2011

Nach dieser vernichtenden Kritik verschwand der Entwurf für knapp drei Jahre, bis er 2011 in deutlich veränderter Gestalt als *Klimaschutzgesetz* bzw *Bundesgesetz zur Einhaltung von Höchstmengen von Treibhausgasemissionen und zur Erarbeitung von wirksamen Maßnahmen zum Klimaschutz*[21] (KSG) wieder in Erscheinung trat – und zwar ohne zuvor in eine neuerliche Begutachtungsphase zu gehen, da das Gesetz laut dem damaligen Bundesminister *Berlakovich* „2008 schon in Begutachtung" war.[22] Allerdings wurde im Vorfeld mit den Ländern verhandelt,[23] was sich klar in dem Inhalt des neuen Gesetzes wiederspiegelt. So ist keine ausdrückliche Verpflichtung zur Ergreifung geeigneter Klimaschutzmaßnahmen enthalten und weder ein Verteilungsschlüssel noch eine Verteilung der Zuständigkeiten vorgesehen. Dafür hält § 7 KSG ausdrücklich fest, dass den Bundesländern keine finanziellen Verpflichtungen aus einer Überschreitung der Emissionshöchstmengen aus der Kyoto-Periode von 2008 bis 2012 erwachsen.

2.2.1. Inhalt des Gesetzes

Tatsächlich beinhaltet das Gesetz wie der Entwurf aus 2008 in § 1 eine Definition seines Ziels, in der Formulierung allerdings abgeschwächt: „das Gesetz soll eine koordinierte Umsetzung wirksamer Maßnahmen zum Klimaschutz ermöglichen."[24] Auf das im Entwurf aus 2008 noch enthaltene[25] Ziel der Umlegung völker- und unionsrechtlicher Verpflichtungen auf Bund und Länder wurde verzichtet.

---

20 Vgl etwa die Stellungnahmen der Ämter der LReg der Steiermark, Tirols und Niederösterreichs (abrufbar unter https://www.parlament.gv.at/PAKT/VHG/XXIII/ME/ME_00204/index.shtml).

21 BGBl I 2011/106.

22 Vgl https://kurier.at/wirtschaft/klimaschutzgesetz-laender-muessen-mitzahlen/733.177.

23 Konkret im Rahmen der Landesumweltreferenten-Konferenz (LURK) im Juni 2010, vgl http://diepresse.com/home/panorama/klimawandel/574810/Bund-und-Laender-ebnen-Weg-fuer-Klimaschutzgesetz.

24 Zum Vergleich: Im Entwurf wurde auf das Modalverb verzichtet, so lautete § 1 Abs 1 schlicht „Dieses Bundesgesetz ermöglicht eine koordinierte Umsetzung wirksamer Maßnahmen zum Klimaschutz".

25 Vgl FN 12.

Die „wirksamen Maßnahmen“ werden in § 2 KSG als hoheitliche und privatwirtschaftliche Maßnahmen des Bundes und der Länder definiert, die eine messbare, berichtbare und überprüfbare Verringerung der Treibhausgas-Emissionen oder Verstärkung von Kohlenstoffsenken zur Folge haben, die in der österreichischen Treibhausgasinventur abgebildet werden.

§ 3 regelt neben der möglichen Aufteilung der Emissionen auf Sektoren, wie es zu diesen Klimaschutzmaßnahmen kommen soll und legt dazu einen Verhandlungsmechanismus fest. Unter der Verantwortung des für den jeweiligen Sektor zuständigen Bundesministeriums sollen Verhandlungen mit den Gebietskörperschaften geführt werden, die jeweils neun Monate vor Beginn eines Verpflichtungszeitraums abgeschlossen sein sollen. Für die Periode von 2013 bis 2020 war dieser Stichtag der 31. März 2012, tatsächlich wurde erst Mitte 2013 das erste Maßnahmenpaket[26] verabschiedet.[27]

§ 7 KSG legt neben der bereits erwähnten Befreiung der Bundesländer von finanziellen Verpflichtungen aus der ersten Kyoto-Periode fest, dass „die Verantwortlichkeiten im Falle eines Überschreitens der [...] ab dem Jahr 2013 geltenden Höchstmengen von THG-Emissionen“ in einer gesonderten Vereinbarung festzuhalten sind.[28]

Mit den §§ 4 und 5 wurden zwei Gremien eingerichtet, das Nationale Klimaschutzkomitee (NKK) und zu dessen Beratung der Nationale Klimaschutzbeirat (NKB). Im Klimaschutzkomitee saßen Vertreter der zuständigen Ministerien,[29] der Sozialpartner,[30] und der Länder. Im Klimaschutzbeirat waren neben Vertretern der Sozialpartner, der Ministerien und der Bundesländer auch Vertreter der Parlamentsparteien, des Städte- und Gemeindebundes, Vertreter von Österreichs Energie, des Verbandes Erneuerbare Energie Österreich, der Vereinigung der österreichischen Industrie, ein Vertreter der Wissenschaft und drei Vertreter österreichischer Umweltorganisationen vorgesehen. Man kann bereits an der Zusammenset-

---

26 Verfügbar unter https://www.bmlfuw.gv.at/dam/jcr:af407e90-908a-445d-9e93-17a98d23dc59/190_23%20Ma%C3%9Fnahmenprogramm.pdf.

27 Siehe auch *Schwarzer*, Zielvereinbarungen zwischen politischen Akteuren als Steuerungsinstrument im neuen Klimaschutzgesetz, RdU 2012, 49.

28 Diese Vereinbarung – ursprünglich als Art 15a-Vereinbarung angedacht, ist erst im Rahmen des Finanzausgleichsgesetzes 2017 erfolgt, siehe Punkt 4.

29 BM für Land- und Forstwirtschaft, Umwelt und Wasserwirtschaft, BM für Finanzen, Bundesministerium für Justiz, BM für Verkehr, Innovation und Technologie, BM für Wirtschaft, Familie und Jugend, BM für Arbeit, Soziales und Konsumentenschutz, BM für Gesundheit, Bundeskanzleramt.

30 Wirtschaftskammer Österreichs, Bundeskammer für Arbeiter und Angestellte, Präsidentenkonferenz der Landwirtschaftskammern, Österreichischer Gewerkschaftsbund.

zung sehen, dass es sich um keine Expertenräte handelt, sondern vielmehr um Gremien, die politische Kompromisse verhandeln sollten.[31] Die Aufgabe des NKK war es, Grundsatzfragen zur langfristigen, österreichischen Klimapolitik zu erörtern[32] und Klimaschutzstrategien „auf Basis von im Inland wirksamen Maßnahmen“[33] auszuarbeiten. Dieser letzte Halbsatz bedeutet eine Absage an die hinsichtlich des Kyoto-Protokolls angewandte Praxis, die Klimaschutzziele durch den Ankauf von Zertifikaten zu erreichen. Öffentliche Protokolle zu Sitzungen oder ausgearbeiteten Empfehlungen der beiden Gremien gab es nicht.

2.2.2. Novelle 2013

2013 wurde das Klimaschutzgesetz erstmals novelliert. Anlass war der Ablauf der ersten Kyoto-Periode (2008–2012)und damit verbunden der Bedarf an neuen Emissionsgrenzen für die Jahre 2013 bis 2020. Diesmal wurde die Aufteilung der Höchstmengen auf sechs Sektoren (Abfallwirtschaft, Energie und Industrie [außerhalb des Emissionshandels], Fluorierte Gase, Gebäude, Landwirtschaft und Verkehr) und pro Jahr beschlossen. Welche Gebietskörperschaft für die Zielerreichung in welchem Sektor zuständig ist, wurde nicht festgelegt.

Die Novelle wurde im Begutachtungsverfahren[34] überwiegend negativ beurteilt und wurde zum Anlass genommen, das Gesetz über die Novelle hinaus grundlegend zu kritisieren.[35] Die Sektorenziele waren für die Länder[36] „nicht nachvollziehbar“,[37] hervorgehoben wurden insbesondere die Sektoren Gebäude und Verkehr. Im

---

31 Zu dem in FN 10 erwähnten UK Climate Change Act sei ergänzt, dass auch dieser ein eigenes Gremium einrichtet, das Committee on Climate Change. Dieses unterscheidet sich grundsätzlich von seinem österreichischen Gegenstück. Die Mitglieder müssen insgesamt eine klar definierte Expertise in Bereichen von Klima- und Umweltwissenschaften, Emissionshandel, bis Wirtschaft und Energierecht abdecken; ihre Empfehlungen sind von den jeweils zuständigen Ministern vor einer Änderung etwa der zulässigen Höchstmengen verpflichtend zu konsultieren und werden anschließend veröffentlicht (vgl UK Climate Change Act 2008, Part 2).

32 Vgl § 4 Abs 2 KSG idF BGBl I 2011/106.

33 § 4 Abs 3 KSG idF BGBl I 2011/106.

34 Die Stellungnahmen sind abrufbar auf der Website des Parlaments unter https://www.parlament.gv.at/PAKT/VHG/XXIV/I/I_02295/index.shtml#tab-VorparlamentarischesVerfahren.

35 Vgl etwa die Stellungnahme der *AK Österreich* zu 445/ME 24. GP, die ihre „Einschätzung, dass das KSG ein Gesetz ohne normativen Gehalt ist“ mit anderen, unten dargestellten Kritikpunkten verknüpft sowie die Stellungnahme des *Ökobüros*, die mit „grundsätzlicher Kritik“ beginnt.

36 Acht von neun Bundesländern haben eine (ablehnende) Stellungnahme abgegeben, einzig Oberösterreich hat sich nicht dazu geäußert.

37 Vgl Stellungnahme des *Amtes der Vorarlberger Landesregierung*, 2. Ebenso Stellungnahmen der jeweiligen *Ämter der LReg Burgenland, Salzburg, Tirol, Wien, Niederösterreich, Steiermark* und *Kärnten*.

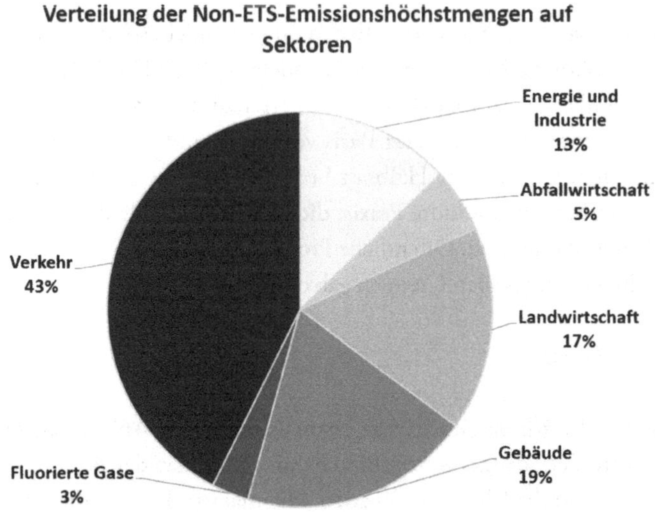

Abbildung 1: Verteilung der Emissionshöchstmengen für das Jahr 2013 auf Sektoren gem Anlage 2 KSG idF BGBl I 2013/94.

Gebäudebereich, für den nach der geltenden Kompetenzverteilung[38] hauptsächlich die Länder zuständig sind, sollten trotz der bereits vergleichsweise geringen Emissionswerte und rückläufigen Emissionen seit 2003[39] bis 2020 Einsparungen von über 30 Prozent im Vergleich zu 2005 erfolgen. Im regelmäßig neue Emissionsrekorde aufstellenden Sektor Verkehr,[40] der hauptsächlich in die Kompetenz des Bundes fällt, sollten hingegen im selben Zeitraum nur etwa 18 Prozent eingespart werden.[41]

Ebenso wurde kritisiert, dass konkrete Maßnahmen, um die Ziele zu erreichen, fehlen[42] – der erste Maßnahmenkatalog wurde wie bereits erwähnt erst Mitte 2013, also nach dem Begutachtungsverfahren, veröffentlicht.[43] Der Zeitraum der Begut-

38 Ausführlich zur Frage der Kompetenzverteilung vgl *Horvath*, Klimaschutz und Kompetenzverteilung (2014).

39 Vgl *Umweltbundesamt*, Klimaschutzbericht 2014, 25 (abrufbar unter http://www.umweltbundesamt.at/fileadmin/site/publikationen/REP0491.pdf).

40 Vgl *BMLFUW*, Fortschrittsbericht nach § 6 Klimaschutzgesetz 2014, 14 (abrufbar unter https://www.bmlfuw.gv.at/dam/jcr:86b1c034-61c7-49fd-ad48-970c9b1f5645/KSG_Bericht_2014_final.pdf).

41 Da die Stellungnahmen und Berichte zum Teil unterschiedliche Basisjahre und Berechnungsmethoden heranziehen, weichen die Zahlen in den einzelnen Publikationen voneinander ab. Die Anlage 2 KSG idF BGBl I 2013/94 geht von einer Reduktionsverpflichtung von 13 Prozent für den Sektor Gebäude und von 6,9 Prozent für den Sektor Verkehr im Zeitraum 2013-2020 aus.

42 Vgl Stellungnahmen der *Ämter der LReg* aus *Vorarlberg, Wien, Salzburg, Steiermark* und *Kärnten* sowie jene des *BMVIT*.

43 Siehe FN 26.

achtungsfrist war ebenso ein Stein des Anstoßes, sie lief von Freitag, dem 21. 12. 2012 bis zum 18. 1. 2013.[44] Ein weiterer großer Kritikpunkt betraf die beiden Gremien (NKK und NKB).[45] Die fehlende Festlegung von Verantwortlichkeiten wurde insbesondere vom Rechnungshof kritisiert, der verbindliche Verantwortlichkeiten als „Kern des Klimaschutzgesetzes" sah.[46]

2.2.3. Novelle 2015

Im November 2015 wurde die zweite Novelle beschlossen.[47] Anlass war eine Änderung der Richtlinien für die internationale Berichterstattung an das IPCC[48], insbesondere betreffend der beiden Treibhausgase Methan und Lachgas[49] sowie ein Durchführungsbeschluss der Europäischen Kommission über die jährlichen Emissionszuweisungen an die Mitgliedsstaaten für die Jahre 2013-2020.[50] Zum Inhalt hatte die Novelle eine Änderung der 2013 festgelegten Höchstmengen in Anlage 2, sowohl was die konkreten Werte für einzelne Sektoren, als auch was die Gesamtsumme an zulässigen Emissionen betraf.

Diese Novelle stieß erneut auf heftige Kritik, besonders hervorgehoben wurden die Änderungen in den bereits erwähnten Bereichen Verkehr und Gebäude. Der Gebäudesektor wurde mit einem Zielwert von 37 Prozent gegenüber 2005 noch stärker in die Pflicht genommen, während der Verkehrssektor nur noch zwölf Prozent seiner Emissionen im Vergleich zum Jahr 2005 reduzieren muss. Dies war für die Länder[51] und auch zahlreiche andere Stakeholder[52] nicht nachvollziehbar, da be-

---

44 Vgl Stellungnahme des *Amtes der Niederösterreichischen Landesregierung*, 3. Darin wird festgehalten, dass der Entwurf am Freitag, 21. 12. 2012, 11:56 Uhr, dem letzten Werktag vor Weihnachten übermittelt worden sei und in der Begutachtungsfrist drei Feiertage, zwei arbeitsfreie Tage und Schulferien lägen.

45 Vgl Stellungnahme des *Umweltdachverbandes*, *Global 2000*, des *Grünen Parlamentsklubs*.

46 Vgl Stellungnahme des *Rechnungshofs*.

47 BGBl I 2015/128.

48 2006 IPCC Guidelines for National Greenhouse Gas Inventories, dabei haben sich insb die Global Warming Potentials (Treibhausgaspotenziale) von Methan, Lachgas und Fluorkohlenwasserstoffen geändert.

49 Vgl Tabelle 1, ErläutRV 800 BlgNR 25. GP.

50 Durchführungsbeschluss 2013/634/EU der Kommission vom 31. 10. 2013 über die Anpassungen der jährlichen Emissionszuweisungen an die Mitgliedstaaten für den Zeitraum 2013 bis 2020 gemäß der Entscheidung Nr. 406/2009/EG des Europäischen Parlaments und des Rates, ABl 2013/292, 19.

51 Vgl Stellungnahmen zu 134/ME 25. GP (abrufbar unter https://www.parlament.gv.at/PAKT/VHG/XXV/I/I_00800/index.shtml#tab-VorparlamentarischesVerfahren) *der Ämter der LReg Niederösterreich, Kärnten, Tirol, Salzburg, Vorarlberg, Wien* und *Oberösterreich*

52 Vgl Stellungnahmen des *Rechnungshofs*, der *Arbeiterkammer Österreich* und des *Österreichischen Gewerkschaftsbundes*.

sonders im Sektor Verkehr Lachgas und Methan nicht relevant sind und daher der Grund für die Novelle, die geänderten Berichterstattungsrichtlinien, keinen Anlass bietet, in diesem Sektor Veränderungen vorzunehmen.

Auf Ablehnung stieß auch die neue Gesamthöchstmenge an Emissionen, die es Österreich erlaubt, zusätzlich knapp acht Millionen Tonnen CO_2-Äquivalent[53] in die Atmosphäre zu entlassen. Der Hintergrund für diese – auf den ersten Blick absurd scheinenden – Neuregelung ist, dass im Zuge der „Effort Sharing Decision"[54] 2005 als Basisjahr herangezogen wurde – Österreichs „all time high" an Emissionen.[55] Das Ökobüro formulierte in seiner Stellungnahme recht deutlich, „dass diese Novelle dazu benutzt werden soll, den Beitrag Österreichs zum internationalen Klimaschutz zu schmälern und gleichzeitig zu schönen [...]"[56]

In diesem Zusammenhang ist es auch interessant, dass im jährlich zu erstellenden Klimaschutz-Fortschrittsbericht gem § 6 KSG,[57] der im Oktober 2015 – also vor dem Inkrafttreten der Novelle[58] – erschienen ist, bereits die neuen Werte herangezogen wurden.

Sektor	Emissionen 2013	Höchstwert alt	Höchstwert neu
Abfallwirtschaft	2,99	2,72	3,1
Energie und Industrie (non-ETS)	6,43	6,7	7,0
Fluorierte Gase	2,03	1,6	2,2
Gebäude	8,34	10,0	10,0
Landwirtschaft	7,71	8,65	8,0
Verkehr	22,20	21,9	22,3
Gesamtsumme	49,68	51,57	52,3

Abbildung 2: Tabellarische Übersicht der Emissionen 2013 und der Grenzwerte für 2013 (in Mio t CO_2-Äquivalent) gem Anlage 2 KSG vor und nach der Novelle 2015.

53 Exakt 7,94 Mio Tonnen CO2-Äquivalent, ergibt sich aus der Differenz der Gesamtsummen der Jahre 2013 bis 2020 in der Fassung 2013 und in der Fassung 2015.

54 Vgl FN 3, Art 3 Abs 1.

55 Vgl etwa *Umweltbundesamt*, Emissionstrends 1990-2013, Ein Überblick über die Verursacher von Luftschadstoffen in Österreich, 50ff (abrufbar unter http://www.umweltbundesamt.at/fileadmin/site/publikationen/REP0543.pdf).

56 Vgl Stellungnahme *Ökobüro*, 3.

57 *BMLFUW*, Fortschrittsbericht nach § 6 KSG 2015 (abrufbar unter https://www.bmlfuw.gv.at/dam/jcr:72e249ce-448b-4a70-86f8-37a134a9ecef/KSG_Bericht_2015.pdf).

58 Die Kundmachung erfolgte am 6. 11. 2015.

Diese Tabelle zeigt eine Übersicht der zulässigen Emissionshöchstwerte nach alter und neuer Rechtslage sowie die tatsächlichen Emissionen aus dem Jahr 2013. Wie ersichtlich ist, erfüllt Österreich nach alter Rechtslage die Ziele nur in drei von sechs Sektoren, nach der Umverteilung durch die Novelle aber in allen Sektoren, was auch so im Fortschrittsbericht vermeldet wurde.[59] Fraglich ist jedenfalls, welche Steuerungskraft Zielvorgaben entfalten können, die nachträglich an die tatsächlich erfolgten und noch zu erwartenden Emissionen angepasst werden.

2.2.4. Novelle 2017

Die bislang letzte Novelle wurde im Rahmen des „Verwaltungsreformgesetzes BMLFUW" im April 2017 kundgemacht.[60] Im Zentrum dieser Novellierung des KSG steht die Reform von NKK und NKB. Der Nationale Klimaschutzbeirat wurde als eigenständiges Gremium aufgelöst und mit dem Nationalen Klimaschutzkomitee zusammengelegt. Als Ziel dieser Maßnahme wurde die Reduktion von Sitzungen und des Verwaltungsaufwandes für die in den Gremien vertretenen Organisationen angeführt.[61] Dabei wurden alle bisherigen Vertreter aus beiden Gremien in das neue Nationale Klimaschutzkomitee übernommen. Das hat zur Folge, dass in diesem neuen Gremium deutlich über dreißig Mitglieder[62] vertreten sind, die mittels einer Mehrheit von drei Vierteln der Stimmen bei Anwesenheit von mindestens der Hälfte der Mitglieder entscheiden.

Das Übereinkommen von Paris hat durch die Novelle Eingang in den Gesetzestext gefunden. Zu den neu definierten Aufgaben des Nationalen Klimaschutzkomitees zählt die Beratung „über Grundsatzfragen zur österreichischen Klimapolitik im Lichte der Zielvorgaben des Übereinkommens von Paris, insbesondere über die langfristige Reduktion der Treibhausgasemissionen hin zu einer kohlenstoffarmen Gesellschaft [...]".[63]

Kritik kam im Begutachtungsverfahren[64] an der – im Vergleich zu den 21 Mitgliedern im ursprünglichen NKK – hohen Mitgliederzahl des neuen Nationalen

59 Vgl Fortschrittsbericht 2015, 3. Auf den folgenden Seiten dieses Berichts wird in Fußnoten auf die noch nicht erfolgte Beschlussfassung durch NR und BR verwiesen.

60 BGBL I 2017/58.

61 Vgl Vorblatt und WFA zu RV 1456 BlgNR 25. GP 12.

62 Gem § 4 Abs 4 setzt sich das NKK aus 32 genannten Vertretern plus je einem Vertreter der im Nationalrat vertretenen politischen Parteien zusammen.

63 § 4 Abs 2 KSG.

64 Die Stellungnahmen sind abrufbar unter https://www.parlament.gv.at/PAKT/VHG/XXV/I/I_01456/index.shtml#tab-VorparlamentarischesVerfahren.

Klimaschutzkomitees. Es wurden unter anderem ein Verlust der Funktionsfähigkeit[65] bzw Einbußen in der Effektivität der Arbeit des Gremiums[66] befürchtet. Der Mangel an konkreten Etappenzielen[67] sowie eines Zielpfades oder Gesamtkonzeptes zur Umsetzung des Übereinkommens von Paris wurde ebenso kritisch hervorgehoben. In einer Stellungnahme wurde weiters das Einsparungspotenzial bezweifelt, da „nur eine Tagung pro Jahr abgehalten wird".[68] Die Streichung des letzten Satzes des § 4 Abs 2 KSG, wonach die Fortschrittsberichte nach § 6 sowie der Berichte des Umweltministers an das NKK gemäß § 3 Abs 4 leg cit in den Arbeiten des NKK zu berücksichtigen sind, wurde in mehreren Stellungnahmen kritisiert.[69] Gründe für diese Aufhebung finden sich in den Gesetzesmaterialien nicht.

3. Klimaschutz in den Landesverfassungen

Wie zu Beginn bereits dargelegt, war im ersten Entwurf für ein Klimaschutzgesetz geplant, Klimaschutz als Staatsziel auf Verfassungsebene zu verankern.[70] Dies ist bis heute auf Bundesebene nicht geschehen, in den Verfassungen der Bundesländer finden sich jedoch einige Bestimmungen zum Klimaschutz.

Vorreiter war Niederösterreich, das 2007 als erstes Bundesland in Art 4 Z 2 seiner Verfassung[71] unter dem Titel „Ziele und Grundsätze des staatlichen Handelns" dem Klimaschutz „besondere Bedeutung" zusprach. Dem folgten Vorarlberg im Jahr 2008,[72] Oberösterreich 2009[73] und Kärnten 2012[74] mit ähnlich lautenden Regelungen.

In Folge des „Flughafen-Urteils"[75] des VfGH (siehe dazu den Beitrag von *Gerhard Schnedl* in diesem Band) hat der niederösterreichische Landtag Anfang Juli 2017 eine Änderung des Art 4 der Landesverfassung beschlossen, im Zuge derer nunmehr die Wirtschaft in der Liste der „Ziele und Grundsätze des staatlichen

65 Vgl Stellungnahme der *WKO*, 26.

66 Vgl Stellungnahme des *ÖGB*, 3.

67 Vgl Stellungnahme des *Amtes der Kärntner LReg*, 5.

68 Vgl Stellungnahme des *Amtes der Niederösterreichischen LReg*, 17.

69 Vgl Stellungnahmen des *Umweltdachverbandes, des Grünen Klubs* und der *Grünen im Kärntner Landtag*.

70 Vgl FN 15.

71 Art 4 Z 2 NÖ Landesverfassung 1979, LGBl 0001/21.

72 Vbg Landesverfassung LGBl 1999/99 idF LGBl 2008/16.

73 Art 10 Abs 3 Oö Landes-Verfassungsgesetz LGBl 1991/122 idF LGBl 2009/90.

74 Art 7c Ktn Kärntner Landesverfassung LGBl 1996/85 idF LGBl 2012/5.

75 VfGH 29.6.2017, E 875/2017 ua.

Handelns“ an zweiter Stelle steht und die bis dato dort befindlichen „Lebensbedingungen“ inklusive Klimaschutz auf Platz drei verdrängt.[76]

4. Entwicklungen nach Paris und Ausblick

Auf Bundesebene sah nach der Novelle 2015 die Situation nicht besonders vielversprechend aus, insbesondere das Budget 2016 war trotz der fast zeitgleich stattfindenden Pariser Konferenz nicht sehr „klimaschutzfreundlich“. So wurden die Umwelt- und Klimaschutzförderungstöpfe stark reduziert, die Umweltförderungen im Inland etwa um knapp fünfzehn Prozent und der zentrale Klima- und Energiefonds um etwa ein Viertel.[77]

Im Anschluss an den erfolgreichen Abschluss des Pariser Abkommens schien allerdings Bewegung in die Sache zu kommen. Nach zahlreichen Oppositionsanträgen und Diskussionen stimmten alle sechs Parteien im Hauptausschuss des Nationalrats dem gemeinsam eingebrachten Antrag zu, eine Parlamentarische Enquete zum Thema Klimapolitik abzuhalten. Diese fand am 23. 6. 2016 unter dem Generalthema „Was kommt nach Paris?“ statt, unter der Beteiligung zahlreicher Experten und Expertinnen sowie Vertretern und Vertreterinnen der EU-Kommission und des EU-Parlaments.[78] Im Anschluss daran wurde am 8. 7. 2016 im Nationalrat die Ratifizierung des Übereinkommens von Paris beschlossen und am 3. 11. 2016 kundgemacht.[79]

Mit 1. 1. 2017 wurde im Rahmen des Finanzausgleichsgesetzes 2017[80] eine Einigung zwischen dem Bund und den Ländern über einen Klimaschutzkoordinations- und Verantwortlichkeitsmechanismus erzielt, der neben einer Konkretisierung der Erarbeitung und Umsetzung von Klimaschutzmaßnahmen[81] eine Kostentragung für den Fall der Notwendigkeit des Ankaufs von Klimaschutz-Zertifikaten von Bund und Ländern im Verhältnis von 80:20[82] vorsieht.[83]

---

76 NÖ LGBl 2017/62.

77 Vgl etwa Parlamentskorrespondenz Nr 1319 vom 25. 11. 2015 oder http://derstandard.at/2000025095627/Klima-und-Energiefonds-mit-weniger-Kohle.

78 Das Stenographische Protokoll ist hier nachzulesen: https://www.parlament.gv.at/PAKT/VHG/XXV/III/III_00286/imfname_547995.pdf.

79 BGBl III 2016/197.

80 Bundesgesetz, mit dem der Finanzausgleich für die Jahre 2017 bis 2021 geregelt wird und sonstige finanzausgleichsrechtliche Bestimmungen getroffen werden (Finanzausgleichsgesetz 2017 – FAG 2017), BGBl I 2016/116.

81 § 28 FAG 2017.

82 Der ursprüngliche Vorschlag im Jahr 2008 lautete 50:50, vgl FN 18.

83 § 29 Abs 2 FAG 2017.

Das Jahr 2018 wird für das österreichische Klimaschutzrecht von großer Bedeutung sein. Zum einen wird die Europäische Union über die Verteilung der Zielwerte für die Umsetzung des Übereinkommens von Paris auf die Mitgliedsstaaten entscheiden,[84] zum anderen wird die Veröffentlichung der neuen Klima- und Energiestrategie der Bundesregierung erwartet.[85] Diese wird eine wichtige Rolle spielen, da Österreich bislang über keine über das Jahr 2020 hinausgehenden Ziele oder Strategien verfügt, es aber bis 2030 und insbesondere bis 2050 zu drastischen Emissionsreduktionen kommen muss, um die völker- und unionsrechtlichen Vorgaben zu erfüllen, die sich unter anderem aus dem Übereinkommen von Paris ergeben.

---

84 Ein „provisional agreement" zwischen dem Europäischen Parlament und dem Rat über den Vorschlag der Kommission über eine „Effort Sharing"-Verordnung wurde im Dezember 2017 erzielt. Darin sollen verbindliche THG-Reduktionsziele für die Mitgliedstaaten für den Zeitraum 2021-2030 festgelegt werden.

85 Vgl Beschlussprotokoll des 2. Ministerrates vom 5. 1. 2018, Punkt 8.

China's Climate Change Law – History, Current Situation and Key Issues

Shan Ouyang/Ke Zhou/Wei Cao

Abstract

The international obligations undertaken by China and the special circumstances of various stages of China's development have determined the evolution of China's climate change law. The laws and institutions addressed to climate change at the national level are still at a primary stage with a lack of comprehensive or even basic legislation, and therefore no complete system has been established yet. In the legal system, although there have been many departmental rules, a basic or comprehensive legislation is still in great need. Moreover, at the institutional level, China still has a lot of unfinished work to do on key systems such as the development of a special "Climate Change Response Law" to improve the carbon emission trading system and other relevant systems.

The *Paris Agreement* came into effect on 4 November 2016, meaning that the international community began to formally implement the "bottom-up" responsibility-sharing framework under the Durban-Paris process. In accordance with the arrangements of the *Paris Agreement*, each party is required to determine its "Intended National Determined Contributions" (INDC) according to its own capabilities and national circumstances. China submitted to the Conference of the Parties its Intended National Determined Contributions Document on 30 June 2015, which set the action targets for 2020 and 2030, saying that carbon dioxide emissions will peak around 2030 and will reach the peak as early as possible, with carbon dioxide emissions per unit of GDP dropped by 60 %–65 % compared with those in 2005, non-fossil energy accounting for about 20 % of primary energy consumption, forest stock volume being increased by 4.5 billion cubic meters compared with that in 2005. In order to realize the objectives of the document and to ensure the implementation of the relevant policies and measures, China urgently needs to establish a complete set of legal and institutional systems for addressing climate change. Doing this can, on the one hand, be conducive to making the implementation of relevant actions legally viable and can make the obligations of different types of subjects at different levels explicit; on the other hand, it is also helpful to mobilize the enthusiasm of domestic subjects and to determine their expectations in order to provide strong protection against climate change.

1. Review of the Development of China's Climate Change Law

The development of China's climate change law is the result of the international obligations undertaken by China and the special circumstances of various stages of China's development.

In general, although the *United Nations Framework Convention on Climate Change* (UNFCCC) (hereinafter referred to as "the Convention") has been in force for more than 20 years, the national legal and institutional frameworks dealing with climate change are still at primary stage.

1.1. Before 2007

China signed the Convention as early as on 11 June 1992 and ratified it on 7 May 1993. However, China did not immediately start to introduce legislation concerning carbon emission control, mainly for two reasons. On the one hand, China had no substantive international obligations. In accordance with the Convention and the subsequent *Kyoto Protocol,* China, as a developing country party, did not undertake quantified emission reduction obligations. It only undertook formal obligations such as the formulation of national programs, strengthening scientific research co-operation and capacity building, etc. On the other hand, China's carbon emission flux was at a low level and relatively stable before 2002, hence it was not objectively necessary to start carbon emissions control (see Figure 1).

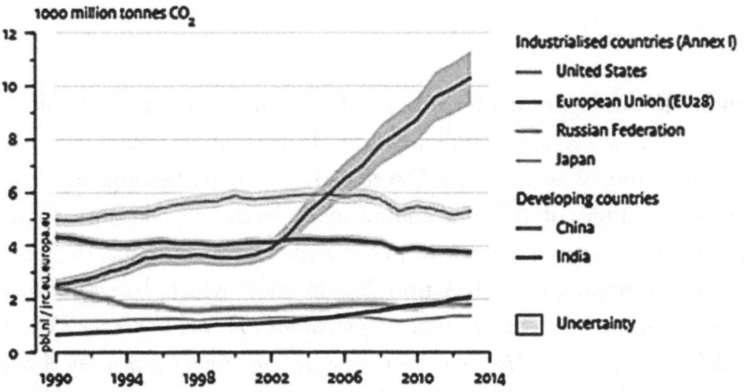

Figure 1 CO_2Emissions from Fossil-Fuel use and Cement Production in the Top5 Emitting Countries and the EU[1]

Before 2007, a systematic legal framework had still not been developed. China took only certain measures in accordance with the requirements of the obligations of the Convention and the objective needs of domestic air pollution control setting some preliminary work. Among them, the *Interim Measures for the Administration on External Cooperation of the Joint Implementation of Activities Projects in the Pilot Phase during China's Implementing the "United Nations Framework Convention on Climate Change"* (expired), a regulation issued by the National Science and Technology Commission, the Ministry of Foreign Affairs, the State Planning Commission and the China Meteorological Administration in 1997 was a typical one. It was designed to regulate the cooperation relevant to "the Joint Implementation of Activities Projects in the Pilot Phase" between developed countries and China, and required cooperation to ensure the additional measures of emission reduction, funding and other aspects with the approval of the two governments involved. In addition, another typical example was a series of policies and laws on renewable energy that have been introduced since 1990 in China. In 1995, for example, the former State Science and Technology Commission, the State Planning Commission and the Economic and Trade Commission jointly formulated *Chinas New Energy and Renewable Energy Development Program* (1996-2010) as well as the "*New Energy and Renewable Energy Priority Development Projects*". Later, after long-term preparation, the NPC Standing Committee adopted the *Renewable Energy Law* on February 28, 2005.

1 PBL Netherlands Environmental Assessment Agency, "Trends in Global CO2Emissions", available at https://www.google.com.hk/url?sa=t&rct=j&q=&esrc=s&source=web&cd=5&ved=0ahUKEwifj4nml-7QAhUGv7wKHbJAB6gQFgg4MAQ&url=http%3a%2f%2fwww.pbl.nl%2fsites%2fdefault%2ffiles%2fcms%2fafbeeldingen%2f005x_muc14_en.pdf&usg=AFQjCNFNracGTn3IZ-00qGWt6MKoI3bdf2A&cad=rjt (Last visited: Dec 12, 2016).

1.2. From 2007 to 2011

As can be seen in Figure 1, after 2002, China's economy began to develop rapidly and carbon emissions increased dramatically, leaving China to face increasing pressure in international negotiations. Developed country parties urgently requested a change in the pattern of unilateral commitments by developed country parties, and the United States even withdrew from the Kyoto Protocol. Thus, the Conference of the Parties adopted the Bali Action Plan in 2007, which, based on the *Ad Hoc Working Group on Further Commitments for Annex I Parties under the Kyoto Protocol (AWGKP)*" set up the *Ad Hoc Working Group on Long-term Cooperative Action under the Convention (AWG-LCA)*, responsible for negotiating the specific obligations of all states to implement the measures of the Convention. In addition, the plan also required developing country parties to adopt *Nationally Appropriate Mitigation Actions (NAMAs)* which had broken down the original responsibility-sharing model – giving developed countries all responsibilities and developing countries only a few – laying the foundation for all parties to assume obligations.

Under such circumstances, China set out to organize the preparatory work on legal and institutional aspects. Therefore, from an organizational perspective, the State Council in June 2007 set up a national committee responsible for responding to climate change and energy saving and emission reduction. Subsequently, the State Forestry Administration, Ministry of Agriculture, and State Oceanic Administration also set up leading groups on climate change. At the legal level, on August 27, 2009, the Standing Committee of the National People's Congress adopted the *Resolution of the Standing Committee of the National People's Congress on Actively Responding to Climate Change*, which proposed to strengthen the legal basis dealing with climate change and to implement relevant laws, as well as to enact measures appropriate to the actual situation. At the level of administrative regulations, the State Council issued the *China's National Climate Change Program* (expired) in June 2007, which defined the specific targets, basic principles, key areas, policies and measures for China's response to climate change by 2010. At the level of departmental rules, the relevant departments of the State Council had also begun to take action. The Ministry of Agriculture carried out projects utilizing international financial assistance; the Ministry of Science and Technology, the National Development and Reform Commission and the Ministry of Foreign Affairs issued the *China's Scientific and Technological Action on Climate Change*; the China Association for Science and Technology, along with the China Meteorological Administration issued the *Circular on Further Strengthening the Scientific Propaganda Work of Meteorological disaster Prevention and Mitigation and Climate Chang* in 2007; the State Oceanic

Administration issued *Opinions of the State Oceanic Administration on the Respond Work Related to Marine Climate Change*; and the National Development and Reform Commission in 2010 formulated the *Interim Measures for the Management of Foreign Cooperation in the Field of Climate Change*, along with these more important initiatives were a variety of lesser programs.

Overall, at this stage, China's focus was on the level of macro-organization and route and involved preparations for specific areas such as finance, technology and adaptation, without touching on the substantive issue of carbon emissions control.

1.3. From 2011 till now

The Durban Conference in 2011 ended the "two-track" negotiation mechanism and established the Ad Hoc Working Group on the Durban Platform for Enhanced Action, to develop an agreement applicable to all the parties. Moreover, the Durban Conference called on developed countries to make "Nationally Appropriate Mitigation Commitments or Actions" and developing countries to take "Nationally Appropriate Mitigation Actions". Through the several subsequent meetings, the Paris Agreement finally established a mechanism by which all parties needed to determine their own obligations in accordance with

Under this mechanism, China, like other contracting parties, had to determine its own obligations to tackle climate change, i. e. carrying out legal and institutional construction as soon as possible. Therefore, after 2011, China has accelerated its pace of legal and institutional construction. At the level of administrative regulations, the State Council issued in 2011 and 2016 respectively the *Work Plan for Controlling Greenhouse Gas Emissions for the Twelfth Five-Year Plan period* and the *Work Plan for Controlling Greenhouse Gas Emissions for the Thirteenth Five-Year Plan period.* At the level of departmental rules, the relevant departments under the State Council have also begun to formulate relevant regulations, involving the target responsibility assessment, carbon emissions control, carbon emissions trading, the measurement and statistics of greenhouse gas emissions and other basic systems, the more important ones including *Interim Measures for the Administration on Certification of Low-carbon Products* issued by the National Development and Reform Commission on February 18, 2013, the *Notice of the National Development and Reform Commission on Organizing the Reporting of Greenhouse Gas Emissions of Key Enterprises and Institutions* issued by the National Development and Reform Commission in 2014, and the *Interim Measures for the Management of Carbon Emissions Trading*" promulgated by the National Development and Reform Commission in 2014.

In addition to the above-mentioned work which is already under way, the National Development and Reform Commission has been actively promoting the drafting of basic legislation at the national level and has commissioned a number of units to work on the preliminary research work of the development of the *Climate Change Act* or the *Low-carbon Development Promotion Law*, among which the Chinese Academy of Social Sciences Research Project Group has announced in March 2012 to the public "Address Climate Change Law of People's Republic of China (exposure draft)"[2].

China clarified again on the 23rd UN Climate Change Conference which concluded on November 18 of 2017 that China would fulfill its Intented Nationally Determined Contributions of the *Paris Agreement*. According to *China's Policies and Actions for Addressing Climate Change (2017)* issued by the National Development and Reform Commission, the latest progress of China in 2017 on legislation and administration policies in response to climate change is:

First, according to the State Council's *Greenhouse Gas Emissions Plan During the 13th Five Year Period* from October 2016 to June 2017, 18 provinces have issued provincial work plans and related plannings on the control of greenhouse emissions during the period of the 13th Five Year period.

Second, long-term plans on climate change have been launched in areas like industry, energy, architecture and forestry. Besides, the Ministry of Industry and Information Technology issued the Industry Green Development Plan (2016–2020); the National Development and Reform Commission and Bureau of Energy issued the *Energy Production and Consumption Reform Strategy (2016–2030),* Energy Development Plan During the 13th Five Year Period; the National Development and Reform Commission issued the *Recycle Energy Development Plan for the 13th Five Year Period* and plans for the period on solar energy, wind power, oil, natural gas and coal industry development respectively. The Ministry of Housing and Urban-Rural Development issued the *Building Energy Conservation and Green Building Development Plan for the 13th Five Year Period;* the State Forestry Bureau issued *Action Points of Forest Industry Against Climate Changes* during the 13th Five-Year period.

2. The Current Situation of China's Climate Change Law

At present, China has established a comprehensive management system framework. In the legal system, although there have been many departmental rules, there is still

2 "Address Climate Change Law of People's Republic of China (exposure draft)", China Net: http://news.china.com.cn/txt/2012-03/18/content_24923504.htm (Last visited: Dec 14, 2016).

a lack of a basic or comprehensive legislation. At the institutional level, although China has established many mechanisms and systems, there is still a lot of unfinished work on key systems such as the carbon emission trading system.

2.1. Management System

In the management system, China adopts a system which combines deliberation and coordination agencies, centralized management and division of labor with individual responsibility together:

First of all, China established deliberation and coordination agencies in the State Council and its departments to coordinate the actions of all parties. A deliberation and coordination agency is an inter-departmental coordinating body set up to fulfil a specific or temporary task, which is mainly responsible for macro-strategic decision-making and coordination of various departments and other functions. As early as in February 1990, the Chinese government set up the National Climate Change Coordination Group under the former State Council Environmental Protection Committee. In 1998, the State Council set up a National Climate Change Coordination Committee. In June 2007, the State Council decided to establish the National Leading Group on Climate Change and Energy Conservation and Emission Reduction (hereinafter referred to as the "leading group"). In 2010, the National Development and Reform Commission initiated the establishment of the Coordinating Liaison Office of the National Leading Group on Climate Change. In August 2011, China set up a Working Group on Climate Change Adaptation Mechanism under the Coordinating Liaison Office of the National Leading Group on Climate Change.

In the second place, the Development and Reform Commission of China is specifically responsible for the centralized management of climate change and for dealing with matters related to climate change. According to the regulations of the *National Development and Reform Commission: the Main Responsibilities, Internal Institutions and Staffing Requirements* (issued by the Office of the State Council [2008] No. 102) (hereinafter referred to as "the three programs" of the National Development and Reform Commission), the National Development and Reform Commission is responsible for "organizing and developing major strategies, planning and policies on climate change", with the relevant departments taking the lead in organizing international negotiations on climate change, and the relevant work of implementing the Convention. The Department of Climate Change together with the Development and Reform Commission specifically undertake the above work. The Department of Climate Change has four divisions: The General Office, the Strategic Research and Planning Service, the Internal Policy and Compliance Branch, the International Policy and Negotiation Service and the External Cooperation Service.

According to the *Notice of the Office of the State Council on Printing and Distributing the division of work of the key departments of the greenhouse gas emission control scheme for the Twelfth Five-Year Plan period* (issued by the Office of the State Council [2011] No. 41) which was published in 2011, besides the National Development and Reform Commission, which is responsible for coordinating the work of controlling greenhouse gas emissions, the Ministry of Foreign Affairs, the Ministry of Science and Technology, the Ministry of Environmental Protection, the Bureau of Meteorology, the Ministry of Finance, the Ministry of Commerce, the Ministry of Construction, the Ministry of Transport, the Ministry of Water Resources, the Ministry of Agriculture, the State Forestry Administration, the Bureau of Oceanic Administration, the Civil Aviation Administration, the Ministry of Education, the Department of Health, the Chinese Academy of Sciences (CAS), the National Bureau of Statistics (NBS), the Ministry of Land and Resources, and other relevant departments all shall undertake the work related to climate change in the relevant fields in line with the division of responsibilities.

2.2. Legal system on climate change

According to the source, China's current legal system on climate change can be divided into three levels, namely, laws, administrative regulations and departmental rules. In accordance with the status and the content of adjustment, China's current legal system on climate change mainly includes basic (or comprehensive) legislation, laws, regulations and rules mitigating climate change, and laws, regulations and rules adapting to climate change.

2.2.1. Basic (or comprehensive) legislation

At present, due to that the "*Climate Change Response Law*" has not yet been introduced, the most important legislation in China currently is the *Resolution on Actively Responding to Climate Change*, which is considered as a "quasi-law" specifically for climate change by China's national legislature. The resolution is made from the following six aspects:

- "Climate change is an important opportunity and challenge faced by China's economic and social development";
- "To respond to climate change, China must thoroughly implement the Scientific Outlook on Development";

- "To take practical measures to actively respond to climate change";
- "To strengthen the construction of the rule of law dealing with climate change";
- "To make efforts to improve the participation awareness and capability of the whole society to address climate change"
- "Active participation in international cooperation in the field of climate change".

It puts forward China's basic proposition on climate change and identifies China's basic principles, measures and means on climate change. The resolution not only shows the international community China's basic attitude towards climate change, but also provides a basis for China to establish and improve the legal system on climate change.[3] It includes five parts, namely the basic concepts, climate change planning, GHG emissions and quantitative control measures, capacity building and nurturing and supporting measures.

2.2.2. Laws, regulations and rules mitigating climate change

At the legal level, the most important legislations are the *Energy Conservation Law* and the *Renewable Energy Law,* both of which are not directly related to mitigation, but are objectively conducive to realizing the goal of mitigation. Through system construction, systems like the energy-saving target responsibility system, the energy-saving evaluation and assessment system, power demand side management, contract energy management, energy-saving voluntary agreements, the standard of limited unit energy consumption, an energy efficiency labelling management system and so on have been established by the *Energy Conservation Law*. According to the sequential calculation, during the past 15 years from 1991 to 2005, China saved a total of about 800 million tons of standard coal through economic restructuring and improving energy efficiency, which is equivalent to about 1.8 billion tons of carbon dioxide emissions, if calculated by the data – 2.277 tons of carbon dioxide emissions of per ton of standard coal – in 1994.[4] The *Renewable Energy Law* promotes the development of renewable energy through systems like the medium and long-term target system of renewable energy development and utilization, the renewable energy planning system, the Feed-In Tariff (FIT) system, the system of guaranteed compulsory acquisition and renewable energy development fund and so on. The implementation of the Law reduced the dependence of national energy consump-

3 *Li Yanfang,* On the Construction of Legal System of China Addressing Climate Change, Journal of China University of Political Science and Law, Vol. 20, No.6, 2010, p.81.

4 National Program on Climate Change/National Plan on Climate Change.

tion on fossil fuels that led to high carbon emissions. In addition to the two above-mentioned legislations, the *Circular Economy Promotion Law, Cleaner Production Promotion Law* and *Population and Family Planning Law* all are objectively conducive to the mitigation of climate change.

At the level of administrative regulations, the most important regulation is the *Work Plan for Controlling Greenhouse Gas Emissions for the Thirteenth Five-Year Plan period*, which sets forth the key areas and main directions for work from 2015-2020, including low carbon leading energy revolution, establishment of low-carbon industrial system, promotion of low-carbon urbanization development, acceleration of regional low-carbon development, construction and operation of the national carbon emissions trading market, enhancement of low-carbon scientific and technological innovation, strengthening basic capacity building, strengthening and ensuring its implementation, etc.

At the level of departmental rules, the most important rule is the *Interim Measures for the Management of Carbon Emissions Trading* issued in 2014. It regulates systematically the competent authorities, the transaction parties, the initial allocation of emission quotas, emission quota trading, verification and quota settlement, and transaction management, etc.

2.2.3. Laws, regulations and rules adapting to climate change

From the existing legislation of China, there are no laws with the purpose of adapting to climate change in agriculture, natural ecosystem, water resources, and coastal zone and so on. However, some laws can objectively help to adapt to climate change. More precisely, the relevant legislations in agriculture include the *Agricultural Law, Grassland Law, Fisheries Law* and *Land Administration Law*; the relevant legislations in the field of forests include the *Forest Law, Soil and Water Conservation Law, Law on Desert Prevention and Transformation*; the relevant legislations in water resources include the *Water Law*, the *Law on the Prevention and Control of Water Pollution* and the *Flood Control Act*; the relevant legislations coastal zone and coastal areas include the *Marine Environmental Protection Law* as well as the *Law on the Administration of the Use of Sea Areas*. Altogether, however, China still lacks a basic legislation similar to "*Law on Disaster Prevention and Mitigation*" in the field of adaptation.

2.3. Institutional system of climate change

On the whole, China has started to carry out preparatory work on the basic system through relevant laws, regulations, rules and even policy documents.

2.3.1. Carbon emissions trading system

In 2011, the National Development and Reform Commission formulated the *Notice of the General Office of the National Development and Reform Commission on the Implementation of the Carbon Emissions Trading Pilot Program* (NDRC Climate [2011] No. 2601), and established Beijing, Shanghai, Tianjin, Chongqing, Hubei and Shenzhen as pilot provinces and municipalities for local carbon emissions trading. The state gave the local governments of the pilot provinces and municipalities greater autonomy for the establishment of a carbon trading market to encourage them to actively test and probe their systems. In 2014, the National Development and Reform Commission introduced the *Interim Measures for the Management of Carbon Emissions Trading* on the basis of the experience of these pilot provinces and municipalities, whose main contents were as follows:

Competent authority: The National Development and Reform Commission is the carbon trading department under the State Council for Carbon Emissions Trading, and shall be responsible for the construction of a carbon emissions trading market, and the management, supervision and guidance of the market. The Development and Reform Commission of the provinces, autonomous regions and municipalities directly under the Central Government is the provincial carbon trading authority responsible for the carbon emissions trading, and shall be responsible for the management, supervision and guidance of carbon emission trading related activities in their respective administrative regions.[5]

Coverage: The coverage of carbon emission trading shall be determined by the provincial carbon trading authorities. Specifically, the provincial carbon trading authorities should determine the standard according to the key units of emissions released by the carbon trading department under the State Council, and make a list of all key units of emissions in the administrative region in accordance with the relevant standards and finally report to the carbon trading department under the State Council. After confirming, the carbon trading department under the State Council shall release the list to the public.[6]

Determination of total amount: According to the requirements of the national goal of controlling greenhouse gas emissions, the carbon trading department under the State Council shall determine the total amount of emission quotas of the country and the provinces, autonomous regions and municipalities directly under the Central Government, by considering comprehensively the factors of the state

5 Interim Measures for the Administration of Carbon Emission Permit Trading, Article 5.
6 *Id*, Article 7.

and these provinces, autonomous regions and municipalities under the central government such as greenhouse gas emissions, economic growth, industrial structure, energy structure, and the inclusion of key units of emissions, etc.[7]

Allocation method: Allocation of emission quotas shall mainly be free in the initial distribution, with a timely introduction of paid distribution, and a gradually increase of the proportion of paid distribution.[8]

Requirements of transaction: The initial trading products of the carbon emissions trading market are the emissions quota and the voluntary emission reductions certified by the State, with other trading products being added at the right time;[9] the key units of emissions, and the institutions and individuals that meet the trading rules can participate in the carbon emissions trading;[10] the transaction in principle should be traded at the transaction institutions determined by the carbon trading department under the State Council;[11] for the purpose of public welfare, etc, the transaction parties can cancel voluntarily their emission quotas and voluntary emission reduction certified by the State;[12] the carbon trading authority under the State Council shall be responsible for establishing the regulations on carbon emissions trading market and maintaining the stability of the market.[13]

2.3.2. The statistics, reporting and accounting system of greenhouse gas

In 2001, China issued the *Circular of the State Council on Issuing the work plan for controlling greenhouse gas emissions for the Thirteenth Five-Year Plan Period* which referred to the establishment of a statistical accounting system for greenhouse gas emissions. This brought the basic statistical indicators for greenhouse gases into the government statistical index system and also required the key units for emissions to improve the ledger records of greenhouse gas emissions and energy consumption, therefore building a statistics and accounting work system of greenhouse gas emissions at the national, local and enterprise level to strengthen capacity building and establish a team for full-time work and basic statistics which is responsible for the accounting of greenhouse gas emissions. It allows key enterprises to directly submit data of energy and greenhouse gas emissions.

7 *Id*, Article 8.
8 *Id*, Article 9.
9 *Id*, Article 18.
10 *Id*, Article 19.
11 *Id*, Article 21.
12 *Id*, Article 22.
13 *Id*, Article 23.

On May 20, 2013, the National Development and Reform Commission together with the National Bureau of Statistics issued the *Circular of the National Development and Reform Commission and the National Bureau of Statistics on Issuing the Opinions of Strengthening the Work of Climate Change Statistics* which regulated the guiding ideology and the basic principles of China's climate change policy and improved, at the same time, the statistical index system of China's climate change policy. This index system covered 19 sub-categories and 36 indicators, with 5 categories – climate change and impacts, adaptation to climate change, control of greenhouse gas emissions, capital investment in addressing climate change, and management related to climate change – included. This also improved the basic statistics of greenhouse gas emissions, and established and improved the statistical management system of climate change. The division of relevant functions was improved: the National Bureau of Statistics being responsible for data collection and the evaluation of the climate change statistical index; the National Bureau of Statistics and the National Development and Reform Commission being responsible for the basic statistic of greenhouse gas emissions; the National Development and Reform Commission and the National Bureau of Statistics being responsible for greenhouse gas emissions accounting.

When it comes to the specific greenhouse gas MRV[14] of enterprises, the *Notice of the National Development and Reform Commission on Organizing the Reporting of Greenhouse Gas Emissions of Key Enterprises and Institutions* issued by the National Development and Reform Commission in 2014 stipulated the principles, the competent authorities, the contents and procedural safeguards of corporate greenhouse gas reporting. The reporting subjects are legal enterprises (institutions) or units with independent accounting systems which are deemed as legal persons, whose greenhouse gas emissions reached the equivalent of 13,000 tons of carbon dioxide in 2010 or whose comprehensive energy consumption had reached 5000 tons of standard coal in 2010. The subjects in charge of verification are the provincial competent departments of climate change which will finally submit the summary to the National Development and Reform Commission.

2.3.3. Certification system of low-carbon products

On February 18, 2013, the National Development and Reform Commission promulgated the *Interim Measures for the Administration on Certification of Low-carbon Products*, which officially launched the certification system of low carbon products.

14 „Monitoring, Reporting and Verification".

It mainly stipulated the establishment of a uniform certification system of low carbon products, which included three aspects: implementing a unified directory of low-carbon product certification, with products listed in the directory being certificated voluntarily in a unified way, whereas those not included in the directory were temporarily excluded from the unified low-carbon product certification, and unified standards, technical specifications and certification rules being implemented; the rules for low-carbon product certification shall be formulated and promulgated by the Department of Certification and Accreditation Administration under the State Council; implementing unified certificates and a certification mark for low-carbon product certification. To effectively carry out the work of low-carbon product certification, unified labels must be used for low-carbon products. The format and content of the certificates of low-carbon product certification and the style and type of the certification marks shall be uniformly formulated and issued by the Department of Certification and Accreditation Administration under the State Council.

3. Key Issues Involved in China's Climate Change Policy

The previous introduction of the history and current situation of China's climate change policy indicates that although the management system of China's climate change policy has been relatively sound, the laws and systems of China's climate change policy are still in the initial stage of development, with still many issues left to be resolved, of which some are key issues like the formulation of a basic or comprehensive legislation, the improvement of the system of carbon emissions trading, and the improvement of the other related systems.

3.1. The formulation of a basic or comprehensive legislation

From the international experience, a large number of countries have developed special climate legislation, which is the general trend of the international community. For example, Japan enacted the *Law on Promoting Global Warming* Countermeasures in 1998; the UK adopted the *Climate Change Act* in 2008, the Republic of Korea adopted the *Green Growth Basic Law* in 2009 and modified it into the *Framework Act on Low Carbon Green Growth* in 2013, and the United States also adopted the *American Clean Energy And Security Act* in 2009. Therefore, China must develop a basic or comprehensive legislation in order to conduct a comprehensive action at the national level in the future. In this regard, the Development and Reform Commission assigned the Institute of Law of the Chinese Academy of Social Sciences to draft the "Address Climate Change Law of People's Republic of China (exposure draft)" which was published to the public in 2012.[15] The draft covers comprehensively the two main areas of mitigation and adaptation, and mainly defines the basic principles, systems and areas for addressing climate change. In accordance with the provisions of the draft, the purpose of the legislation is to "control and reduce greenhouse gas emissions, to scientifically respond to global and regional climate change and to promote the sustainable development of China's economy and society". The basic principles of the legislation include principles of sustainable and coordinated development, principles of scientific response, the principle of equal emphasis on mitigation and adaptation, the principle of combining voluntary emission reduction and compulsory emission reduction, the principle of policy coordination and the principle of social participation. The main areas of the legislation include the duties, rights and obligations of climate change, measures mitigating climate change, measures adapting to climate change, safeguards dealing with climate change, the supervision and management of climate change, the publicity and education and social participation of climate change, and international cooperation and legal responsibility for climate change. Although the provisions of the legislation are more comprehensive, the draft legislation has not been submitted for consideration so far. As a result, China, at present, still does not have basic or comprehensive climate change legislation.

From the point of view of the completeness of the legal system, China now already has relevant legislation on mitigation and adaptation, but urgently needs a specific basic or comprehensive climate change legislation to determine the management system, basic principles, and the main system of China's response to climate change. Doing this not only can provide a legal basis for the departments which will take related actions or formulate relevant regulations or policies in the future and legal protection for China to take comprehensive actions in the future, but also can release a clear signal to the international community to fulfil China's international obligations.

3.2. The improvement of carbon trading system

Carbon emissions trading and carbon taxes are the two most important means used by the international community to mitigate climate change. However, due to their overlapping functions, countries usually choose one of the two as their primary

15 "Address Climate Change Law of People's Republic of China (exposure draft)", China Net: http://news.china.com.cn/txt/2012-03/18/content_24923504.htm (Last visited: Dec 14, 2016).

system for mitigating climate change. China finally chose carbon emissions trading as its core system, yet did not give up the exploration on the application of carbon tax system. According to the vision of the National Development and Reform Commission, China will employ both carbon emissions trading and carbon taxes simultaneously. Carbon emissions trading will be applied to enterprises in a specific range, and a carbon tax will be imposed on other enterprises beyond the specific range. Specifically, in October 2016, the National Development and Reform Commission will start the allocation of carbon emission quotas in the national carbon market, and the allocation of all quotas will have been completed by the first quarter or second quarter of 2017. Before 2020, the threshold for the carbon market will be reduced to bring the carbon market into the enterprise expansion, and a carbon tax will be levied on enterprises outside the carbon market system after the initial stage of operation of the national carbon market.[16]

In contrast, the implementation of a carbon tax system is much simpler than that of carbon emissions trading. Carbon emissions trading can play its due effect only in a more sophisticated market, with more stable prices and under stringent supervision.

Although China has begun to implement a carbon emissions trading system and carried out a large number of testings, there are still many problems to be improved, especially the establishment of carbon emission trading in the national market and the monitoring and accounting of carbon-emission enterprises.

3.3. The improvement of other relevant systems

Carbon emissions trading alone can neither cover all areas of climate change nor solve all problems. Therefore, in addition to improving the carbon emission trading system in the future, it is necessary to improve other related systems, of which the most important ones are the governmental environment, resources and energy responsibility system and an economic incentive system:

Over the past decade, China has benefited from effective competition among local governments and has achieved a high rate of economic development. However, too much attention has been paid to the performance of the government's economy, which has caused China to face serious government failures in the fields of environment, resources and energy. Local governments tend to invest in energy-intensive, high-emission industries, bringing together the problem of greenhouse gas emis-

16 "The Uniform Carbon Market is Coming and the Carbon Tax May levied after 2020", Renmin Net: http://gd.people.com.cn/n2/2016/0810/c123932-28809932.html (Last visited: Dec 16, 2016).

sions and air pollution problems and leading to the current serious environmental, resource and energy issues in China. Therefore, in order to effectively address climate change in the future, China must not only construct systems at the level of enterprises to make the responsibilities of corporations in response to climate change clear, but must also attach more emphasis onto the responsibilities of the government in coping with climate change, by making greenhouse gas emissions controls, and upgrading and transforming industrial structures as an important aspect of assessing the performance of local governments, in order to improve the government's environment, resources and energy responsibility system.

In addition, from the experience of the developed countries, compared to stricter control measures, economic instruments such as credits, investments, tax incentives, financial subsidies and government procurement can more effectively promote enterprise transformation, reduce the burden on enterprises and can promote the transformation of economic development. At present, China has begun to take relevant policy actions. Taking financial subsidies as an example, in 2013, China arranged 2.56 billion RMB of central budget funds to support the 438 energy-saving technological transformation and industrialization projects with an annual energy-saving capacity of 5.6 million tons of standard coal; and 372 million RMB of central budget funds to support 445 capacity-building projects of energy conservation supervision institutions; and arranged 1.844 billion RMB of central finance energy-saving incentive funds to support 272 financial incentives projects of energy-saving technological transformation with an annual energy-saving capacity of 6.42 million tons of standard coal; and about 280 million RMB of central financial incentive funds to support 443 contract energy management projects, achieving energy saving of about 1.16 million tons of standard coal.[17] Although relevant policy actions have already been implemented, China has not yet made clear provisions on the relevant economic incentive system in legislation. In the future, it is necessary to stipulate basic or comprehensive legislation and authorize the relevant departments to introduce corresponding regulations or policies and measures to ensure adequate public and private investment.

17 "The Action and Policy of China Addressing Climate Change 2011 Annual Report", available at http://www.gov.cn/jrzg/2011-11/22/content_2000047.htm (Last visited: Dec 23, 2016).

Die Rolle der Gerichte im Klimaschutz

Gerhard Schnedl

1. Einleitung

Seit Verabschiedung der Klimakonvention 1992 in Rio de Janeiro[1] wurden zahlreiche klimaschutzbezogene Rechtsvorschriften auf völkerrechtlicher, unionsrechtlicher und nationaler Ebene beschlossen. Gleichwohl steigen weltweit die Treibhausgasemissionen weiter an und die Folgen des Klimawandels – Überschwemmungen, Wirbelstürme, Hitzewellen oder Dürren – sind inzwischen real, auch in Österreich.[2] Wissenschaftlich erwiesen ist, dass die globale Erwärmung maßgeblich anthropogen verursacht ist, dh es ist der Mensch, der durch seine Lebensweise für den sog Treibhauseffekt verantwortlich zeichnet. Insofern ist es nicht verwunderlich, dass der Klimawandel längst auch Sache der Gerichte geworden ist. Vor allem sog „Klimaklagen" sind bzw werden zunehmend „modern", zwar (noch) nicht in Österreich, aber in den USA und in Asien, ja und auch bereits in Europa. „Klimaschutz per Gericht" entwickelt sich insofern immer mehr zu einem wichtigen Eckpfeiler im Kampf gegen Treibhausgase.[3] Grund genug, um näher auf die Rolle der

---

1 Rahmenübereinkommen der Vereinten Nationen über Klimaänderungen, BGBl 1994/414 idgF. Näher dazu vgl zB *Beyerlin*, Umweltvölkerrecht (2000) Rz 361 ff.

2 Umfassend dazu vgl *Umweltbundesamt*, Klimaschutzbericht 2016, REP-0582 (2016). Zum Klimaschutz aus naturwissenschaftlicher Sicht vgl auch den Beitrag von *Gottfried Kirchengast* in diesem Band.

3 Vgl dazu etwa *Darby*, Around the world in 5 climate change lawsuits, Climate Home 8. 7. 2015 (http://www.climatechangenews.com/2015/07/08/around-the-world-in-5-climate-change-law suits [20. 7. 2017]); *Reimer*, Klimaschutz per Gericht, klimaretter.info 16. 9. 2015 (http://www.klimaretter.info/politik/hintergrund/19609-klimaschutz-per-gericht [20. 7. 2017]); *Verheyen*, Der Klimawandel vor Gericht, Böll.Thema 3/2015: Die Wende ist machbar. Klimagipfel 2015, 28 f; *Lorenz-Meyer*, Rechtsanspruch auf Klimaschutz? Wiener Zeitung 14./15. Mai 2016, 36; *Kuenzi*, Klimaklage – neues Instrument der direkten Demokratie, swissinfo.ch 23. 8. 2016 (http://www.swissinfo.ch/direktedemokratie/kampf-der-klimaerwaermung_klimaklage---neues-instrument-der-direkten-demokratie/42392292 [20. 7. 2017]); *Altegör*, Die Zahl der Klima-Verfahren wird weiter steigen, Neue Energie 3. 11. 2016 (https://www.neueenergie.net/wissen/klima/die-zahl-der-klima-verfahren-wird-weiter-steigen [20. 7. 2017]; *Khan*, How climate change battles are increasingly being fought, and won, in court, The Guardian 8. 3. 2017 (Onlineausgabe: https://www.theguardian.com/environment/2017/mar/08/how-climate-change-battles-are-increasingly-being-fought-and-

Gerichte im Klimaschutz einzugehen. Beginnen möchte ich zunächst in Österreich und dabei den derzeitigen Stellenwert – den status quo – des Klimaschutzes in der Judikatur der österreichischen Gerichte darlegen. Gleiches erfolgt sodann auf Unionsebene für den Gerichtshof der Europäischen Union. In weiterer Folge werde ich die Bedeutung des Europäischen Gerichtshofs für Menschenrechte im Klimaschutz erörtern. Danach will ich einige zuvor angesprochene aktuelle „Klimaklagen", die doch für großes Aufsehen – mitunter auch in Österreich – gesorgt haben, vorstellen. Beenden werde ich meine Ausführungen mit einem Ausblick auf die künftige Rolle der Gerichte im Klimaschutz.

2. Klimaschutz durch Gerichte in Österreich

Der Klimaschutz spielte in der österreichischen Rechtsprechung bis Anfang 2017 keine oder nur eine sehr untergeordnete Rolle. So gibt es im Bereich der *Zivil- und Strafgerichte* (bis hinauf zum Obersten Gerichtshof) bis dato kein einziges Urteil, welches explizit auf den Klimaschutz bzw den Klimawandel Bezug nimmt. Auch die seit 1. 1. 2014 judizierenden *Verwaltungsgerichte* (konkret: das Bundesverwaltungsgericht und die neun Landesverwaltungsgerichte)[4] sowie deren Vorgänger, die *Unabhängigen Verwaltungssenate der Länder*, enthielten sich in ihren Erkenntnissen bis vor Kurzem weitestgehend expliziter Aussagen zum Klimaschutz. Immerhin konstatierte der UVS Tirol im Jahr 2011 ein öffentliches Interesse an der Vermeidung klimaschädlicher Treibhausgase.[5] Das LVwG Tirol hat in einem Erkenntnis

---

won-in-court [20. 7. 2017]; *Österreichische Akademie der Wissenschaften,* Klimaklagen auf dem Vormarsch (https://www.oeaw.ac.at/oesterreichische-akademie-der-wissenschaften/die-oeaw/article/klimaklagen-auf-dem-vormarsch [20. 7. 2017]; *Fuhr,* Neue Klimaklagen – ein globaler Überblick über Fälle und Trends, Heinrich Böll Stiftung 26. 5. 2017 (https://www.boell.de/de/2017/05/26/neue-klimaklagen-ein-globaler-ueberblick-ueber-faelle-und-trends [20. 7. 2017]; *Burtscher/Spitzer,* Klimawandel: ein Fall für die Gerichte, Die Presse 6. 11. 2017, 15.

Hinzuweisen ist in diesem Zusammenhang auch auf zwei jüngst erschienene umfassende Berichte zum Thema Klimaklagen: zum einen *Boom/Richards/Leonhard,* Climate Justice: The international momentum towards climate litigation (June 2016) – https://www.boell.de/sites/default/files/report-climate-justice-2016.pdf (20. 7. 2017); zum anderen *United Nations Environment Programme,* The Status of Climate Change Litigation: A Global Review (May 2017) – https://wedocs.unep.org/bitstream/handle/20.500.11822/20767/climate-change-litigation.pdf (20. 7. 2017).

Eine – aktuell gehaltene – Dokumentation aller klimarelevanter Gerichtsverfahren weltweit liefert das *Sabin Center for Climate Change Law* der Columbia Law School in New York City – http://climatecasechart.com/ (20. 7. 2017).

4 Vgl die Verwaltungsgerichtsbarkeits-Novelle 2012, BGBl I 2012/51.

5 UVS Tirol 24. 1. 2011, 2011/15/2676-3.

aus 2016 unter Bezugnahme auf die Jud des VwGH[6] darauf hingewiesen, dass an der Erhöhung des Anteils der Stromerzeugung aus erneuerbarer Energie und den damit verbundenen positiven Auswirkungen für den Klimaschutz ein langfristiges öffentliches Interesse bestehe.[7] Im Februar 2017 kam es zur großen Wende als das *BVwG* in einer aufsehenerregenden Entscheidung erstmals ein Projekt aus Gründen des Klimaschutzes untersagte und dabei grundlegende Feststellungen zum Klimawandel (in Österreich) traf. Das Erkenntnis des BVwG hielt der höchstgerichtlichen Kontrolle jedoch nicht stand, es wurde im Juni 2017 vom *VfGH* aufgehoben. Beide Erkenntnisse werden in der Folge kurz dargelegt. Eingegangen wird schließlich auch auf die Rolle des *VwGH* im Klimaschutz.

2.1. Klimaschutz und BVwG

Mit dem zuvor angesprochenen Erkenntnis des BVwG vom Februar 2017[8] hat dieses den Antrag der Flughafen Wien AG bzw des Landes NÖ zur Errichtung und zum Betrieb der geplanten *dritten Start- und Landebahn am Flughafen Wien-Schwechat* im Rahmen eines UVP-Verfahrens nach dem UVP-G 2000[9] ab-

6 VwGH 11. 8. 2015, 2012/10/0197.

7 LVwG Tirol 28. 6. 2016, 2016/41/0103-9.

8 BVwG 2. 2. 2017, W109 2000179-1 RdU 2017/104 (zust *Kirchengast/Madner/Schulev-Steindl/Steininger/Hollaus/Karl*) = ZVG-Slg 2017/50, 325. Das Erkenntnis löste sowohl Lob als auch – zum Teil sehr heftige – Kritik aus und hat für außergewöhnlich große mediale Aufmerksamkeit gesorgt, auch in Juristenkreisen. Vgl etwa „Linzer Umwelt-Juristin [*Erika Wagner*] sieht in Entscheidung ´wegweisendes Urteil´", Die Presse 10. 2. 2017 (Onlineausgabe: http://diepresse.com/home/wirtschaft/recht/5167899/Linzer-UmweltJuristin-sieht-in-Entscheidung-wegweisendes-Urteil?from=-suche.intern.portal [20. 7. 2017]); *Sander*, Neue Piste? Hier wertet ein Richter! Die Presse 13. 2. 2017 (Onlineausgabe: http://diepresse.com/home/recht/rechtallgemein/5168695/neue-Piste-Hier-wertet-ein-Richter [20. 7. 2017]); *Bußjäger*, Dritte Piste: Politik gab Entscheidungsmacht ab, Die Presse 19. 2. 2017 (Onlineausgabe: http://diepresse.com/home/recht/rechtallgemein/5172123/Dritte-Piste_Politik-gab-Entscheidungsmacht-ab [20. 7. 2017]); „Dritte Piste: `Keine Anmaßung des Gerichts`", Rechtspanorama am Juridicum, Die Presse 20. 3. 2017, 15. Siehe ferner folgende Entscheidungsanmerkungen: *Bergthaler*, Der CO2-k.o. oder: Die Schmerzgrenze des Umweltrechts, RdU-U&T 2017, 25 (Editorial); *Kerschner*, Es gibt auch Gutes, wenn man nichts tut! Zur „causa prima", RdU 2017, 45 (Editorial); *B. Raschauer*, Klimaschutz durch Richterspruch? ecolex 2017, 814. Hinzuweisen ist schließlich auf die Stellungnahme der Landesumweltanwälte – vgl *Donat/Hansmann/Kasper/Kostenzer/Lins/Pöllinger/Schnattinger/Wiener/Zechmeister/Krnt Naturschutzbeirat*, Stellungnahme zum Urteil des BVwG zur dritten Piste. Anmerkungen zum Ausgang der Interessenabwägung, RdU 2017, 104.

9 Bundesgesetz über die Prüfung der Umweltverträglichkeit (Umweltverträglichkeitsprüfungsgesetz 2000 – UVP-G 2000), BGBl 1993/697 idgF.

gewiesen.[10] Das BVwG hat nach detaillierter Prüfung und Abwägung der öffentlichen Interessen letztlich entschieden, dass das *öffentliche Interesse am Schutz vor den negativen Folgen des Klimawandels*, insb durch die hohe CO_2-Belastung, *höher zu bewerten sei als die positiven öffentlichen* (standortpolitischen und arbeitsmarktpolitischen) *Interessen an der Verwirklichung des Vorhabens* samt zusätzlichem Bedarf.[11] Das Gericht stützte seine Entscheidung auf den im konkreten UVP-Verfahren mitanzuwendenden *§ 71 Luftfahrtgesetz*,[12] wonach die Errichtung oder Erweiterung eines Flughafens nur dann bewilligt werden kann, wenn (ua) die Errichtung bzw Erweiterung im öffentlichen Interesse gelegen ist und sonstige öffentliche Interessen nicht entgegenstehen.

In seiner Begründung hielt das BVwG zunächst fest, dass die *Wertung öffentlicher Interessen* keinesfalls absolut sei, sondern dem Wandel der Zeit unterliege. Der *Klimawandel* ist nach Auffassung des Gerichts in der heutigen Zeit „eines der dringlichsten Probleme" überhaupt. Aus anerkannten Studien gehe seiner Meinung nach mit hoher Wahrscheinlichkeit hervor, „dass der Klimawandel in Österreich bereits seine Auswirkungen zeigt und in Zukunft bei fehlenden oder unzureichenden Gegenmaßnahmen gegen einen Anstieg an Treibhausgasen sich dieser weiter verstärken wird". Der Klimawandel habe laut BVwG „umfangreiche Folgen auf das gesamte Lebensgefüge mit negativen Auswirkungen auf Mensch, Tier- und Pflanzenwelt". *Österreich* sei seiner Meinung nach als Alpenstaat besonders vielfältig und

10 Das BVwG entscheidet gem § 40 Abs 1 UVP-G 2000 über Beschwerden gegen Entscheidungen nach diesem Bundesgesetz. Im konkreten Fall entschied es über Beschwerden (von Privatpersonen, Bürgerinitiativen und der Stadt Wien) gegen den UVP-Bescheid der NÖ LReg vom 10. 7. 2012, Zl RU4-U-302/301-2012, mit dem die Genehmigung des Vorhabens „Parallelpiste 11R/29L" gem § 17 UVP-G 2000 erteilt wurde.

11 Das BVwG begründete sein Recht auf (eigene) Interessenabwägung mit § 28 Abs 2 VwGVG. Danach haben die VwG dann in der Sache selbst zu entscheiden, wenn der maßgebende Sachverhalt feststeht oder seine Feststellung durch das VwG selbst im Interesse der Raschheit gelegen oder mit einer erheblichen Kostenersparnis verbunden ist. In diesen Fällen gehen nach hL und Jud (vgl etwa VwGH 26. 2. 2015, Ra 2014/22/0103; 1. 3. 2016, Ra 2015/11/0106; 26. 4. 2016, Ro 2015/03/0038) die Ermessensspielräume der Verwaltungsbehörden bzw allenfalls erforderliche Interessenabwägungen auf die VwG über. Zur reformatorischen Entscheidung der VwG nach § 28 Abs 2 VwGVG vgl etwa *Kolonovits/Muzak/Stöger*, Verwaltungsverfahrensrecht[10] (2014) Rz 827 ff; *Grabenwarter/Fister*, Verwaltungsverfahrensrecht und Verwaltungsgerichtsbarkeit[5] (2016) 247 ff. Kritisch zur diesbezüglichen Rechtslage *Vašek*, Die Kognitionsbefugnis der Verwaltungsgerichte bei behördlichen Ermessensentscheidungen. Gezeigt am Beispiel der Entscheidung zur „dritten Piste" des Flughafens Wien-Schwechat, JAP 2017/2018, 19; *Storr*, Überlegungen zu Abwägungen. Die Erkenntnisse des BVwG und des VfGH zur „dritten Piste" des Flughafens Wien, ÖZW 2017, 184 (190 f).

12 Im Rahmen eines UVP-Verfahrens findet gem § 3 Abs 3 UVP-G 2000 ein konzentriertes Genehmigungsverfahren mit umfassender Verfahrens- und Genehmigungskonzentration statt (sog „one-stop-shop-Prinzip"). Vgl dazu etwa *Schnedl*, Umweltrecht im Überblick[2] (2014) Rz 299.

drastisch von den Folgen des Klimawandels betroffen, „was zur Vernichtung von Vermögen und Arbeitsplätzen sowie zur Veränderung des Landschaftsbildes führen wird".[13] Durch den Klimawandel ist laut BVwG aber auch „mit schweren gesundheitlichen Schäden sowie mit einer Zunahme von hitzebedingten Todesfällen zu rechnen". Das öffentliche Interesse an der Verwirklichung des Vorhabens müsse daher nach Ansicht des BVwG hinter das öffentliche Interesse am Schutz vor den negativen Folgen des Klimawandels zurücktreten, zumal es durch den Bau und den Betrieb der dritten Flughafenpiste zu einem markanten Anstieg der Treibhausgasemissionen kommen würde. Konkret geht das BVwG von einer Zunahme der CO_2-Emissionen in Österreich in der Höhe von rund 2 % aus.

Das BVwG berücksichtigte in seiner Entscheidung zum einen den *hohen Stellenwert des Umwelt- und Klimaschutzes in der EU-Grundrechtecharta, in der österreichischen Bundesverfassung und in der NÖ Landesverfassung*. In die Interessenabwägung einbezogen hat das BVwG konkret *Art 37 GRC*.[14] Danach müssen ein hohes Umweltschutzniveau und die Verbesserung der Umweltqualität in die Politik der Union einbezogen werden. Umweltschutz iSd Art 37 leg cit definiert sich zudem am Grundsatz der nachhaltigen Entwicklung.[15] Bei der Auslegung des Begriffs des öffentlichen Interesses hat das BVwG ferner das *BVG Nachhaltigkeit*,[16] konkret einzelne darin enthaltene Staatszielbestimmungen angewendet.[17] Das genannte BVG enthält in seinem § 1 ein Bekenntnis zum Prinzip der Nachhaltigkeit[18] und in seinem § 3 ein Bekenntnis zum umfassenden Umweltschutz.[19] Als Auslegungsmaxime

13 Zu den gesamtwirtschaftlichen Folgekosten klimapolitischen Nicht-Handelns am Beispiel Österreich vgl den Beitrag von *Karl W. Steininger* in diesem Band.

14 ABl C 2016/202, 389.

15 Näher zu Art 37 GRC vgl Kapitel 3 „Klimaschutz durch den Gerichthof der Europäischen Union".

16 Bundesverfassungsgesetz über die Nachhaltigkeit, den Tierschutz, den umfassenden Umweltschutz, die Sicherstellung der Wasser- und Lebensmittelversorgung und die Forschung, BGBl I 2013/111. Näher dazu vgl etwa *Sander/Schlatter*, Das Bundesverfassungsgesetz über die Nachhaltigkeit, den Tierschutz, den umfassenden Umweltschutz, die Sicherstellung der Wasser- und Lebensmittelversorgung und die Forschung, in *Baumgartner* (Hrsg), Jahrbuch Öffentliches Recht 2014 (2014) 235 bzw *Schnedl*, Umweltrecht[2] Rz 135 ff.

17 Staatszielbestimmungen können zweifellos als Verankerung öffentlicher Interessen angesehen werden. So explizit *Sander/Schlatter* in *Baumgartner* (Hrsg), Jahrbuch Öffentliches Recht 2014, 238.

18 Das Prinzip der Nachhaltigkeit bezieht sich auf die Nutzung der natürlichen Ressourcen, um auch künftigen Generationen bestmögliche Lebensqualität zu gewährleisten. Siehe dazu auch *Lachmayer*, Der Schutz zukünftiger Generationen in Österreich. Möglichkeiten und Institutionalisierung, RdU 2016, 137.

19 Umfassender Umweltschutz wird in § 3 Abs 2 BVG Nachhaltigkeit definiert als „die Bewahrung der natürlichen Umwelt als Lebensgrundlage des Menschen vor schädlichen Einwirkungen". Er besteht insb „in Maßnahmen zur Reinhaltung der Luft, des Wassers und des Bodens sowie zur

herangezogen hat das BVwG schließlich *Art 4 Z 2 NÖ Landesverfassung 1979.*[20] Nach der genannten Verfassungsbestimmung kommt dem Umweltschutz und explizit auch dem Klimaschutz im Land Niederösterreich besondere Bedeutung zu.

Das BVwG bedachte in seinem Erkenntnis zum anderen die Österreich betreffenden *internationalen und nationalen Verpflichtungen zur Reduktion von Treibhausgasemissionen.* Bezug genommen hat das Gericht ua auf das *Kyoto-Protokoll,*[21] auf das *Pariser Klimaschutzübereinkommen 2015*[22] sowie auf die im österr *Klimaschutzgesetz*[23] festgelegten sektoralen Emissionshöchstmengen bis 2020.[24]

Das Erkenntnis des BVwG vom Februar 2017 lieferte ein deutliches Signal pro Klimaschutz. Nicht einmal 5 Monate später wurde es jedoch *vom VfGH aufgehoben* (zur Begründung vgl unten 2.3.). Das BVwG muss nun neuerlich über die Causa „Dritte Piste Flughafen Wien" entscheiden. Dem aufhebenden VfGH-Erkenntnis kommt dabei jedoch Bindungswirkung zu, dh das BVwG hat in der betreffenden Rechtssache gem § 87 Abs 2 VfGG den der Rechtsanschauung des VfGH entspre-

---

Vermeidung von Störungen durch Lärm". Nach der Jud des VwGH zum davor geltenden BVG Umweltschutz (BGBl 1984/491) handelt es sich bei den festgelegten Schutzobjekten um eine lediglich demonstrative Aufzählung (VwSlg 14.392/1996), sodass auch das Klima als Schutzobjekt des BVG Nachhaltigkeit angesehen werden kann. Hinzuweisen ist in diesem Zusammenhang darauf, dass noch ein Entwurf des BMLFUW vom 9. 6. 2008 zur Änderung des BVG Umweltschutz 1984 die Aufnahme des Klimaschutzes in die Definition des umfassenden Umweltschutzes explizit vorsah. Näher dazu vgl *Horvath,* Die geplante Neuordnung des Klimaschutzrechts. Die Änderungen laut Entwurf des BMLFUW im Überblick, RFG 2009, 39 (45).

20 LGBl 0001-21. Nunmehr Art 4 Z 3 NÖ Landesverfassung idF LGBl 2017/62.

21 Protokoll von Kyoto zum Rahmenübereinkommen der Vereinten Nationen über Klimaänderungen, BGBl III 2005/89. Das Protokoll verpflichtete die Industriestaaten, ihre gesamten Treibhausgasemissionen in der Periode 2008 bis 2012 weltweit um mindestens 5% (Österreich 13%; EU 8%) gegenüber dem Vergleichsjahr 1990 zu reduzieren. Es wurde auf der 2012 stattgefundenen 18. UN-Klimakonferenz in Doha bis 2020 verlängert. Die dabei vereinbarte Reduktion für die EU und ihre Mitgliedstaaten beträgt 20 % gegenüber 1990. Näher zum Kyoto-Protokoll bzw zu „Kyoto II" vgl etwa *Schnedl,* Umweltrecht² Rz 101; *Leidenmühler,* Umweltvölkerrecht, in *Hauer/Mayrhofer* (Hrsg), Umweltrecht² (2015) 39 ff.

22 BGBl III 2016/197. Ausführlich zum im Dezember 2015 verabschiedeten und am 4. 11. 2016 in Kraft getretenen Übereinkommen von Paris vgl den Beitrag von *Yvonne Karimi-Schmidt* in diesem Band.

23 Bundesgesetz zur Einhaltung von Höchstmengen von Treibhausgasemissionen zur Erarbeitung von wirksamen Maßnahmen zum Klimaschutz (Klimaschutzgesetz – KSG), BGBl I 2011/106 idgF. Ausführlich zum KSG vgl den Beitrag von *Teresa Habjan* in diesem Band.

24 Im Detail siehe Anlage 2 KSG. Aus dem KSG können freilich keine Emissionsreduktionsziele für den Luftverkehr abgeleitet werden, betrifft dieses doch nur Treibhausgasemissionen außerhalb des EU-Emissionshandels (zur Einbeziehung von Luftverkehrstätigkeiten in den ETS-Bereich vgl Kapitel 3). So auch *Kirchengast/Madner/Schulev-Steindl/Steininger/Hollaus/Karl,* Flughafen Wien: Untersagung der dritten Piste durch das BVwG, RdU 2017/104.

chenden Rechtszustand herzustellen. Eine zwingende Projektgenehmigung ist daraus allerdings nicht ableitbar.

2.2. Klimaschutz und VwGH

Der VwGH hat bislang nur einzelne Aussagen zum Klimaschutz getroffen. Er beachtet den Klimaschutz in erster Linie bei der *gesetzlichen Interessenabwägung* im *Naturschutzrecht*, aber auch im *Forstrecht* und zuletzt auch im *Gewässerschutzrecht*.[25] Interessenabwägung im *Naturschutzrecht* besagt im Wesentlichen, dass ein durch Auflagen nicht ausgleichbarer Eingriff in Natur und Landschaft dann zu bewilligen ist, wenn die mit dem Eingriff verbundenen öffentlichen Interessen die Interessen des Naturschutzes überwiegen.[26] Nach stRsp des VwGH[27] bestehe an der *Stromerzeugung aus erneuerbarer Energie* (konkret: Wasser- und Windkraftanlagen) und der daraus resultierenden positiven Auswirkungen für den Klimaschutz ein *langfristiges öffentliches Interesse*. Auch ein kleines Kraftwerk mit entsprechend geringerer Energieerzeugung führe für sich allein nicht zur Verneinung dieses öffentlichen Interesses. Ein solches wäre allerdings dann nicht gegeben, wenn die zu gewinnende Energie nicht in einem wirtschaftlich angemessenen Verhältnis zu den dafür eingesetzten Mitteln steht. Ferner unterstreicht der VwGH, dass am Klimaschutz und an Klimaschutzmaßnahmen ein *besonders wichtiges öffentliches Interesse* bestehe. Rechtfertigen lässt sich dies wohl – auch wenn der VwGH dies nicht explizit ausgesprochen hat – mit dem BVG Nachhaltigkeit,[28] welches ein Bekenntnis zum umfassenden Umwelt-

---

25 Allgemein dazu vgl *Pabel*, Interessenabwägung im österreichischen Umweltrecht, in *IUR/ÖWAV* (Hrsg), Jahrbuch des österreichischen und europäischen Umweltrechts 2012 (2012) 143; *Niederhuber*, Abwägungsentscheidungen im Naturschutz- und Forstrecht, in *IUR/ÖWAV* (Hrsg), Jahrbuch des österreichischen und europäischen Umweltrechts 2012 (2012) 163; *Lienbacher*, Abwägungsentscheidungen im öffentlichen Recht, in *Khakzadeh-Leiler/Schmid/Weber* (Hrsg), Interessenabwägung und Abwägungsentscheidungen (2014) 85; *Unterpertinger*, Das öffentliche Interesse an der Nutzung erneuerbarer Energieträger in der umweltrechtlichen Interessenabwägung, juristische Dissertation Universität Wien (2015).

26 Näher dazu vgl insb *Bußjäger*, Österreichisches Naturschutzrecht (2001) 138 f; *Bußjäger*, Modell(e) der Eingriffsregelung in Österreich, EurUP 2011, 272 (274 ff); *Köhler*, Naturschutzrecht[2] (2016) 39 ff.

27 Erstmals VwGH 13. 12. 2010, 2009/10/0020. Näher dazu siehe *Schulev-Steindl*, Neue Entwicklungen im öffentlichen Recht – Judikatur (einschließlich Entscheidungen des Umweltsenats), in *IUR/ÖWAV* (Hrsg), Jahrbuch des österreichischen und europäischen Umweltrechts 2012 (2012) 19 (30 f). Vgl ferner VwGH 14. 7. 2011, 2010/10/0011; 22. 10. 2013, 2010/10/0127; 27. 3. 2014, 2010/10/0182; 11. 8. 2015, 2012/10/0197. Siehe auch VwGH 25. 11. 2015, 2013/10/0134.

28 Vgl oben FN 16.

schutz enthält,[29] sowie mit expliziten Klimaschutzbekenntnissen einzelner Landesverfassungen.[30] Ungeachtet dessen vertritt der VwGH aber auch die Meinung, dass an Klimaschutzmaßnahmen jedenfalls *kein höheres öffentliches Interesse besteht als am Schutz von Natur und Landschaft*, dem Klimaschutz somit *kein Vorrang* gegenüber konkurrierenden ökologischen Belangen (Naturschutz, aber auch Waldschutz und Gewässerschutz) zukommt. Welchen der gegenbeteiligten öffentlichen Interessen der Vorzug gebührt, ist nach den Verhältnissen des *Einzelfalles* zu beurteilen. Entscheidend ist daher, welche Bedeutung die Verwirklichung der konkret beantragten Maßnahme für den Klimaschutz hat und wie gravierend die damit verbundenen Auswirkungen auf die naturschutzgesetzlich geschützten Rechtsgüter sind. Die Entscheidung, welche Interessen überwiegen, ist in der Regel eine *Wertentscheidung*, weil die konkurrierenden Interessen meist nicht monetär bewertbar und damit berechen- und vergleichbar sind.[31]

Die vom VwGH angestellten Überlegungen zur Interessenabwägung Klimaschutz versus Naturschutz gelten auch im Verhältnis *Klimaschutz und Waldschutz* (Forstschutz).[32] Hier kommt es zur Abwägung eines im Klimaschutz begründeten öffentlichen Interesses an einem Rodungsvorhaben (konkret: Errichtung eines Was-

29 Siehe oben FN 19.

30 Vgl Art 7a Abs 2 Z 2 Kärntner Landesverfassung, LGBl 1996/85 idgF („Maßnahmen, die eine Beeinträchtigung des Klimas herbeiführen sind [vom Land und den Gemeinden] zu vermeiden") bzw Art 7c leg cit = Art 7b idF LGBl 2017/25 („Das Land Kärnten bekennt sich zum Klimaschutz…"); Art 4 Z 3 NÖ Landesverfassung 1979, LGBl 0001-21 idF LGBl 2017/62 („[Bei der Gewährleistung der Lebensbedingungen der niederösterreichischen Bevölkerung] komm[t] … dem Klimaschutz … besondere Bedeutung zu" [vgl auch bereits oben FN 20]); Art 10 Abs 3 Oö Landes-Verfassungsgesetz, LGBl 1991/122 idgF („Das Land Oberösterreich bekennt sich zum Klimaschutz…"); Art 9 Sbg Landes-Verfassungsgesetz 1999, LGBl 1999/25 idgF (Aufgabe und Zielsetzung des staatlichen Handelns des Landes Salzburg ist insb „der Schutz des Klimas, insbesondere durch Maßnahmen zur Verminderung oder Vermeidung des Ausstoßes von klimarelevanten Gasen und zur Steigerung der Energieeffizienz sowie zur nachhaltigen Nutzung erneuerbarer Energien"); Art 7 Vbg Landesverfassung, LGBl 1999/9 idgF („Das Land [Vorarlberg] bekennt sich zum Klimaschutz …").

31 So explizit VwGH 16. 3. 2016, Ra 2014/10/0020. Eine auf einer Interessenabwägung beruhende Entscheidung ist nach dem genannten Erkenntnis dann ordnungsgemäß begründet, „wenn sie in qualitativer und quantitativer Hinsicht nachvollziehbare Feststellungen über jene Tatsachen enthält, von denen Art und Ausmaß der verletzten Interessen des Naturschutzes abhängen, über jene Auswirkungen des Vorhabens, in denen eine Verletzung dieser Interessen zu erblicken ist und über jene Tatsachen, die das langfristige öffentliche Interesse ausmachen, dessen Verwirklichung die beantragte Maßnahme dienen soll". Vgl auch *Köhler*, Naturschutzrecht[2], 45 bzw 47. Siehe dazu auch *Niederhuber* in *IUR/ÖWAV* (Hrsg), Jahrbuch des österreichischen und europäischen Umweltrechts 2012, 173 f.

32 Vgl VwGH 24. 2. 2011, 2009/10/0113. Näher dazu siehe *Schulev-Steindl* in *IUR/ÖWAV* (Hrsg), Jahrbuch des österreichischen und europäischen Umweltrechts 2012, 30.

serkraftwerks zur Erzeugung erneuerbarer Energie) mit dem öffentlichen Interesse an der Walderhaltung der betroffenen Flächen.[33]

Zum Spannungsverhältnis zwischen *Klimaschutz und Gewässerschutz* kann auf die höchst umstrittene causa rund um das (kleine) Wasserkraftwerk an der Schwarzen Sulm (Steiermark) hingewiesen werden. Der VwGH führt in seinem Erkenntnis vom Mai 2016 aus, dass die Errichtung des Wasserkraftwerks zwar eine Verschlechterung der Wasserqualität der Schwarzen Sulm bewirke, durch das übergeordnete öffentliche Interesse an sauberer Energiegewinnung aber gerechtfertigt und insofern gem § 104a Abs 2 WRG[34] bewilligungsfähig sei.[35] Die Wasserrechtsbehörde habe – so der VwGH – in ihrer Entscheidung letztlich eine ordnungsgemäße Interessenabwägung vorgenommen.[36] Auch wenn der Klimaschutz im Erkenntnis des VwGH nicht explizit angesprochen wird, ist das Kraftwerk an der Schwarzen Sulm letzten Endes aus Klimaschutzgründen (Schaffung erneuerbarer Energiequellen) als zulässig angesehen worden. In der Literatur[37] wurde dem genannten Erkenntnis bereits Signalcharakter dahingehend zugesprochen, dass sich Klima-

33 Vgl § 17 ForstG 1975, BGBl 1975/440 idgF.

34 Zu den Kriterien der Ausnahmegenehmigung gem § 104a Abs 2 WRG vgl etwa *Grassl*, Das Verschlechterungsverbot im Umweltrecht der EU. Umsetzung im österreichischen Recht und Vergleich der Situation in Deutschland (2013) 97 ff (insb 142 ff); *N. Raschauer*, Der Kriterienkatalog gem § 104a WRG – eine verfassungs- und verwaltungsrechtliche Analyse, in *IUR/IUTR* (Hrsg), Europäisches Klimaschutzrecht und erneuerbare Energien (2014) 123 (127 ff); *A. Wagner/Rössler*, Wasserkraftnutzung im Brennpunkt divergierender Interessen, in *IUR/IUTR* (Hrsg), Europäisches Klimaschutzrecht und erneuerbare Energien (2014) 137 (142 ff).

35 VwGH 24. 5. 2016, 2013/07/0227 RdU 2016/110 (*Schulev-Steindl*) = ZTR 2016, 161. Der VwGH bezieht sich im Erkenntnis auf ein entsprechendes Vertragsverletzungsverfahren der Europäischen Kommission gegen Österreich, welches mit einer Klagsabweisung endete, da nach Ansicht des EuGH die Genehmigung des Kraftwerks Schwarze Sulm unionsrechtskonform war (vgl EuGH 4. 5. 2016, C-346/14). Näher dazu vgl Kapitel 3. Zur Annahme eines öffentlichen Interesses an „CO2-freien" Wasserkraftwerken vgl zuvor bereits VwGH 28. 1. 2010, 2009/07/0038. Zur – gerade für Kleinkraftwerke bedeutenden – Auslegung des § 104a Abs 2 Z 2 WRG vgl VwGH 24. 11. 2016, Ro 2014/07/0101 ecolex 2017/78 (*Primosch*).

36 Nach stRsp des VwGH komme es in der rechtlichen Prüfung einer behördlichen Wertentscheidung und damit auch der behördlichen Abwägungsentscheidung nach § 104a Abs 2 WRG dem VwGH nicht zu, „seine Wertung an die Stelle der behördlichen zu setzen; er hat sich vielmehr auf die Prüfung der Frage zu beschränken, ob die zu prüfende Wertentscheidung vor dem Gesetz insoweit bestehen kann, als die bei der Wertentscheidung zu berücksichtigenden Argumente ausreichend erfasst und einander gegenübergestellt worden sind und als die Wertentscheidung als solche zu den für sie maßgebenden Gesetzesvorschriften in ihrer Gesamtschau nicht in Widerspruch steht". Vgl zB VwGH 30. 6. 2016, 2013/07/0271; 24. 11. 2016, Ro 2014/07/0101.

37 Vgl *Schwarzer*, In der Wurzel eins? Betrachtungen zum Verhältnis zwischen Umwelt- und Wirtschaftsrecht, ÖZW 2016, 46 (59).

schutzargumente gegenüber naturschutzfachlichen Konservierungsanliegen durchzusetzen beginnen, wenn die Interessenabwägung richtig vorgenommen wurde. Bei aller Euphorie für den Klimaschutz muss jedoch vor einer Vorrangstellung des Klimaschutzes gegenüber den klassischen ökologischen Erhaltungszielen des Umweltrechts gewarnt werden. Nur allzu leicht könnte das (Fern)ziel des nachhaltigen Klimaschutzes zur Legitimierung massiv umweltbeeinträchtigender Vorhaben missbraucht werden. Der Konflikt zwischen Natur- bzw Gewässerschutz auf der einen Seite und Klimaschutz auf der anderen Seite – gleichsam Umweltschutz auf beiden Seiten – muss letztlich durch *Abwägung im Einzelfall* aufgelöst werden.[38] Das VwGH-Erkenntnis zur Schwarzen Sulm hat daran jedenfalls nichts geändert.

Abseits der natur-, forst- und gewässerschutzrechtlichen Interessenabwägung gibt es wenig bedeutsame Aussagen des VwGH zum Klimaschutz. Zu erwähnen ist zunächst ein Erkenntnis aus 2011[39], in dem der VwGH unmissverständlich aussprach, dass aus dem *Kyoto-Protokoll*[40] nicht abgeleitet werden könne, dass Projekte, die eine gewisse Erhöhung der Emissionen von klimarelevanten Gasen bewirken, nicht zulässig wären (im anhängigen Verfahren ging es um ein Bundesstraßenprojekt). In anderen Erkenntnissen ging es um Fragen der *Eigentumsgefährdung von Nachbarn infolge klimatischer Veränderungen* in bergrechtlichen Verfahren nach dem MinroG.[41] Wesentliche Aussagen zum Klimaschutz lassen sich aus diesen Erkenntnissen allerdings nicht ableiten, zumal es den Nachbarn laut VwGH nicht gelungen sei, die Frage der Auswirkungen klimatischer Veränderungen auf ihr Eigentum hinreichend zu präzisieren. So hätten die Nachbarn im Rahmen der Geltendmachung einer Eigentumsgefährdung nicht bloß eine Eigentumsberührung dartun dürfen. Sie hätten vielmehr vorbringen müssen, dass ihr Eigentum über eine bloße Minderung des Verkehrswertes hinaus in seiner Substanz bedroht ist, wozu auch der Verlust der Verwertbarkeit zählt.[42]

2.3. Klimaschutz und VfGH

Aussagen des VfGH zum Klimaschutz bzw zum Klimawandel waren bis vor kurzem Mangelware. Dies änderte sich mit dem einleitend erwähnten Erkenntnis des VfGH vom Juni 2017[43], mit dem dieser die im Februar 2017 getroffene negative

---

38 Vgl dazu auch *Gärditz*, Ökologische Binnenkonflikte im Klimaschutzrecht, DVBl 2010, 214.

39 VwGH 24. 8. 2011, 2010/06/0002.

40 Vgl oben FN 21.

41 Vgl VwGH 30. 6. 2004, 2002/04/0027; 26. 9. 2012, 2008/04/0118; 25. 3. 2014, 2013/04/0165.

42 § 116 Abs 6 MinroG entspricht insofern Art 75 Abs 1 GewO.

43 VfGH 29. 6. 2017, E 875/2017, E 886/2017 RdU 2017/180 (krit *Kirchengast/Madner/Schulev-Steindl/*

Entscheidung des BVwG zum *Bau der dritten Piste auf dem Flughafen Wien* (siehe oben 2.1.) wegen *Verstoßes gegen den Gleichheitssatz* (Art 7 B-VG; Art 2 StGG) *aufgehoben* hat. Laut VfGH habe das BVwG ua den *Klimaschutz in einer verfassungswidrigen Weise in seine Interessenabwägung einbezogen* und insgesamt die Rechtslage in mehrfacher Hinsicht grob verkannt. Ein solches gehäuftes Verkennen der Rechtslage belaste das BVwG-Erkenntnis mit Willkür, es verletze die Parteien daher im verfassungsgesetzlich gewährleisteten Recht auf Gleichheit aller Staatsbürger vor dem Gesetz.[44]

Anders als das BVwG steht der VfGH auf dem Standpunkt, dass die in *§ 71 Abs 1 lit d Luftfahrtgesetz* genannten *„sonstigen öffentlichen Interessen"*, die in die luftfahrtrechtliche Interessenabwägung einzubeziehen sind, *aus dem Luftfahrtgesetz selbst ableitbar* sein müssen.[45] Da der *Umwelt- bzw Klimaschutz* kein öffentliches Interesse des geltenden Luftfahrtgesetzes darstelle, *dürfe* dieser daher *nicht in die Interessenabwägung miteinbezogen werden*. Der Umwelt- bzw Klimaschutz könne laut VfGH auch nicht über das *BVG Nachhaltigkeit* bzw das darin verankerte Bekennt-

---

Hollaus/Karl) = ZVG-Slg 2017/51, 335 = ecolex 2017, 1120 = wbl 2017, 723 = ÖJZ 2017/153, 1103 = ZTR 2017, 137. Zustimmend *Schmelz*, Der VfGH zur dritten Piste – Klimaschutz im Widerspruch zu Rechtsstaat und Demokratie? ZVG 2017, 288; *Huber*, Interessenabwägung im LFG. Zu den Genehmigungskriterien für Flugpisten, ZVR 2017, 325. Kritisch *Wagner*, Was bislang geschah: Staatszieldebatte/VfGH hebt Urteil Dritte Piste auf, RdU 2017, 149; *Wagner*, Die Judikatur zur „3. Piste" – Vom Senkrechtstart zur Bruchlandung in Sachen Klimaschutz, ZVG 2017, 282; *Madner/Schulev-Steindl*, Dritte Piste – Klimaschutz als Willkür? Anmerkungen zu VfGH 29.06.2017, E 875/2017, E 886/2017, ZÖR 2017, 589; *Kerschner*, VfGH 3. Piste und juristische Methode: Verfassungskonforme Auslegung verfassungswidrig? RdU 2017, 190; *Balthasar*, Zu kurz gegriffen. Besprechung VfGH 29.06.2017, E 875/2017, E 886/2017, ZÖR 2017, 577; *Merli*, Ein seltsamer Fall von Willkür: Die VfGH-Entscheidung zur dritten Piste des Flughafens Wien, wbl 2017, 682; *Hollaus*, Austrian Constitutional Court: Considering Climate Change as a Public Interest is Arbitrary – Refusal of Third Runway Permit Annulled, ICL Journal 2017, 467; *Storr*, Überlegungen zu Abwägungen. Die Erkenntnisse des BVwG und des VfGH zur „dritten Piste" des Flughafens Wien, ÖZW 2017, 184. Zur Relevanz der VfGH-Entscheidung für andere Großprojekte, insb für Projekte zum Ausbau erneuerbarer Energie vgl *Niederhuber*, Dritte-Piste-Entscheidung zeigt: Es gilt das Gesetz, Der Standard 5. 9. 2017 (Onlineausgabe: http://derstandard.at/2000063534424/Dritte-Piste-Entscheidung-zeigt-Es-gilt-das-Gesetz [12. 9. 2017]).

44 Statt vieler *Mayer/Kucsko-Stadlmayer/Stöger*, Grundriss des österreichischen Bundesverfassungsrechts[11] (2015) Rz 1369 ff mit entsprechenden Judikaturnachweisen. Hätte der VfGH kein gehäuftes Verkennen der Rechtslage und damit keine willkürliche Entscheidung des BVwG festgestellt, hätte er die Beschwerde an den VwGH zur Feinprüfung abtreten müssen (Art 144 Abs 3 B-VG). Kritisch zur Aufhebung des BVwG-Erkenntnisses wegen Willkür *Wagner*, RdU 2017, 151; *Madner/Schulev-Steindl*, ZÖR 2017, 594 f bzw 599; *Kerschner*, RdU 2017, 191, 193 bzw 195; *Balthasar*, ZÖR 2017, 578 ff; *Huber*, ZVR 2017, 328; *Merli*, wbl 2017, 684; *Kirchengast et al*, RdU 2017/180, 257 bzw 260; *Storr*, ÖZW 2017, 186 f bzw 190.

45 Der VfGH stützt sich dabei auf die Rsp des VwGH, konkret auf VwSlg 7.913 A/1970.

nis Österreichs zum umfassenden Umweltschutz (§ 3 leg cit) in die luftfahrtrechtliche Interessenabwägung miteinbezogen werden. Nicht unerwähnt bleiben soll in diesem Zusammenhang jedoch, dass der VfGH in einem Erkenntnis aus 2001[46] explizit ausgesprochen hat, dass der Umweltschutz aufgrund des BVG Umweltschutz (nunmehr BVG Nachhaltigkeit) zu den „sonstigen öffentlichen Interessen" iSd § 3 Abs 1 Hochleistungsstreckengesetz (HlG)[47] zähle. Auch der VwGH hat in einem 1991 getroffenen Erkenntnis zum Luftfahrtgesetz (!)[48] festgehalten, dass der Umweltschutz zu den öffentlichen Interessen iSd § 9 Abs 2 Luftfahrtgesetz[49] zähle und dabei ebenfalls auf das damals geltende BVG Umweltschutz abgestellt. Diese beiden höchstgerichtlichen Entscheidungen bieten einen Ansatz dafür, *dass verfassungsgesetzlich festgelegte öffentliche Interessen, wie der Umwelt- bzw Klimaschutz, bei allen einfachgesetzlich normierten Interessenabwägungen mitberücksichtigt werden müssen.* Dies deshalb, weil alle staatlichen Rechtsakte, einschließlich Verwaltungsakte und Gerichtsentscheidungen, auch an die Verfassung gebunden sind. Freilich wäre aus dem BVG Nachhaltigkeit *kein absoluter Vorrang von Umwelt- bzw Klimaschutzinteressen* gegenüber anderen, der Verwaltung obliegenden Entscheidungsdeterminanten ableitbar. Dies hat der VfGH im Flughafen-Erkenntnis unter Bezugnahme auf das 2001 ergangene Erkenntnis zu § 3 HlG[50] auch explizit ausgesprochen.

Bedauerlicherweise geht der VfGH im 3. Piste-Erkenntnis nicht von der zuvor dargelegten Sichtweise aus.[51] Dem BVG Nachhaltigkeit komme hier laut VfGH lediglich insofern Bedeutung zu, als die im Luftfahrtgesetz genannten öffentlichen Interessen im Lichte dieser Staatszielbestimmung *auszulegen* sind, sofern sie einen Bezug zum Umweltschutz aufweisen.[52] Gleichermaßen ist der umfassende Um-

46 Vgl VfSlg 16.242/2001.

47 § 3 HlG regelt die Trassengenehmigung einer Eisenbahn-Hochleistungsstrecke.

48 VwGH 3. 7. 1991, 91/03/0064. Vgl auch VwGH 17. 6. 1998, 96/03/0332.

49 § 9 Abs 2 Luftfahrtgesetz regelt die Bewilligungspflicht von Außenlandungen und Außenabflügen.

50 Vgl FN 46.

51 So auch *Wagner*, ZVG 2017, 283 bzw 285 f; *Wagner*, RdU 2017, 150 f; *Madner/Schulev-Steindl*, VfGH interpretiert Klimaschutz entschlossen weg, Die Presse 3. 7. 2017, 16; *Madner/Schulev-Steindl*, ZÖR 2017, 597; *Kirchengast et al*, RdU 2017/180, 258 f; *Storr*, ÖZW 2017, 188 ff. AA *Bergthaler*, Vom Auslegen und Unterlegen oder: Anleitung zum Verständnis von Missverständnissen, RdU-U&T 2017, 55 (Editorial); *Schmelz*, ZVG 2017, 289 f; *Huber*, ZVR 2017, 327 f.

52 Einen Bezug zum Umweltschutz weisen etwa die im Luftfahrtgesetz explizit genannten öffentlichen Interessen „Schutz der Allgemeinheit" (vgl §§ 92, 96 und 124) und „Hintanhaltung von Gefährdungen von Leben, Gesundheit und Eigentum" (§ 133) auf. So auch *Meyer*, Das VfGH-Urteil zur 3. Piste – ein Schuss übers Ziel hinaus, Wiener Zeitung 6. 7. 2017 (Onlineausgabe: http://www.wienerzeitung.at/meinungen/gastkommentare/902903_Das-VfGH-Urteil-zur-dritten-Piste-ein-Schuss-uebers-Ziel-hinaus.html [20. 7. 2017]); *Madner/Schulev-Steindl*, ZÖR 2017, 597; *Kerschner*, RdU 2017, 191; *Merli*, wbl 2017, 684; *Kirchengast et al*, RdU 2017/180, 258. Es obliegt nunmehr

weltschutz bei der luftfahrtrechtlichen Interessenabwägung miteinzubeziehen, *ohne dass er jedoch ein eigenständiges öffentliches Interesse wäre*. Die hier vertretene Ansicht des VfGH steht im klaren *Widerspruch* zu mehreren *Lehrmeinungen*. So vertritt etwa *Marko* die Auffassung, dass die Staatszielbestimmung zum umfassenden Umweltschutz für die Verwaltung – Gleiches hat wohl auch für die (Verwaltungs) Gerichtsbarkeit zu gelten – *unmittelbar anzuwenden* sei, und zwar als Interpretationsmaßstab im Bereich der Gebundenheit und als Abwägungsgebot für den Bereich des Ermessens.[53] Nichts anderes kann für eine Interessenabwägung gelten, wird der Vollziehung hier – wie bei einer Ermessensentscheidung – doch ein gewisser Spielraum für ihre Entscheidung eingeräumt.[54] Auch nach *Gutknecht* komme für die Verwaltung ein *direkter* Rückgriff auf das Staatsziel Umweltschutz im Rahmen der vom Gesetzgeber eröffneten autonomen Entscheidungsspielräume in Betracht.[55] Der verfassungsrechtlich verankerte Umweltschutzgesichtspunkt verpflichte ihrer Meinung nach die Vollziehung zu einer Berücksichtigung bei Abwägungsvorgängen im Bereich der Ermessensausübung sowie bei Planungsentscheidungen.[56] Ähnlich argumentiert schließlich *Karl Weber*, der auf Grund des strengen Legalitätsprinzips der Bundesverfassung einen *direkten Rückgriff* der Verwaltung auf das Staatsziel Umweltschutz *in der Regel* zwar nicht zulässt, Staatsziele für die Vollziehung aber dort für *beachtlich* hält, wo die strenge Legalitätsbindung durchbrochen bzw gelockert ist, wie bei Ermessensentscheidungen, bei der Auslegung unbestimmter Gesetzesbegriffe und bei der Anwendung von Normen mit finaler Rechtsstruktur. Wörtlich heißt es sodann: „Ein allenfalls zu berücksichtigendes \`öffentliches Interesse\` muss daher den umfassenden Umweltschutz gebührend berücksichtigen".[57]

---

dem BVwG, die genannten öffentlichen Interessen im Lichte des BVG Nachhaltigkeit auszulegen. Selbstverständlich kann das BVwG dabei den Klimaschutz entsprechend würdigen.

53 Vgl *Marko*, Umweltschutz als Staatsziel, ÖJZ 1986, 289 (293).

54 Vgl *Pabel* in *IUR/ÖWAV* (Hrsg), Jahrbuch des österreichischen und europäischen Umweltrechts 2012, 145; *Lienbacher* in *Khakzadeh-Leiler/Schmid/Weber* (Hrsg), Interessenabwägung und Abwägungsentscheidungen 98. Zur Abgrenzung von Interessenabwägungen und Ermessensentscheidungen vgl jüngst *Fuchs*, Interessenabwägung, Ermessen, dritte Piste Flughafen Wien. Anmerkungen zu VfGH 29.06.2017, E 875/2017, E 886/2017 und BVwG 02.02.2017, W109 2000179-1/291E, ÖZW 2017, 192.

55 *Gutknecht*, BVG Umwelt, in *Korinek/Holoubek et al* (Hrsg), Österreichisches Bundesverfassungsrecht Rz 29 (1999; Archivordner).

56 *Gutknecht* in *Korinek/Holoubek et al* (Hrsg), Bundesverfassungsrecht Rz 11 bzw 30. Bezug nehmend darauf auch *Sander/Schlatter* in *Baumgartner* (Hrsg), Jahrbuch Öffentliches Recht 2014, 238.

57 Vgl *Weber*, Grundrecht auf Umweltschutz, in *Heißl* (Hrsg), Handbuch Menschenrechte (2009) 496 (499 f).

Eine deutliche Absage erteilte der VfGH im Flughafen-Erkenntnis auch der Heranziehung der in *Art 4 Z 2 NÖ Landesverfassung* (nunmehr Art 4 Z 3 leg cit – vgl oben FN 20 und 30) normierten *Staatszielbestimmung Klimaschutz* durch das BVwG. Der VfGH begründet dies damit, dass der NÖ Landesverfassungsgesetzgeber das Staatsziel Klimaschutz explizit nur auf *„seinen Wirkungsbereich"* beziehe. Daraus zieht er den Schluss, dass das Staatsziel Klimaschutz (so wie auch alle anderen Staatszielbestimmungen in Landesverfassungen der Bundesländer) nur *im selbständigen Wirkungsbereich der Länder gem Art 15 B-VG* Wirkung entfalte und demnach für die Auslegung des Luftfahrtgesetzes des Bundes nicht herangezogen werden könne. Dem kann entgegengehalten werden, dass Adressaten von Staatszielen Organe der Gesetzgebung und der Vollziehung sind, Landes-Staatszielbestimmungen daher für die Gesetzgebung und Vollziehung des jeweiligen Landes zu beachten sind.[58] *Landesvollziehung* ergibt sich aber nicht nur aus *Art 15 B-VG*, sondern auch aus *Art 11 und 12 B-VG*. Da das Projekt „3. Flughafenpiste" *UVP-pflichtig* ist, fällt dessen Genehmigung gem *Art 11 Abs 1 Z 7 B-VG* iVm Art 39 Abs 1 UVP-G 2000 in den Vollziehungsbereich der Länder. Das Luftfahrtgesetz wurde daher von der NÖ LReg als UVP-Behörde im Rahmen eines konzentrierten Genehmigungsverfahrens mit umfassender Genehmigungskonzentration im selbständigen Wirkungsbereich des Landes vollzogen. Gleiches gilt für das BVwG, welches gem § 40 Abs 1 UVP-G 2000 über Beschwerden gegen UVP-Bescheide entscheidet. Konsequenterweise hätte daher auch das BVwG für die im Rahmen einer UVP vorzunehmende Auslegung des Luftfahrtgesetzes die Staatszielbestimmung Klimaschutz der NÖ Landesverfassung heranziehen dürfen. Der VfGH ist in seinem Erkenntnis auf all diese Fragen nicht näher eingegangen.[59]

Offengelassen hat der VfGH im Erkenntnis zur 3. Piste die Anwendbarkeit von *Art 37 GRC*. Er begründete dies damit, dass dieser Bestimmung der EU-Grundrechtecharta im konkreten Fall ohnehin „kein über das BVG Nachhaltigkeit hinausgehender Inhalt beizumessen" sei.

Neben der seines Erachtens verfassungswidrigen Einbeziehung des Klimaschutzes in die Interessenabwägung hat der VfGH im Flughafen-Erkenntnis *weitere Vollzugsfehler des BVwG* aufgezeigt, die an dieser Stelle – ohne nähere Erörterung – kurz dargetan werden sollen. Zum einen habe das BVwG laut VfGH die mit dem Projekt verbundenen *CO_2-Emissionen fehlerhaft berechnet*, da es nicht nur die

58 So auch *Gamper*, Allgemeine Bestimmungen des Landesverfassungsrechts, in *Pürgy* (Hrsg), Das Recht der Länder, Bd I (2012) 61 (71).

59 Kritisch dazu auch *Madner/Schulev-Steindl*, Die Presse 3. 7. 2017, 16; *Madner/Schulev-Steindl*, ZÖR 2017, 598; *Kirchengast et al*, RdU 2017/180, 259.

während Start und Landung erfolgten Emissionen (LTO-Emissionen) einrechnete, sondern jene während des gesamten Fluges (sog „Cruise-Emissionen"). Zum anderen habe sich das BVwG hinsichtlich der Auswirkungen der Emissionen *fälschlich auch auf internationale Abkommen und Rechtsgrundlagen berufen, die es in diesem Fall nicht hätte heranziehen dürfen*. So erzeugen das Kyoto-Protokoll und das Übereinkommen von Paris nur eine völkerrechtliche Verpflichtung Österreichs und seien innerstaatlich nicht unmittelbar anwendbar. Das vom BVwG herangezogene Klimaschutzgesetz (KSG) sei auf den Luftverkehr genauso wenig anwendbar wie das Emissionszertifikategesetz (EZG) auf Flugplätze. Auch auf *nicht-normative Akte* (zB Ministerratsbeschlüsse, Entschließungen des Nationalrats etc) hätte sich das BVwG bei der durchgeführten Interessenabwägung nicht stützen dürfen.

Abschließend möchte ich festhalten, dass es der VfGH im Erkenntnis zur 3. Piste verabsäumt hat, dem Klimaschutz den ihm gebührenden Stellenwert einzuräumen, zumal die Folgen des Klimawandels unübersehbar sind. Muss wirklich jedes Materiengesetz den Klimaschutz ausdrücklich als öffentliches Interesse normieren, obwohl – so der VfGH in einer anderen Entscheidung[60] – ein erhebliches, durch das BVG Umweltschutz (nunmehr BVG Nachhaltigkeit) verfassungsrechtlich verfestigtes öffentliches Interesse am Umweltschutz besteht? Der einfache Gesetzgeber (!) hätte es auf diese Weise in der Hand, das verfassungsrechtlich festgelegte Bekenntnis der Republik Österreich zum Umwelt- bzw Klimaschutz zu konterkarieren[61] (entspricht das dem Stufenbau der Rechtsordnung?), wiewohl natürlich auch der einfache Gesetzgeber an Staatszielbestimmungen gebunden ist. Die rechtliche Steuerungskraft von Staatszielbestimmungen gegenüber der Legislative ist freilich als gering einzustufen.[62]

Abgesehen vom „Dritte-Piste-Erkenntnis" ist lediglich auf zwei zum *EZG*[63] ergangene klimarelevante VfGH-Entscheidungen hinzuweisen. Zum einen bezeichnete er das Ordnungssystem des Emissionszertifikatehandels lediglich als Teil einer umfassenden Klimastrategie, die darüber hinaus weitere Maßnahmen erfordert.[64] Zum anderen stellte er klar, dass es dem Gesetzgeber frei stehe, das Recht, die Luft unentgeltlich mit Schadstoffen zu belasten, zu beschränken und auf ein bestimmtes – grundrechtskonformes – verhältnismäßiges Maß zu reduzieren. Dabei billigt er

---

60 VfSlg 13.102/1992.

61 Ähnlich *Madner/Schulev-Steindl*, ZÖR 2017, 597. In diesem Sinne auch *Kerschner*, RdU 2017, 190, der davon spricht, dass „der einfache Gesetzgeber das verfassungsrechtliche Gebot des umfassenden (!) und nachhaltigen Umweltschutzes völlig aushebeln oder obsolet machen" könnte.

62 Vgl *Schnedl*, Umweltrecht[2] Rz 136.

63 Bundesgesetz über ein System für den Handel mit Treibhausgasemissionszertifikaten (Emissionszertifikategesetz 2011 – EZG 2011), BGBl I 2011/118 idgF.

64 Vgl VfSlg 19.415/2011.

dem Gesetzgeber im Zusammenhang mit Klimaschutzanforderungen einen weiten umweltpolitischen Gestaltungsspielraum zu.[65]

Andere Aussagen zum Klimaschutz wurden vom VfGH bislang nicht getroffen, insb wurde nicht darüber abgesprochen, ob ein effektiver Klimaschutz durch diverse *Grundrechte* garantiert wird. Das österreichische Verfassungsrecht enthält zwar kein explizites Grundrecht auf Umweltschutz bzw Klimaschutz, allerdings können einzelne EMRK-Grundrechte doch auch vor Umweltbeeinträchtigungen schützen. Darauf werde ich in Kapitel 4 näher eingehen.

3. Klimaschutz durch den Gerichtshof der Europäischen Union

Sowohl in der EuG- als auch in der EuGH-Rechtsprechung finden sich nur wenige spezifische Aussagen zum Klimaschutz bzw zum Klimawandel. So wie der VwGH beachtet auch der EuGH den Klimaschutz im Rahmen der *natur- bzw gewässerschutzrechtlichen Interessenabwägung*. Im Zentrum steht auch hier die *Nutzung erneuerbarer Energieträger*. Während bei Windkraftanlagen die Interessen des Klimaschutzes mit jenen des Naturschutzes konkurrieren, sind bei Wasserkraftwerken die Interessen des Klimaschutzes und des Gewässerschutzes gegeneinander abzuwägen. Zum *Zielkonflikt zwischen Natur- und Klimaschutz* kann auf ein EuGH-Erkenntnis aus 2011 verwiesen werden.[66] Der Entscheidung lag ein Rechtsstreit über die Weigerung der Genehmigung zur Errichtung einer *Windenergieanlage im italienischen Nationalpark Alta Murgia*, der zum europäischen Natura-2000-Netz gehört, zugrunde. Der EuGH kam dabei zum Ergebnis, dass auch ein generelles (uneingeschränktes) nationales Verbot der Windkraft in Natura-2000-Gebieten ohne vorherige Prüfung der ökologischen Auswirkungen des Projekts im Einzelfall (Verträglichkeitsprüfung nach der FFH-RL)[67] als Schutzverstärkungsmaßnahme iSd Art 193 AEUV mit dem Unionsrecht vereinbar sei. Zum Verhältnis zwischen Klimaschutz und Naturschutz führte er aus, dass der AEUV (konkret: Art 194 Abs 1 leg cit) per se weder einen absoluten Vorrang des Klimaschutzes noch des Naturschutzes begründet. Im Konfliktfall ist vielmehr im Wege einer Interessenabwägung ein *sinnvoller Ausgleich beider Ziele* herbeizuführen.

---

65 Vgl VfSlg 19.157/2010.

66 Vgl EuGH 21. 7. 2011, C-2/10, *Azienda Agro-Zootecnica Franchini und Eolica di Altamura* RdU 2012/46 (*Volgger*). Siehe ferner *Madner*, Neue Entwicklungen im Europarecht, in *IUR/ÖWAV* (Hrsg), Jahrbuch des österreichischen und europäischen Umweltrechts 2012 (2012) 1 (12 f).

67 Sog Naturverträglichkeitsprüfung gem Art 6 Abs 3 und 4 der Richtlinie 92/43/EWG zur Erhaltung der natürlichen Lebensräume sowie der wildlebenden Tiere und Pflanzen („Fauna-Flora-Habitat-RL"), ABl L 1992/206, 7 idgF.

Der *Zielkonflikt zwischen Gewässer- und Klimaschutz* war Gegenstand des zuvor (vgl oben Kapitel 2.2.) bereits angesprochenen Vertragsverletzungsverfahrens der Europäischen Kommission gegen Österreich im Streit um den *Kraftwerksbau an der Schwarzen Sulm*.[68] Der EuGH hob in seiner Entscheidung die hohe Priorität der Förderung erneuerbarer Energiequellen im Dienste des Klimaschutzes, ua zur Beschleunigung der Erreichung der Zielvorgaben des Kyoto-Protokolls, hervor.[69] Der Bau eines Wasserkraftwerks könne seiner Meinung nach daher jedenfalls in einem überwiegenden öffentlichen Interesse liegen. Widerlegt hat der Gerichtshof die Meinung der Kommission, dass Eingriffe in die Beschaffenheit eines Gewässers durch Kleinwasserkraftwerke in Anbetracht der begrenzten Stromproduktion a priori nicht zugelassen werden dürfen. Letztlich sah der EuGH das zwar dem Gewässerschutz zuwiderlaufende jedoch klimafreundliche Kleinwasserkraftwerk „Schwarze Sulm" als vereinbar mit dem Unionsrecht (konkret: mit dem Verschlechterungsverbot der Wasserrahmen-RL[70]) an, da der LH der Stmk die Vorteile und negativen Auswirkungen des geplanten Kraftwerks in nachvollziehbarer und schlüssiger Weise gegeneinander abgewogen habe.[71] Der Gerichtshof räumte bei der Interessenabwägung im Einzelfall den Mitgliedstaaten „ein gewisses Ermessen" ein, letztlich wird den nationalen Wasserrechtsbehörden dabei ein nicht unerheblicher Beurteilungsspielraum zugestanden. Eine tiefgreifende inhaltliche Überprüfung der behördlichen Entscheidung nahm der EuGH hingegen nicht vor. Insofern finden sich im genannten Erkenntnis auch keine grundlegenden Aussagen zum Verhältnis zwischen Klima- und Gewässerschutz bzw zum Klimaschutz im Allgemeinen.

---

68 EuGH 4. 5. 2016, C-346/14, *Kommission/Österreich* RdU 2016/109 (*Rockenschaub*) = EuZW 2016, 498 (*Schütte*) = NVwZ 2016, 1161 (*Reinhardt*) = DVBl 2016, 909 (*B. Stüer/E. Stüer*) = ZTR 2016, 154. Vgl ferner *Berger/Bergthaler*, Schwarze Sulm und weißes Wasser – recht rockig! RdU-U&T 2016, 77; *Eisenberger/Hofmann/Bayer*, EuGH und VwGH beenden die 17-jährige Odyssee durch die Stromschnellen von WRG und WRRL. Das Kraftwerk (KW) Schwarze Sulm ist wasserrechtlich zulässig, RdU-U&T 2016, 122; *Berger*, Die Ausnahme vom Verschlechterungsverbot im Wasserrecht am Beispiel der „Schwarzen Sulm", ÖZW 2016, 106; *Schamschula/Schabhüttl/Weichsel-Goby*, Der EuGH als *Aiolos*: Bringt er frischen Wind in den Fall Schwarze Sulm? Warum das steirische Kleinwasserkraftwerk noch länger die Gerichte beschäftigen könnte (und sollte), RdU 2016, 230; *N. Wieser*, Schwarze Sulm: Quelle für Systemfragen im Wasserrecht, ZfV 2017, 176; *Faßbender*, Die wasserrechtliche Ausnahmeprüfung nach dem EuGH-Urteil zur Schwarzen Sulm, NuR 2017, 433.

69 Er stützt sich dabei auf Art 194 Abs 1 AEUV.

70 Richtlinie 2000/60/EG zur Schaffung eines Ordnungsrahmens für Maßnahmen der Gemeinschaft im Bereich der Wasserpolitik, ABl L 2000/327, 1 idgF. Zur Auslegung des wasserrechtlichen Verschlechterungsverbots (Art 4 Abs 1 Wasserrahmen-RL) vgl EuGH 1. 7. 2015, C-461/13, *Bund für Umwelt und Naturschutz Deutschland* (sog Weser-Urteil) RdU 2015/109 (*Weiß*) = ÖJZ 2015/117 (*Berger/Pelzl*) = NVwZ 2015, 1041 (*Reinhardt*) = ZUR 2015, 546.

71 Zur Ausnahmeregelung vom Verschlechterungsverbot vgl Art 4 Abs 7 Wasserrahmen-RL.

Abseits der natur- bzw gewässerschutzrechtlichen Interessenabwägung möchte ich auf zwei weitere klimarelevante Erkenntnisse des EuGH hinweisen. Zum einen ist dies eine Entscheidung aus 2011,[72] mit der der EuGH die ab 1. 1. 2012 vorgesehene *Einbeziehung ausländischer Fluglinien in das EU-Handelssystem mit Treibhausgasemissionszertifikaten*[73] – das (nach wie vor) zentrale Instrument der Klimapolitik in der EU[74] – als völkerrechtskonform und damit als gültig ansah. Demnach müssen alle Luftverkehrsunternehmen – auch von Drittländern – für ihre Flüge mit Abflug von oder Ankunft auf europäischen Flughäfen Emissionszertifikate erwerben und abgeben. Das Erkenntnis kann letztlich als deutliches Signal zu einem Mehr an Klimaschutz im Flugverkehr gesehen werden. Trotz der Niederlage amerikanischer und kanadischer Fluggesellschaften vor dem EuGH war der Druck vieler Nicht-EU-Staaten auf die EU dann aber doch so groß, dass diese die Einbeziehung internationaler Flüge und von Flügen von und nach bestimmten Gebieten in äußerster Randlage der EU bis Ende 2016 ausgesetzt hat.[75] Nachdem sich die Internationale Zivilluftfahrtorganisation (ICAO) im Oktober 2016 darauf geeinigt hat, die Emissionen aus dem internationalen Luftverkehr zu stabilisieren, will die EU auch nach 2016 den Anwendungsbereich des EU-Emissionshandelssystems weiterhin auf EWR-interne Flüge einschränken und das Handelssystem mit Treibhausgasemissionszertifikaten einer neuen Bewertung und Überarbeitung für die Zeit nach 2020 unterziehen.[76]

---

72 Vgl EuGH 21. 12. 2011, C-366/10, *Air Transport Association of Amerika ua* RdU 2012/106 (*Stadlmeier*). Zum Erkenntnis siehe auch *Athen*, „Hinterm Horizont geht`s weiter!“ Einbeziehung des Luftverkehrs in den Handel mit Treibhausgasemissionszertifikaten, EuZW 2012, 337.

73 Richtlinie 2008/101/EG zur Änderung der Richtlinie 2003/87/EG zwecks Einbeziehung des Luftverkehrs in das System für den Handel mit Treibhausgasemissionszertifikaten in der Gemeinschaft, ABl L 2009/8, 3.

74 So etwa *Epiney*, Instrumente und Optionen im europäischen Klimaschutzrecht, in *IUR/IUTR* (Hrsg), Europäisches Klimaschutzrecht und erneuerbare Energien (2014) 1 (13); *Kreuter-Kirchhof*, Klimaschutz durch Emissionshandel? Die jüngste Reform des europäischen Emissionshandelssystems, EuZW 2017, 412 (413). Näher zum Emissionshandel als Flaggschiff des Europäischen Klimaschutzrechts vgl den gleichnamigen Beitrag von *Stephan Schwarzer/Martin Niederhuber* in diesem Band.

75 Vgl zunächst den Beschluss 377/2013/EU über die vorübergehende Abweichung von der Richtlinie 2003/87/EG über ein System für den Handel mit Treibhausgasemissionszertifikaten in der Gemeinschaft, ABl L 2013/113, 1 bzw in weiterer Folge die Verordnung (EU) 421/2014 zur Änderung der Richtlinie 2003/87/EG über ein System für den Handel mit Treibhausgasemissionszertifikaten in der Gemeinschaft zur Umsetzung bis 2020 eines internationalen Übereinkommens über die Anwendung eines einheitlichen globalen marktbasierten Mechanismus auf Emissionen des internationalen Luftverkehrs, ABl 2014/129, 1.

76 Vgl den Vorschlag für eine Verordnung des Europäischen Parlaments und des Rates zur Änderung der Richtlinie 2003/87/EG zur Aufrechterhaltung der derzeitigen Einschränkung ihrer Anwen-

Erwähnen möchte ich zuletzt das *„Ålands Vindkraft"-Urteil* des EuGH aus 2014.[77] Für den Gerichtshof stelle eine rein nationale *Ökostromförderung* zwar eine zumindest potenzielle Behinderung von Stromeinfuhren aus anderen Mitgliedstaaten und damit eine Beschränkung des freien Warenverkehrs iSd Art 34 AEUV dar, diese sei jedoch durch das im Allgemeininteresse liegende Ziel der Förderung erneuerbarer Energien gerechtfertigt.[78] Die Nutzung erneuerbarer Energiequellen zur Stromerzeugung diene laut EuGH dem Umweltschutz,[79] da sie zur Verringerung der Emissionen von Treibhausgasen beiträgt. Diese zählen nach Ansicht des Gerichtshofs zu den Hauptursachen der Klimaänderungen, zu deren Bekämpfung sich die EU und ihre Mitgliedstaaten verpflichtet haben.[80] Der Klimaschutz vermag insofern auch Eingriffe in die dem Europäischen Binnenmarkt zugrundeliegenden EU-Grundfreiheiten zu rechtfertigen.

Keine Aussagen liefert der EuGH zur Frage, ob ein effektiver Klimaschutz durch diverse *Grundrechte der EU-Grundrechtecharta* garantiert wird. Zwar enthält diese kein „echtes" Grundrecht des Einzelnen auf Umweltschutz, – Art 37 GRC, der eine spezifische Gewährleistung des Umweltschutzes enthält,[81] stellt lediglich einen Grundsatz iSd Art 52 Abs 5 GRC dar[82] – einzelne Grundrechte (zB Art 2 [Recht auf

---

dung auf Luftverkehrstätigkeiten und zur Vorbereitung der Umsetzung eines globalen marktbasierten Mechanismus ab 2021, COM(2017) 54 final. Siehe auch Pressemitteilung Europäische Kommission 3. 2. 2017 (http://europa.eu/rapid/press-release_IP-17-189_de.htm [20. 7. 2017]).

77 Vgl EuGH 1. 7. 2014, C-573/12, *Ålands Vindkraft* ÖJZ 2014/130 (*Lehofer*) = ZTR 2015, 29 (*De Bruyn*). Zum Erkenntnis siehe ua *Brudl*, Wie das Ålands Vindkraft-Urteil im Gewande des Umwelt- und Gesundheitsschutzes national orientierte Erneuerbaren-Fördersysteme aus der Schusslinie bringt, ÖZW 2015, 73; *Dralle*, Die Vereinbarkeit von Fördermaßnahmen für erneuerbare Energien in Deutschland mit dem Europarecht im Lichte der aktuellen Rechtsprechung des EuGH, in *Rensmann/Storr* (Hrsg), Die Energiewende im rechtlichen Mehrebenensystem. Regionale, nationale und internationale Herausforderungen (2015) 67. Hingewiesen sei auch auf die im Wesentlichen gleich gelagerte Entscheidung des EuGH vom 11. 9. 2014, C-204/12 bis C-208/12, *Essent Belgium* wbl 2015/31.

78 Zu diesen sog „zwingenden Erfordernissen des Allgemeininteresses" iSd „Cassis de Dijon"-Rsp des EuGH (20. 2. 1979, C-120/78, *Rewe/Bundesmonopolverwaltung für Branntwein*) vgl zB *Klamert*, EU-Recht (2015) Rz 441 ff bzw 453 ff.

79 Der Umweltschutz zählt seit dem sog *„Dänischen Pfandflaschen-Urteil"* des EuGH (20. 9. 1988, C-302/86, *Kommission/Dänemark*) explizit zu den sog „zwingenden Erfordernissen des Allgemeininteresses".

80 Die Entscheidung *„Ålands Vindkraft"* folgt damit dem *„PreussenElektra"*-Urteil vom 13. 3. 2001, C-379/98.

81 Vgl oben Kapitel 2.1.

82 Vgl zB *Madner* in *Holoubek/Lienbacher* (Hrsg), GRC-Kommentar (2014) Art 37 Rz 10 f bzw 26 ff; *Schröder*, Einige Bemerkungen zum Umweltschutzartikel in der Grundrechtecharta der Europäischen Union, EurUP 2015, 225 (226 f).

Leben], Art 3 [Recht auf Unversehrtheit], Art 7 [Achtung des Privat- und Familienlebens] oder Art 17 [Eigentumsrecht]) besitzen aber doch das Potential für einen menschenrechtlichen Umweltschutz.[83] Da die genannten Grundrechte der GRC Grundrechten der EMRK entsprechen, haben sie gem Art 52 Abs 3 GRC die gleiche Bedeutung und Reichweite, wie sie ihnen in der EMRK verliehen wird. Für die Auslegung der entsprechenden EU-Grundrechte ist daher die Rsp des EGMR maßgeblich.[84] Diese soll nunmehr, bezogen auf den Umwelt- und Klimaschutz, kurz dargelegt werden.

4. Klimaschutz durch den Europäischen Gerichtshof für Menschenrechte

In der bisherigen Rechtsprechung des EGMR gibt es noch keine expliziten Aussagen zum Klimaschutz bzw zum Klimawandel. Dennoch möchte ich einen kurzen Blick auf die *umweltrelevante Judikatur des Gerichtshofs* werfen,[85] um auszuloten, ob sich der Klimaschutz im Menschenrechtssystem der EMRK[86] festmachen lässt.

Anzumerken ist zunächst, dass die EMRK – so wie das sonstige österreichische Verfassungsrecht und die EU-Grundrechtecharta – *kein ausdrückliches Grundrecht auf Umweltschutz* kennt.[87] Der EGMR hat die EMRK im Laufe der Jahre allerdings

83 Siehe auch *Nowak* in *Heselhaus/Nowak* (Hrsg), Handbuch der Europäischen Grundrechte (2006) § 60 Rz 44; *Bungenberg* in *Grabenwarter* (Hrsg), Europäischer Grundrechteschutz (2014) § 17 Rz 123 ff; *Winkler* in *Stern/Sachs* (Hrsg), GRCh (2016) Art 37 Rz 7; *Braig*, Reichweite und Grenzen der aus der Europäischen Menschenrechtskonvention abgeleiteten umweltrechtlichen Schutzpflichten in der Europäischen Union, NuR 2017, 100 (101).

84 Vgl etwa *Madner* in *Holoubek/Lienbacher* (Hrsg), GRC-Kommentar (2014) Art 52 Rz 34.

85 Näher dazu aus jüngerer Zeit vgl etwa *Braig*, Umweltschutz durch die Europäische Menschenrechtskonvention (2013); *Schnedl*, Grundrechtsschutz gegenüber Umweltbeeinträchtigungen in der Rechtsprechung des Europäischen Gerichtshofs für Menschenrechte. Altes und Neues zu Art. 8 EMRK, in *Hauser/Thomasser* (Hrsg), Bildung, Wissenschaft, Politik. Instrumente zur Gestaltung der Gesellschaft, FS Brünner (2014) 647; *Prickartz*, Man muss mit den Riemen rudern, die man hat: Umweltschutz als Menschenrecht vor dem Europäischen Gerichtshof für Menschenrechte, NLMR 2015, 385.

86 Österreich trat der Europäischen Menschenrechtskonvention 1958 bei (BGBl 1958/210), 1964 wurde sie durch den Verfassungsgesetzgeber rückwirkend in Verfassungsrang gehoben (BGBl 1964/59). Die EMRK ist nach der Jud des VfGH in ihren grundrechtlichen Bestimmungen unmittelbar anwendbar (VfSlg 5.102/1965), sodass die Konventionsrechte (einschließlich der Rechte der ratifizierten Zusatzprotokolle) als verfassungsgesetzlich gewährleistete Rechte iSd Art 144 B-VG gelten.

87 So auch die stRsp des EGMR, zB EGMR 12. 5. 2009, 18215/06, *Greenpeace e. V. ua/Deutschland* NLMR 2009, 176 = NVwZ 2011, 93; 20. 9. 2011, 25002/09, *Frankowski ua/Polen* NVwZ 2012, 1387.

erheblich fortentwickelt. Er sieht die Konvention als sog „lebendiges Instrument“,[88] die im Lichte der aktuellen Lebensbedingungen, dh der jetzigen Verhältnisse und Bedürfnisse, zu interpretieren ist.[89] Auf diese Weise hat er die bestehenden Grundrechte für die Beurteilung des Schutzes des Menschen vor unzumutbaren Umweltbeeinträchtigungen herangezogen, diese also quasi ökologisch interpretiert.[90] Als *„umweltrelevante Konventionsrechte“*[91] erwiesen sich in der mittlerweile doch recht umfangreichen Rsp des EGMR insb das *Recht auf Leben* (Art 2 EMRK), das *Verbot der unmenschlichen oder erniedrigenden Behandlung* (Art 3 EMRK), das *Recht auf Achtung des Eigentums* (Art 1 1. ZPEMRK) und das *Recht auf Achtung des Privat- und Familienlebens und der Wohnung* (Art 8 EMRK). Letzteres kann als zentrale Umweltschutznorm der EMRK angesehen werden. So umfasst der Schutz des Privatlebens auch die körperliche Unversehrtheit einer Person[92] und zum Schutz der Wohnung gehört auch ein Recht auf deren ungestörte Nutzung.[93] Vom Schutzbereich des Art 8 EMRK umfasst sind nach der Jud des EGMR daher auch schwerwiegende Umweltbeeinträchtigungen, die die Gesundheit des Einzelnen beeinträchtigen,[94] die erhebliche Unannehmlichkeiten verursachen[95] oder die zu einer gravierenden Verschlechterung der Lebensqualität einer Person führen.[96] Das Recht auf Leben (Art 2 EMRK) zieht der EGMR hingegen nur in Fällen schwerer Umweltbeeinträchtigungen mit Todesfolge bzw unmittelbarer Lebensgefahr heran.[97] Art 3

---

88 Vgl etwa EGMR 25. 4. 1978, 5856/72, *Tyrer/Vereinigtes Königreich*; 12. 11. 2008, 34503/97, *Demir und Baykara/Türkei*.

89 So etwa auch *Meyer-Ladewig*, Das Umweltrecht in der Rechtsprechung des Europäischen Gerichtshofs für Menschenrechte, NVwZ 2007, 25 (26).

90 Vgl auch *Heselhaus/Marauhn*, Straßburger Springprozession zum Schutz der Umwelt. Ökologische Menschenrechte nach den Hatton-Entscheidungen des Europäischen Gerichtshofs für Menschenrechte, EuGRZ 2005, 549.

91 Vgl zB *Kley-Struller*, Der Schutz der Umwelt durch die Europäische Menschenrechtskonvention, EuGRZ 1995, 507 (511 ff); *Braig*, NuR 2017, 101 f.

92 Vgl etwa *Grabenwarter/Pabel*, Europäische Menschenrechtskonvention[6] (2016) § 22 Rz 7.

93 So EGMR 22. 11. 2011, 24202/19, *Zammit Maempel/Malta* NLMR 2011, 357.

94 Vgl etwa EGMR 10. 11. 2004, 46117/99, *Taskin ua/Türkei* NLMR 2004, 283 uva.

95 Vgl etwa EGMR 9. 12. 1994, 16798/90, *López Ostra/Spanien* EuGRZ 1995, 530 = ÖJZ 1995, 347; 8. 7. 2003 (GK), 36022/97, *Hatton ua/Vereinigtes Königreich* NLMR 2003, 193 = RdU 2004, 110 (*Painz*) = EuGRZ 2005, 584 = ÖJZ 2005/642.

96 ZB EGMR 27. 1. 2009, 67021/01, *Tatar/Rumänien* NLMR 2009, 28 = RdU 2009, 132; 7. 4. 2009, 6586/03, *Branduse/Rumänien* NLMR 2009, 97; 10. 1. 2012, 30765/08, *Di Sarno ua/Italien* NLMR 2012, 5 = NVwZ 2013, 415.

97 Vgl etwa EGMR 30. 11. 2004, 48939/99, *Öneryildiz/Türkei* NLMR 2004, 296; 20. 3. 2008, 15339/02, *Budayeva/Russland* NLMR 2008, 73 = RdU 2008, 131 (*Wagner*); 28. 2. 2012, 17423/05, *Kolyadenko/Russland* NVwZ 2013, 993; 24. 7. 2014, 60908/11, *Brincat ua/Malta* NLMR 2014, 277; 17. 11. 2015, 14350/05, *Özel ua/Türkei*. Näher dazu siehe auch *Schnedl* in *Hauser/Thomasser* (Hrsg), FS Brünner 649 f.

EMRK und Art 1 1. ZPEMRK besitzen in der umweltrelevanten Jud des EGMR lediglich geringe Bedeutung.[98]

Die genannten EMRK-Grundrechte gewährleisten freilich nur eine *indirekte (mittelbare) Umweltschutzgarantie*, da ein Grundrechtsschutz nur dort besteht, wo Grundrechtspositionen von Menschen berührt sind (anthropozentrische Konzeption der EMRK).[99] Allgemeine Umweltverschlechterungen können nicht durchgesetzt werden.[100] Die EMRK lässt insofern keine actio popularis im Namen der Gemeinnützigkeit zu.[101] Umweltbeeinträchtigungen können nach stRsp des EGMR daher nur dann eine Grundrechtsverletzung darstellen, wenn diese über eine allgemeine Beeinträchtigung hinausgehen und einen schädlichen Einfluss auf das Leben, das Eigentum oder das Privat- und Familienleben eines Beschwerdeführers haben.[102] Unter bestimmten, wenngleich äußerst restriktiven Voraussetzungen, werden nach der Jud des EGMR auch *potenzielle Umweltbeeinträchtigungen* als Grundrechtseingriff gewertet.[103] Dabei muss die Wahrscheinlichkeit einer Umweltbeeinträchtigung vorhersehbar und schwerwiegender Natur sein und außerdem zu irreparablen Schäden führen können, abstrakte Gefahrensituationen, wie der bloße Verdacht, die Vermutung oder die bloße Befürchtung einer Umweltbeeinträchtigung, sind demgegenüber nicht ausreichend. Der EGMR trägt damit dem *Vorsorgeprinzip*[104] Rechnung,[105] dessen Reichweite und Grenzen in der Jud allerdings noch nicht eindeutig auszumachen sind.[106]

Die *Schutzdimension* der EMRK-Grundrechte ist umfassend. Gerade die Art 2 und 8 EMRK (aber auch Art 1 1. ZPEMRK) werden in der Jud des EGMR nicht bloß als staatsgerichtete *Abwehrrechte* angesehen (Schutz des Einzelnen vor willkür-

---

98 Näher dazu vgl *Schnedl* in *Hauser/Thomasser* (Hrsg), FS Brünner 649 f mwN.

99 So auch *Rest*, Europäischer Menschenrechtsschutz als Katalysator für ein verbessertes Umweltrecht, NuR 1997, 209 (211); *Möller*, Verfahrensdimensionen materieller Garantien der Europäischen Menschenrechtskonvention (2005) 249.

100 Vgl etwa EGMR 22. 5. 2003, 41666/98, *Kyrtatos/Griechenland* NLMR 2003, 190. Näher dazu siehe *Braig*, Umweltschutz 61 f.

101 Vgl etwa EGMR 10. 1. 2012, 30765/08, *Di Sarno/Italien* NLMR 2012, 5 = NVwZ 2013, 415. Näher dazu siehe *Braig*, Umweltschutz 161 ff; *Prickartz*, NLMR 2015, 388.

102 Vgl auch EGMR 2. 12. 2010, 12853/03, *Atanasov/Bulgarien* NLMR 2010, 676. Näher dazu siehe *Braig*, Umweltschutz 134 ff.

103 Vgl etwa EGMR 4. 12. 1995, 28044/95, *Tauira ua/Frankreich;* 29. 6. 1999, 29197/95, *Bernad ua/Luxemburg*. Näher dazu siehe *Braig*, Umweltschutz 25 ff bzw *Schnedl* in *Hauser/Thomasser* (Hrsg), FS Brünner 659 f.

104 Zum Vorsorgeprinzip als eines der leitenden Prinzipien der Umweltpolitik bzw des Umweltrechts vgl etwa *Schnedl*, Umweltrecht[2] Rz 75 ff.

105 Explizit Bezug nimmt der EGMR auf das Vorsorgeprinzip erstmals 2009, vgl EGMR 27. 1. 2009, 67021/01, *Tatar/Rumänien* NLMR 2004, 283. Näher dazu siehe *Braig*, Umweltschutz 101 ff bzw 193 ff.

106 So auch *Braig*, Umweltschutz 215.

lichen Eingriffen des Staates), aus ihnen werden vielmehr auch *positive Schutzpflichten* (grundrechtliche Gewährleistungspflichten) der Staaten abgeleitet.[107] Der Staat hat den Einzelnen daher auch *aktiv* vor schwerwiegenden Umweltbeeinträchtigungen durch Dritte (Private) zu schützen, zB durch Erlassung entsprechender Rechtsvorschriften oder durch einen wirksamen Vollzug bestehender Umweltschutzregelungen. Der EGMR räumt den Staaten bei Ausübung ihrer positiven Schutzpflichten jedoch einen sehr weiten *Ermessensspielraum* ein.[108] Dieser ist bei Eigentumsbeeinträchtigungen größer als bei Lebensgefährdungen.[109]

Nach diesem kurzen Blick auf die umweltrelevante Jud des EGMR kann die eingangs gestellte Frage, ob sich der *Klimaschutz im Menschenrechtssystem der EMRK* festmachen lässt, meiner Meinung nach eindeutig mit „Ja" beantwortet werden. Als Umweltbeeinträchtigungen, die einen Eingriff in den Schutzbereich der Art 2 und 8 EMRK (allenfalls auch Art 1 1. ZPEMRK) darstellen können, wurden vom EGMR neben Lärm- und sonstiger schwerer Immissionsbeeinträchtigungen nämlich auch *Umwelt- und Naturkatastrophen* angesehen.[110] Der Klimawandel kann per se zwar nicht als Katastrophe bezeichnet werden,[111] er hat in den letzten Jahrzehnten jedoch eine Reihe von Naturkatastrophen (Überschwemmungen, Erdrutsche, Stürme, Hitzewellen, Dürren etc) massiv verstärkt bzw überhaupt erst ausgelöst. Die globale Erwärmung ist insofern in hohem Maße (mit)verantwortlich (ursächlich) für das Auftreten zahlreicher Umweltkatastrophen.

---

107 Explizit angesprochen ist die staatliche Schutzpflicht in Art 1 EMRK, wonach sich die Konventionsstaaten zur Zusicherung (Garantie) der in der EMRK niedergelegten Rechte und Freiheiten verpflichten. Vgl dazu etwa *Öhlinger/Eberhard*, Verfassungsrecht[11] (2016) Rz 694 ff.

108 Vgl zB *Grabenwarter/Pabel*, Europäische Menschenrechtskonvention[6] § 19 Rz 4, § 20 Rz 18 bzw § 22 Rz 61 mit entsprechenden Judikaturnachweisen. Zur Schutzdimension des Art 8 EMRK in Bezug auf Umweltbeeinträchtigungen vgl *Schnedl* in *Hauser/Thomasser* (Hrsg), FS Brünner 657 ff. Umfassend zur Doktrin der positiven Schutzpflichten als Grundlage für den Umweltschutz siehe *Braig*, Umweltschutz 201 ff bzw *Braig*, NuR 2017, 102 ff.

109 Vgl zB EGMR 15. 5. 2012, 20701/09, *Hadzhiyska/Bulgarien*. Näher dazu siehe *Braig*, Umweltschutz 174 f.

110 Vgl EGMR 20. 3. 2008, 15339/02, *Budayeva/Russland* (siehe auch FN 97), Erdrutsch (Schlammlawine); 28. 2. 2012, 17423/05, *Kolyadenko/Russland* (siehe auch FN 97), Überschwemmung; 17. 11. 2015, *Özel ua/Türkei* (siehe auch FN 97), Erdbeben. Vgl dazu auch *Berka*, Die menschenrechtliche Verantwortung des Staates für den Schutz vor Katastrophen, in *Giese/Holzinger/Jabloner* (Hrsg), Verwaltung im demokratischen Rechtsstaat, FS Stolzlechner (2013) 57 (61 ff) bzw *Polzer*, Staatliche Handlungspflichten bei Naturkatastrophen und Menschenrechte, juristische Diplomarbeit Universität Graz (2014) 28 ff.

111 Zum Begriff „Katastrophe" vgl zuletzt *Müllner*, Rechtliche Rahmenbedingungen der Katastrophenbekämpfung (2016) 5 ff bzw *Kloepfer*, Zur Vermeidung von Naturkatastrophen durch Recht, DVBl 2017, 141 (141 f). Siehe ferner *Kloepfer*, Klimaschutzrecht als Katastrophenprävention, in *Hebeler/Hendler/Proelß/Reiff* (Hrsg), Jahrbuch des Umwelt- und Technikrechts 2013 (2013) 7 (24 ff).

Der EGMR hat sich unter gewissen Voraussetzungen auch bei Umwelt- und Naturkatastrophen für eine *staatliche Schutzpflicht* ausgesprochen, die im Sinne des Vorsorgeprinzips auch *präventiv* auszugestalten ist. Bereits vor dem Eintritt einer Naturkatastrophe besteht die Schutzpflicht dann, wenn sich Lebens-, Gesundheits- bzw Eigentumsgefährdungen bereits verdichtet und konkretisiert haben (diese also mit einer gewissen Wahrscheinlichkeit drohen) und der Staat erkennen konnte, dass eine solche Gefährdung vorliegt (diese also vorhersehbar ist).[112] Zudem ist die staatliche Schutzpflicht weitreichender, wenn die Gefahr direkt durch den *Menschen* verursacht wird.[113] Der Staat ist nach all dem verpflichtet, seine Bürger so gut wie möglich vor Naturkatastrophen und damit auch vor den Folgen des (vom Menschen verursachten) Klimawandels zu schützen.

Auf Basis der EMRK müsste vom Staat nach all dem sehr wohl eine wirksame bzw wirksamere Klimapolitik verlangt werden können.[114] Ein grundrechtlicher Anspruch auf einen ambitionierteren staatlichen Klimaschutz wäre von den einzelnen Bürgern letztlich beim EGMR, aber auch beim VfGH (die EMRK hat in Österreich Verfassungsrang) und beim EuGH (die umweltrelevanten Grundrechte der GRC entsprechen den durch die EMRK garantierten Rechten,[115] sie haben daher gem Art 52 Abs 3 GRC dieselbe Bedeutung und Tragweite, wie sie ihnen in der EMRK verliehen wird)[116] durchzusetzen.[117] Probleme ergeben sich dabei freilich aus der *Justiziabilität legislativer staatlicher Schutzpflichten*.[118] So werden Grundrechtsverletzungen vom EGMR regelmäßig am Maßstab des *Verhältnismäßigkeitsgrundsatzes* geprüft (Prüfung der Eignung, Erforderlichkeit und Adäquanz). In der letztlich durchzuführenden Interessenabwägung ist nach stRsp ein *„fairer Ausgleich konkurrierender Interessen"* (hier: Klimaschutz versus wirtschaftliches Wohl eines Landes)[119] herzustellen. Der EGMR räumt den Staaten dabei jedoch einen weiten

---

112 Vgl dazu auch *Berka* in *Giese/Holzinger/Jabloner* (Hrsg), FS Stolzlechner 64; *Grabenwarter/Pabel*, Europäische Menschenrechtskonvention[6] § 20 Rz 19; *Bähr/Brunner*, Ist das Schweizer Klimaziel verfassungskonform? Aktuelle juristische Praxis (AJP) 2016, 1219 (1223 ff).

113 So explizit EGMR 15. 5. 2012, 20701/09, *Hadzhiyska/Bulgarien* (siehe auch FN 109).

114 Skeptisch *Prickartz*, NLMR 2015, 387 ff.

115 Art 2 GRC entspricht Art 2 EMRK (Recht auf Leben), Art 7 GRC entspricht Art 8 EMRK (Achtung des Privat- und Familienlebens) und Art 17 GRC entspricht Art 1 1. ZPEMRK (Eigentumsrecht). Zu den umweltrelevanten Grundrechten der GRC vgl bereits oben Kapitel 3.

116 Zu Art 52 Abs 3 GRC vgl zB *Krämer* in *Stern/Sachs* (Hrsg), GRCh (2016).

117 Nicht näher ausgeführt werden im Rahmen dieser Abhandlung die konkreten Klagsmöglichkeiten für einen stärkeren staatlichen Klimaschutz bei den genannten Gerichten.

118 Vgl dazu ua *Berka*, Verfassungsrecht[6] (2016) Rz 1221 ff; *Öhlinger/Eberhard*, Verfassungsrecht[11] Rz 697.

119 Vgl Art 8 Abs 2 EMRK. Zur Bewertung des wirtschaftlichen Wohls eines Landes in Relation zu

Ermessens- bzw Beurteilungsspielraum ein, der in Umweltbelangen besonders groß ausfällt.[120] Stets betont er seine diesbezüglich lediglich subsidiäre Rolle in umweltpolitischen Fragen. Damit kommen letztlich nur *exzessive Fälle einer gesetzgeberischen Untätigkeit* als Grundrechtsverletzung in Betracht.[121] Zu überlegen wäre nunmehr, ob die von den Staaten bzw von einzelnen Staaten bislang ergriffenen Klimaschutzmaßnahmen angesichts der kontinuierlich fortschreitenden und wissenschaftlich erwiesenen Erderwärmung so *eindeutig und offenkundig unzureichend* sind, dass bereits von einer das Maß überschreitenden gesetzgeberischen Untätigkeit und damit von einer grundrechtswidrigen Klimapolitik gesprochen werden kann.[122] Zu überlegen wäre meiner Meinung nach aber auch, *den weiten staatlichen Ermessensspielraum in Umweltbelangen für globale Umweltbeeinträchtigungen wie den Klimawandel zu begrenzen.* Dies wäre insofern gerechtfertigt, als globale Umweltprobleme nur durch das Zusammenwirken aller Staaten bewältigt werden können. Das kann allerdings nur dann zum gewünschten Erfolg führen, wenn der Gestaltungsspielraum der einzelnen Staaten zugunsten der Erreichung des Gesamtziels Klimaschutz eingeschränkt wird. Einzelstaatliche Interessen haben hier gegenüber globalen Interessen zurückzustehen.

Umweltinteressen durch den EGMR vgl etwa *Braig*, Umweltschutz 244 ff bzw *Schnedl* in *Hauser/Thomasser* (Hrsg), FS Brünner 663 ff.

120 Vgl etwa EGMR 8. 7. 2003 (GK), 36022/97, *Hatton ua/Vereinigtes Königreich* (siehe FN 95). Ausführlich zum staatlichen Ermessensspielraum in Umweltbelangen siehe *Braig*, Umweltschutz 252 ff mit zahlreichen Judikaturnachweisen.

121 Tatsächlich konnte sich in der bisherigen Jud des EGMR der Umweltschutz im Rahmen der Interessenabwägung gegen die öffentlichen Interessen wirtschaftlicher Natur nur im Einzelfall durchsetzen. Vgl dazu auch *Braig*, Umweltschutz 250.

122 Hinzuweisen ist in diesem Zusammenhang auch auf EGMR 10. 1. 2012, 30765/08, *Di Sarno ua/Italien* (siehe auch FN 96). Der EGMR hielt in seiner Entscheidung fest, dass Italien mit der seit Jahren ungelösten Müllkrise in der Stadt Somma Vesuvia (Provinz Neapel) gegen das Grundrecht der betroffenen Bevölkerung (Personen, die in der genannten Stadt leben oder arbeiten) auf Achtung ihres Privatlebens bzw ihrer Wohnung (Art 8 EMRK) verstoßen hat, da es nicht die notwendigen gesetzlichen und administrativen Maßnahmen (ua nach der EU-Abfallrahmen-RL) zur Sicherstellung einer funktionierenden öffentlichen Abfallentsorgung getroffen habe. Der EGMR argumentierte, dass zwar nicht das Leben oder die Gesundheit der Beschwerdeführer bedroht waren, diese jedoch gezwungen waren, in einer auf Grund der Ansammlung von Abfall auf den öffentlichen Straßen verschmutzten Umgebung zu leben, was zu einer Verschlechterung ihrer Lebensqualität führe. Setzt man die Folgen der italienischen Müllkrise (Verschlechterung der Lebensqualität der Bewohner Somma Vesuvias) in Relation zu den Folgen des Klimawandels (massive Lebens- und Gesundheitsbedrohung einer Vielzahl von Menschen), so ist die Forderung nach einem verstärkten staatlichen Handeln im Bereich Klimaschutz auf Grund eines Größenschlusses geradezu legitim.

5. Aktuelle „Klimaklagen"

5.1. Begriffsverständnis und Typologie

Wie in der Einleitung bereits erwähnt, gibt es aktuell einige spektakuläre „Klimaklagen", die im Folgenden kurz dargelegt werden sollen. Die Bandbreite möglicher Klimaklagen ist groß,[123] eine allgemein anerkannte Definition gibt es bislang nicht. Im Sinne eines weiten Begriffsverständnisses kann man unter „Klimaklagen" *Anträge auf gerichtliche Entscheidung unmittelbar bzw mittelbar klimaschädigender Verhaltensweisen* verstehen.

Unterscheiden möchte ich im Wesentlichen drei *Typen* von „Klimaklagen":

- *Öffentlich-rechtliche Klimaklagen*, bei denen Individuen den eigenen Staat auf Erlassung wirkungsvoller(er) Klimaschutzmaßnahmen vor einem nationalen (Verfassungs)Gericht (zB VfGH) bzw einem für den betreffenden Staat zuständigen nicht nationalem Verfassungsgericht (zB EGMR, EuGH) klagen.
- *Zivilrechtliche (privatrechtliche) Klimaklagen*, bei denen Individuen Staaten oder Unternehmen mit besonders hohem CO_2-Ausstoß auf Ersatz für erlittene klimabedingte Schäden oder auf Unterlassung ihres klimaschädlichen Verhaltens vor einem nationalen Zivilgericht klagen.
- *Völkerrechtliche Klimaklagen*, bei denen Staaten andere Staaten auf Schadenersatz für erlittene klimabedingte Schäden oder auf Unterlassung ihres klimaschädlichen Verhaltens vor einem nationalen oder internationalen Gericht (konkret: dem IGH)[124] klagen.[125]

---

123 Vgl dazu auch *Deutscher Bundestag*, Rechtliche Grundlagen und Möglichkeiten für Klima-Klagen gegen Staat und Unternehmen in Deutschland, WD 7 – 3000 – 116/16 (https://www.bundestag.de/blob/459048/3bbbd712bc3d33d7cbbe851f032b3e01/wd-7-116-16-pdf-data.pdf [20. 7. 2017]).

124 Zuweilen wird sogar die Errichtung eines spezifischen „Internationalen Umweltgerichtshofs" gefordert – auch auf politischer Ebene, zuletzt etwa von Ecuadors Staatschef *Rafael Correa*. Vgl „Staatschef will internationalen Umweltgerichtshof gründen", Neue Zürcher Zeitung 30. 6. 2015 (Onlineausgabe: http://www.nzz.ch/international/ecuadors-staatschef-will-internationalen-umweltgerichtshof-gruenden-1.18571283 [20. 7. 2017]).

125 Nicht in dieses Schema einordnen lässt sich die in den *Philippinen* eingebrachte „Klimaklage". Katastrophenopfer (die Philippinen sind wie kaum ein anderer Staat schon heute von den Folgen des Klimawandels massiv betroffen) und NGO´s haben 2015 gegen die weltgrößten Kohlenstoffproduzenten (Erdöl-, Erdgas-, Kohle- und Zementunternehmen) Beschwerde bei der philippinischen Menschenrechtskommission wegen Menschenrechtsverletzung eingebracht. Die Menschenrechtskommission forderte daraufhin im Sommer 2016 die maßgeblich zur Erderwärmung beitragenden Großunternehmen rechtsverbindlich auf, zum *Vorwurf der Menschenrechtsverletzung durch Klimawandel* Stellung zu nehmen. In nächster Zeit soll es zu öffentlichen Anhörungen kommen. Näher zur philippinischen „Klimaklage" vgl *Fähndrich*, Klimaklage in den Philippinen: CO2-Pro-

Öffentlich-rechtliche Klimaklagen sind dem Inhalt nach *Rechtsetzungsklagen*, die auf eine Verbesserung der staatlichen Klimapolitik abzielen. Demgegenüber sind zivil- und völkerrechtliche Klimaklagen inhaltlich *Haftungsklagen* oder *Unterlassungsklagen*. Bei Haftungsklagen ist das Klagebegehren auf eine Kompensation entstandener klimabedingter Schäden ausgerichtet (Anspruch auf Schadenersatz), bei Unterlassungsklagen auf Unterlassung bestimmter, das Klima beeinträchtigender Handlungen. Stellt man auf die Klageberechtigung ab, sind öffentlich-rechtliche und zivilrechtliche Klimaklagen *Individualklagen*, dh Klagen durch Privatrechtssubjekte, während bei völkerrechtlichen Klimaklagen Staaten als Kläger auftreten. Hier handelt es sich also um *Staatenklagen*. Anspruchsgegner (Beklagte) sind bei öffentlich-rechtlichen und völkerrechtlichen Klimaklagen stets einzelne Staaten, bei zivilrechtlichen Klimaklagen entweder Staaten oder Unternehmen.[126]

Aktuelle Beispiele für völkerrechtliche Klimaklagen gibt es nach meinem Wissensstand nicht. Sie wurden zwar bereits erwogen, jedoch nicht ausgeführt.[127] Anders ist die Situation bei öffentlich-rechtlichen und zivilrechtlichen Klimaklagen. Einige aktuelle Beispiele möchte ich nunmehr überblicksweise vorstellen.[128]

---

duzenten müssen Red und Antwort stehen, Greenpeace Blogpost 27. 7. 2016 (http://greenpeace.ch/2016/07/27/klimaklage-in-den-philippinen-co2-produzenten-muessen-red-und-antwort-stehen [20. 7. 2017]); „Klimaklage gegen Exxon, RWE und Co“, klimaretter.info 29. 7. 2016 (http://www.klimaretter.info/protest/nachricht/21658-klimaklage-gegen-exxon-rwe-und-co [20. 7. 2017]).

126 Näher zu zivilrechtlichen Klimaklagen vgl die Beiträge von *Monika Hinteregger* und *Erika Wagner* in diesem Band. Zur Klimahaftung aus österreichischer bzw europäisch-rechtsvergleichenden Perspektive siehe jüngst *Burtscher/Spitzer*, Haftung für Klimaschäden, ÖJZ 2017, 945. Zur internationalen Zuständigkeit für Klimahaftungsklagen vgl *Burtscher/Spitzer*, Klimahaftungsklagen aus Sicht von IZPR und IPR, Zak 2017/485, 287. Zu den Grundlagen völkerrechtlicher Klimaklagen vgl *Frank*, Überlegungen zur Klimahaftung nach Völkerrecht, NVwZ-Extra 11/2014.

127 So zog etwa die Regierung des Inselstaates Tuvalu die Möglichkeit in Betracht, die USA und Australien, beides Hauptemittenten von CO2, für ihren Beitrag zum globalen Klimawandel vor dem IGH zu verklagen. Dieses Vorhaben wurde jedoch nie durchgeführt. Vgl dazu http://germanwatch.org/klak/fb-tuvkl.htm (20. 7. 2017). Siehe auch *Wissenschaftlicher Beirat der Bundesregierung Globale Umweltveränderungen (WBGU)*, Sondergutachten: Klimaschutz als Weltbürgerbewegung (2014) 56 f.

128 Konkrete Beispiele für Klimaklagen finden sich auch bei *Fasching*, Daten und Fakten, in *Wagner* (Hrsg), Umwelt- und Anlagenrecht, Bd I: Interdisziplinäre Grundlagen (2016) 555 (558 ff) bzw *Schanda*, Klimawandel vor Gericht – Klimaklagen in Österreich? ecolex 2017, 87. Im Übrigen siehe FN 3.

5.2. Öffentlich-rechtliche Klimaklagen

5.2.1. Das Urteil Urgenda gegen die Niederlande vom Juni 2015

Die Niederlande zählen innerhalb Europas zu jenen Staaten, die am deutlichsten von den sich abzeichnenden Folgen des globalen Klimawandels betroffen sind. Gleichzeitig sind sie eines der Länder mit dem höchsten Pro-Kopf-Ausstoß von Treibhausgasemissionen weltweit. *Urgenda*, ein niederländisches Bürgerbündnis im Kampf gegen den Klimawandel, zog im Jahr 2013 im eigenen Namen und als Prozessvertreter für 886 private Kläger gegen den eigenen Staat vor Gericht, weil die Niederlande ihrer Ansicht nach die CO_2-Emissionen nicht ausreichend senkt. Das Bündnis hatte Erfolg mit seiner Klimaklage. Im Juni 2015 urteilte das niederländische *Bezirksgericht* (Zivilgericht) *Den Haag*,[129] dass der niederländische Staat verpflichtet sei, *aktiv Maßnahmen zu ergreifen, um seine Treibhausgasemissionen zu verringern.*[130] Konkret ordnete das Gericht an, dass die Gesamtzahl an CO_2-Emissionen im Jahr 2020 um 25 % geringer sein müsse als 1990, während der von den Niederlanden verfolgte CO_2-Reduktionspfad lediglich auf eine Verringerung von maximal 17 % ausgerichtet ist. Es entspricht dies dem Minimalziel, welches vom Intergovernmental Panel on Climate Change (IPCC) zur Einhaltung des auf wissenschaftlichen Erkenntnissen basierenden 2-Grad-Ziels[131] empfohlen wird.

---

129 Rechtbank Den Haag 24. 6. 2015, C/09/456689, HA ZA 13-1396 (englischsprachige Übersetzung: https://uitspraken.rechtspraak.nl/inziendocument?id=ECLI:NL:RBDHA:2015:7196 [20. 7. 2017]). Näher zum *Urgenda*-Urteil vgl *Prickartz*, NLMR 2015, 385; *Saurer/Purnhagen*, Klimawandel vor Gericht. Der Rechtsstreit der Nichtregierungsorganisation „Urgenda" gegen die Niederlande und seine Bedeutung für Deutschland, ZUR 2016, 16. Siehe ferner *Schwarz/Bittner*, Niederlande: Klimaschutz illegal schwach, klimaretter.info 24. 6. 2015 (http://www.klimaretter.info/politik/hintergrund/19070-niederlande-klimaschutz-illegal-schwach [20. 7. 2017]) bzw *Kreft/Fischer/Frank*, Der „Urgenda Fall" – rechtlicher Druck auf Emittenten steigt, Germanwatch-Blog August 2015 (https://germanwatch.org/de/10661 [20. 7. 2017]). Zur Übertragbarkeit des *Urgenda*-Urteils auf Österreich vgl *Schanda*, ecolex 2017, 87 f.

130 Anzumerken ist in diesem Zusammenhang, dass es in den Niederlanden keine eigenständige Verfassungsgerichtsbarkeit gibt. Die rechtliche Kontrolle der Gesetzgebung und Regierung findet daher ausschließlich im regulären Instanzenzug statt. Die Verwaltungsgerichte sind dabei für individuelle Verwaltungshandlungen zuständig, die ordentlichen Zivilgerichte, wenn es um die abstrakt-generelle Ebene der Gesetzgebung bzw des gesetzgeberischen Unterlassens geht. Der Geschäftsbereich des Bezirksgerichts Den Haag ist auf Klagen gegen den Staat beschränkt. Näher dazu vgl *Saurer/Purnhagen*, ZUR 2016, 17 f.

131 Gem Art 2 Abs 1 lit a) Übereinkommen von Paris (vgl oben FN 22) soll die Erderwärmung mittlerweile deutlich unter 2°C gegenüber vorindustriellen Werten gehalten werden, angestrebt wird ein Wert von 1,5°C.

In der Urteilsbegründung führte das Gericht aus, dass der niederländische Staat seine ihm der Gesellschaft gegenüber obliegende *Fürsorgepflicht* verletzt habe. Bei der unzureichenden Abmilderung des Klimawandels handle es sich letztendlich um eine *„gefährliche Sorgfaltspflichtverletzung"*. Zur Ausfüllung der staatlichen Fürsorgepflicht zog das Bezirksgericht Den Haag das in der niederländischen Verfassung (Art 21) festgelegte Gebot zum Schutz und zur Verbesserung der Umwelt sowie die Art 2 und 8 EMRK heran. In einer Zusammenschau verfassungsrechtlicher, europarechtlicher und völkerrechtlicher Rechtsgrundsätze statuierte das Gericht schließlich eine *staatliche Schutzpflicht* zugunsten der niederländischen Bürger *zur Abwehr lebens- und gesundheitsgefährdender Klimaveränderungen*. Zurückgewiesen hat das Gericht das Argument, wonach ein Land allein nicht dazu beitragen könne, die Erderwärmung zu verringern. Es hielt diesbezüglich fest, dass es die Beiträge aller Länder brauche und die Industriestaaten mit gutem Beispiel vorangehen müssen.

Das Bezirksgericht Den Haag war das erste europäische Gericht, welches einen Staat verpflichtete, effektivere Vorkehrungen gegen den Klimawandel zu ergreifen. Die niederländische Regierung hat gegen das Urteil *Berufung* auf dem ordentlichen Rechtsweg eingelegt. Bis zur Verkündung des neuen Urteils ist die niederländische Regierung jedoch an das bezirksgerichtliche Urteil gebunden.[132]

5.2.2. Das Urteil Ashgar Leghari gegen Pakistan vom September 2015

Eine weitere öffentlich-rechtliche Klimaklage gab es in letzter Zeit in Pakistan, das besonders stark von der Erderwärmung betroffen ist. So führte etwa die Gletscherschmelze im Himalaya in den letzten Jahren zu zahlreichen Überschwemmungen mit Todesopfern. Daneben erhöht der Temperaturanstieg das Dürrerisiko, was eine Gefahr für die landwirtschaftliche Produktion, von der das Überleben eines Großteils der pakistanischen Bevölkerung abhängt, darstellt. Ein Landwirt, *Ashgar Leghari*, wollte die Bedrohungen durch den Klimawandel nicht länger hinnehmen und klagte seinen Staat mit der Begründung, dass die Passivität des pakistanischen Ministers für Klimawandel seine *Grundrechte* beeinträchtige. Auch *Leghari* berief sich auf die *Fürsorgepflicht des Staates für seine Bürger auf dem Gebiet des Klimaschutzes*. Und auch die pakistanische Klimaklage hatte Erfolg. In seinem Urteil vom 4. September 2015 ordnete das Hohe Gericht in Lahore[133] – eines von fünf höhe-

132 Vgl *Saurer/Purnhagen*, ZUR 2016, 16 bzw 20.

133 Lahore High Court 4. 9. 2015, W.P. No. 25501/2015 (https://elaw.org/system/files/pk.leghari.090415_0.pdf [20. 7. 2017]). Näher zum Urteil *Ashgar Leghari* gegen Pakistan vgl „Pakistan zu mehr Klimaschutz verurteilt", klimaretter.info 20. 9. 2015 (http://www.klimaretter.info/politik/nachricht/19644-pakistan-zu-mehr-klimaschutz-verurteilt [20. 7. 2017]; *Bouissou*, Klimajustiz

ren Gerichten Pakistans – die Schaffung eines *Klimaschutzkomitees* an, das für die Umsetzung des seit 2012 bestehenden pakistanischen Klimawandelgesetzes sorgen solle.[134] In der Urteilsbegründung wird darauf hingewiesen, dass die pakistanische Regierung bislang zu wenig für den Klimaschutz unternommen habe und dass der Klimawandel für Pakistan keine entfernte Bedrohung sei, sondern das Land die Folgen vielmehr schon jetzt spüre.

5.2.3. Urteile diverser US-Gerichte aus 2016

Zu erwähnen sind ferner mehrere aktuelle öffentlich-rechtliche Klimaklagen in den USA.[135] Dort haben *Jugendliche* in den letzten sechs Jahren ihre Bundesstaaten und zuletzt auch die Regierung in Washington verklagt, um diese zu *effektiveren Maßnahmen gegen den Klimawandel* zu zwingen. Sie argumentierten, dass der Klimawandel ihr Grundrecht auf Leben, Freiheit und Eigentum gefährde.[136] Sie begründeten ihre Klagen aber auch mit dem Aspekt der Klimagerechtigkeit (Climate justice). Die Jugendlichen brachten diesbezüglich vor, dass ihre Generation die Hauptlast des Treibhauseffekts zu tragen haben werde und die Regierungen auf allen Ebenen verpflichtet seien, die natürlichen Ressourcen zu schützen, und zwar als *„öffentliches Treuhandvermögen" für künftige Generationen*. Tatsächlich haben diese es jedoch bislang verabsäumt, die Treibhausgasemissionen auf der Grundlage der besten verfügbaren Wissenschaft zu reduzieren und damit den Gefahren der Erderwärmung adäquat zu begegnen. Die öffentlich-rechtlichen Klimaklagen der Jugendlichen wurden von der gemeinnützigen Organisation *„Our children's Trust"* eingebracht. Manche Klagen

in Pakistan: Gericht verdonnert Regierung zum Klimaschutz, Frankfurter Allgemeine 7. 10. 2015 (Onlineausgabe: http://www.faz.net/aktuell/wissen/klima/gericht-verdonnert-regierung-zum-klimaschutz-13844602.html [20. 7. 2017]).

134 Der eingesetzte „Klimabeirat" setzt sich aus Vertretern verschiedener Ministerien und der Zivilgesellschaft unter Einschluss von Nichtregierungsorganisationen zusammen. Er musste sich bis 1. 10. 2015 konstituieren und bis Dezember 2015 einen fertigen „Fahrplan" vorweisen.

135 Näher dazu vgl etwa „Rechtsstreit mit US-Regierung: Kinder klagen gegen den Klimawandel", Handelsblatt 4. 11. 2015 (Onlineausgabe: http://www.handelsblatt.com/technik/energie-umwelt/rechtsstreit-mit-us-regierung-kinder-klagen-gegen-den-klimawandel/12539676.html [20. 7. 2017]); *Winter*, Kinder klagen fürs Klima, Sonnenseite 16. 7. 2016 (http://www.sonnenseite.com/de/zukunft/kinder-klagen-fuers-klima.html [20. 7. 2017]); *Schwarz*, Ein Kampf der Enkel und der Omas, klimaretter.info 14. 11. 2016 (http://www.klimaretter.info/politik/hintergrund/22242-ein-kampf-der-enkel-und-der-omas [20. 7. 2017]). Zu älteren klimabezogenen Urteilen und Fällen aus dem öffentlichen Recht vgl *Verheyen/Lührs*, Klimaschutz durch Gerichte in den USA – 1. Teil: Öffentliches Recht, ZUR 2009, 73.

136 In den USA wird das Grundrecht auf Leben, Freiheit und Eigentum durch den 5. und 14. Zusatzartikel der amerikanischen Verfassung geschützt.

wurden abgewiesen, andere sind noch anhängig[137] und zwei Klagen wurden bereits positiv entschieden. In einem Urteil vom 29. April 2016 entschied ein Gericht in Seattle, dass die Regierung des *Bundesstaates Washington* bis Ende 2016 konkrete Regeln festlegen muss, um die Emissionen von Treibhausgasen bis 2050 um mindestens 50 % zu reduzieren.[138] Am 17. Mai 2016 urteilte der Oberste Gerichtshof des *Bundesstaates Massachusetts*, dass die Politik jährliche Emissionsgrenzen einführen sowie Regelungen beschließen muss, um Treibhausgase zu begrenzen.[139]

5.2.4. Klimaklage des Vereins KlimaSeniorinnen gegen die Schweiz aus 2016

Den jungen Menschen in den USA haben es unlängst ältere Frauen in der Schweiz gleichgetan. Der Verein *KlimaSeniorinnen Schweiz*[140] „klagte" am 25. November 2016 den Schweizer Bundesrat[141] wegen gravierender Versäumnisse der Schweizer Klimapolitik, konkret auf *Einstellung von Unterlassungen im Klimaschutz*.[142] Das

---

137 Etwa in Oregon (hier hat das Gericht die entsprechende Klage gegen den amerikanischen Staat im April 2016 zugelassen, muss sich nunmehr also inhaltlich mit dem Klagebegehren auseinandersetzen), in Colorado, in Pennsylvania und in North Carolina.

138 Vgl The Huffington Post 29. 4. 2016 (Onlineausgabe: http://www.huffingtonpost.com/entry/washington-kids-climate-lawsuit_us_5723f60ae4b01a5ebde5be52 [20. 7. 2017]). Siehe auch http://content.globalmarshallplan.org/ShowNews.asp?ID=7046 (20. 7. 2017). Bemerkenswert ist die Urteilsbegründung der zuständigen Richterin: *„The reason I'm doing this is because this is an urgent situation. These children can't wait, the polar bears can't wait, the people of Bangladesh can't wait. I don't have jurisdiction over their needs in this matter, but I do have jurisdiction in this court, and for that reason I'm taking this action".*

139 Vgl etwa „Teenager gewinnen weitere Klimaklage", klimaretter.info 22. 5. 2016 (http://www.klimaretter.info/protest/nachricht/21265-teenager-gewinnen-weitere-klimaklage [20. 7. 2017]); „Verklagen ist die effektivste Protestform", klimaretter.info 4. 6. 2016 (http://www.klimaretter.info/protest/hintergrund/21304-verklagen-ist-die-effektivste-protestform [20. 7. 2017]).

140 Vgl http://www.klimaseniorinnen.ch (20. 7. 2017).

141 Der Schweizer Bundesrat ist die oberste vollziehende Behörde der Schweiz, vergleichbar der österreichischen Bundesregierung. Weitere Beklagte sind das Eidgenössische Department für Umwelt, Verkehr, Energie und Kommunikation (UVEK), das Bundesamt für Umwelt und das Bundesamt für Energie.

142 Zur 155 Seiten umfassenden Klageschrift vgl http://klimaseniorinnen.ch/wp-content/uploads/2016/11/161124-Gesuch-um-Erlass-anfechtbarer-Verfuegung_final.pdf (20. 7. 2017). Näher zur Schweizer „Klimaklage" vgl *Häne/Blumer*, Klimakampf der alten Damen, Tages-Anzeiger 22. 6. 2016 (Onlineausgabe: http://www.tagesanzeiger.ch/schweiz/standard/der-versuch-der-alten-damen/story/31688810 [20. 7. 2017]); *Häne*, Expertenstreit um Klimaklage, Tages-Anzeiger 25. 10. 2016 (Onlineausgabe: http://www.tagesanzeiger.ch/wissen/natur/expertenstreit-um-klimaklage/story/18992835 [20. 7. 2017]); „Blocher-Schwester verklagt Bundesrat", St. Galler Tagblatt 25. 10. 2016 (Onlineausgabe: http://www.tagblatt.ch/nachrichten/schweiz/schweiz-sda/459-Seniorinnen-reichen-Klimaklage-ein;art253650,4799590 [20. 7. 2017]); *Klaunzer*, 459 Seniorinnen reichen

zu tief angesetzte Emissionsreduktionsziel von 20 % für das Jahr 2020 und das Emissionsziel des Bundesrates von 30 % bis 2030 sei nach Meinung der 459 Klägerinnen verfassungs- und EMRK-widrig.[143] Sie sehen in der aktuellen Rechtsetzung eine Verletzung ihres Grundrechts auf Leben und Gesundheit,[144] konkret eine *Schutzpflichtverletzung* des Bundes gegenüber der betroffenen Bevölkerung. Ältere Frauen seien – so die Klägerinnen – weit stärker vom Klimawandel betroffen als der Rest der Bevölkerung[145] und daher „klagslegitimiert“. Mit dem an die *Bundesverwaltung* gerichteten „Begehren um Einstellung von Unterlassungen im Klimaschutz“ forderte man von der Exekutive, *Maßnahmen zur Emissionsreduktion* einzuleiten. Am 25. April 2017 lehnte das *Eidgenössische Department für Umwelt, Verkehr und Energie (UVEK)* das Rechtsbegehren des Vereins *KlimaSeniorinnen Schweiz* mangels Klagsberechtigung jedoch ab.[146] Gegen die Verfügung des UVEK hat der Verein nunmehr am 26. Mai 2017 *Beschwerde beim Bundesverwaltungsgericht* erhoben.[147] Letzte Instanz wäre das Bundesgericht, das oberste rechtsprechende Gericht in der Schweiz. Eine Option wäre für die Klägerinnen aber auch die Erhebung einer Beschwerde beim EGMR.

5.3. Zivilrechtliche Klimaklagen

Zivilrechtliche Klimaklagen gegen klimaschädigende Unternehmen gab es bislang vor allem in den USA. Die Klagen waren allesamt wenig erfolgreich.[148] Aktuell ist

---

erste Schweizer Klimaklage ein, Luzerner Zeitung 25. 10. 2016 (Onlineausgabe: http://www.luzernerzeitung.ch/nachrichten/schweiz/459-Seniorinnen-reichen-Klimaklage-ein;art46447,872472 [20. 7. 2017]); *Gugger*, Klimaklage in den Niederlanden wirkt bis in die Schweiz, SRF-news 26. 10. 2016 (http://www.srf.ch/news/schweiz/klimaklage-in-den-niederlanden-wirkt-bis-in-die-schweiz [20. 7. 2017]).

143 Ausführlich dazu *Bähr/Brunner*, Ist das Schweizer Klimaziel verfassungskonform? Aktuelle juristische Praxis (AJP) 2016, 1219.

144 Garantiert durch Art 10 Schweizer Bundesverfassung bzw Art 2 und 8 EMRK.

145 Über 75-jährige Personen unterliegen laut Klageschrift nachweislich einem viel höheren Risiko hitzebedingter Gesundheitsschäden, die bis zum Tod führen können, wobei speziell Frauen davon betroffen seien.

146 Zur Verfügung des UVEK vgl http://klimaseniorinnen.ch/wp-content/uploads/2017/05/Verfügung_UVEK_KlimaSeniorinnen.pdf (21. 8. 2017).

147 Vgl etwa https://www.blick.ch/news/schweiz/klimawandel-seniorinnen-ziehen-mit-klimaklage-vor-bundesverwaltungsgericht-id6722738.html (21. 8. 2017); https://www.aargauerzeitung.ch/schweiz/seniorinnen-ziehen-mit-klimaklage-vor-bundesverwaltungsgericht-131358821 (21. 8. 2017).

148 Näher dazu vgl etwa *Verheyen/Lührs*, Klimaschutz durch Gerichte in den USA – 2. Teil: Zivilrecht, ZUR 2009, 129; *Burtscher/Spitzer*, Klimawandel: ein Fall für die Gerichte, Die Presse 6. 11. 2017, 6. Siehe ferner den Beitrag von *Monika Hinteregger* in diesem Band. In Deutschland gibt

auf die Klimaklage eines peruanischen Bergbauern gegen den Essener Energiekonzern RWE hinzuweisen. Auf die entsprechende Klage soll nun näher eingegangen werden.

5.3.1. Das Urteil Saúl Luciano Lliuya gegen RWE vom Dezember 2016

Saúl Luciano Lliuya, peruanischer Kleinbauer und Bergführer, lebt im Andenort Huaraz auf 3000 Metern Höhe. Oberhalb von Huaraz liegt ein Bergsee, der in den letzten Jahren durch die Gletscherschmelze in den Anden immer mehr Wasser aufgenommen hat und laut Experten Teile der Stadt überfluten könnte. *Lliuyas* Haus steht in der Gefahrenzone. Um die Gefahr des Dammbruchs zu verhindern, müsste ein Schutzwall gebaut werden. Mit seiner am 24. November 2015 beim Landgericht (LG) Essen eingereichten Klage begehrte *Lliuya* vom deutschen Energiekonzern RWE, Betreiber klimaschädlicher Kohlekraftwerke und größter CO_2-Emittent in Europa, die *Übernahme eines Teils der Kosten für den zu errichtenden Schutzwall*, konkret forderte er rund 17.000 Euro.[149] Die auf § 1004 dt Bürgerliches Gesetzbuch[150] gestützte Klimaklage nimmt Bezug auf Aussagen des Weltklimarates IPCC, der die Gletscherschmelze in den Anden auf den anthropogenen Klimawandel zurückführt. Auch die peruanische Klimaklage steht im Zeichen des Kampfes für Klimagerechtigkeit, ist Peru doch eines der am schlimmsten vom Klimawandel betroffenen Länder, obwohl selbst nur für 0,4 % der globalen Treibhausgasemissionen verantwortlich.

Mitte Dezember 2015 hat das LG Essen die Klage zugelassen, weil es sich dabei um eine *„Rechtssache von grundsätzlicher Bedeutung"* handle, im Dezember 2016 jedoch teils als unzulässig zurückgewiesen, teils als unbegründet abgewiesen.[151] Das

es mittlerweile einige wissenschaftliche Untersuchungen zur zivilrechtlichen Klimahaftung. Vgl etwa *Chatzinerantzis/Herz*, Climate Change Litigation – Der Klimawandel im Spiegel des Haftungsrechts, NJOZ 2010, 594 = NJW 2010, 910; *Frank*, Climate Change Litigation – Klimawandel und haftungsrechtliche Risiken, NJOZ 2010, 2296 = NJW 2010, 3691; *Frank*, Klimahaftung und Kausalität, ZUR 2013, 28.

149 Die Summe entspricht dem Anteil von RWE an den globalen Treibhausgasemissionen. So ist RWE für rund ein halbes Prozent der weltweit ausgestoßenen Treibhausgase verantwortlich.

150 § 1004 Abs 1 dt BGB lautet: *„Wird das Eigentum in anderer Weise als durch Entziehung oder Vorenthaltung des Besitzes beeinträchtigt, so kann der Eigentümer von dem Störer die Beseitigung der Beeinträchtigung verlangen. Sind weitere Beeinträchtigungen zu besorgen, so kann der Eigentümer auf Unterlassung klagen."*

151 Landgericht Essen 15. 12. 2016, 2 O 285/15 ZUR 2017, 370 (*Köck*) = NVwZ 2017, 734. Kritisch zum Urteil des LG Essen *Frank*, Störerhaftung für Klimaschäden? NVwZ 2017, 664. Zum *Lliuya*-Urteil bzw zur eingebrachten Klimaklage vgl ferner *Götze*, Klima-Klage gegen RWE abgewiesen, klima-

deutsche Zivilgericht begründete die *Abweisung* ua damit, dass es zwar einen möglichen *naturwissenschaftlichen Zusammenhang* zwischen den Abgasen aus RWE-Kraftwerken und dem Klimawandel gebe, dem Konzern jedoch rechtlich keine direkte Verursacher-Rolle als sog Störer nachgewiesen werden kann, da es *„keine lineare Verursachungskette zwischen der Quelle der Treibhausgase und dem Schaden gibt"*. Es gebe vielmehr – so das Gericht – zahllose Emittenten, die Treibhausgase freisetzen. Eine einzelne Firma könne insofern nicht für den Klimawandel verantwortlich gemacht werden. Das Gericht weist schließlich noch darauf hin, dass der *Anteil der einzelnen Treibhausgasemittenten am weltweiten Klimawandel derart gering* sei, dass der einzelne Emittent, und sei es ein Großemittent wie RWE, die möglichen Folgen des Klimawandels nicht in erheblicher Weise erhöht habe. Der Rechtsstreit ist damit aber noch nicht beendet. Der Kläger hat gegen das Urteil Ende Jänner 2017 *Berufung* beim Oberlandesgericht (OLG) Hamm eingelegt, da er die Kausalität auch auf rechtlicher Ebene für gegeben hält.[152]

Lliuya war mit seiner Berufung vorerst *erfolgreich*. So hat das OLG Hamm am 30. November 2017 mit einem Hinweis- und Beweisbeschluss das erstinstanzliche Urteil des LG Essen im Wesentlichen verworfen.[153] Es widersprach der Rechtsauf-

---

retter.info 15. 12. 2016 (http://www.klimaretter.info/protest/hintergrund/22411-klima-klage-gegen-rwe-abgewiesen [20. 7. 2017]); *Küper*, Landgericht weist Klimaklage gegen RWE ab – Berufung sehr wahrscheinlich, Pressemitteilung Germanwatch 15. 12. 2016 (https://germanwatch.org/de/13233 [20. 7. 2017]); „Klima-Klage von peruanischem Kleinbauern gegen RWE gescheitert", WeltN24 15. 12. 2016 (https://www.welt.de/newsticker/news1/article160321494/Klima-Klage-von-peruanischem-Kleinbauern-gegen-RWE-gescheitert.html [20. 7. 2017]); „Peruanischer Bauer scheitert mit Klage gegen RWE", Spiegel Online 15. 12. 2016 (http://www.spiegel.de/wirtschaft/soziales/klimawandel-peruanischer-bauer-scheitert-mit-klage-gegen-rwe-a-1126018.html [20. 7. 2017]); „Gericht weist Klimaklage ab", Focus Online 15. 12. 2016 (http://www.focus.de/finanzen/recht/peruanischer-bergbauer-gegen-rwe-gericht-weist-klimaklage-ab_id_6359225.html [20. 7. 2017]). Zur mit Deutschland vergleichbaren Rechtslage in Österreich vgl *Schanda*, ecolex 2017, 89.

152 Vgl etwa „Klimaklage gegen RWE: Peruanischer Bergführer geht in Berufung", Pressemitteilung Germanwatch 26. 1. 2017 (https://germanwatch.org/de/13437 [20. 7. 2017]); „Bauer geht gegen RWE in Berufung", klimaretter.info 26. 1. 2017 (http://www.klimaretter.info/protest/nachricht/22587-bauer-geht-gegen-rwe-in-berufung [20. 7. 2017]).

153 Oberlandesgericht Hamm 30. 11. 2017, 1-5 U 15/17 ZUR 2018, 118. Näher zum Beschluss vgl etwa *Flauger*, Peruanischer Bauer erzielt Erfolg gegen RWE, Handelsblatt 30. 11. 2017 (Onlineausgabe: http://www.handelsblatt.com/unternehmen/energie/klima-klage-peruanischer-bauer-erzielt-erfolg-gegen-rwe/20651588.html [11. 1. 2018]); *Grimm*, Saúl Luciano Lliuja gelingt mit seiner „Klimaklage" ein historischer Durchbruch, Germanwatch-Blog Dezember 2017 (http://germanwatch.org/de/print/14811 [11. 1. 2018]); *Scarpellini*, Erste „Klimaklage" gegen die Bundesrepublik Deutschland, Klima der Gerechtigkeit 13. 1. 2018 (http://klima-der-gerechtigkeit.de/2018/01/13/erste-klimaklage-gegen-die-bundesrepublik-deutschland [15. 1. 2018]; PHi-Newsletter 2017, 229. Siehe ferner https://germanwatch.org/de/download/20811.pdf (11. 1. 2018).

fassung von RWE, dass das geltende Recht den Klimawandel nicht erfasse, da dieser zu komplex sei und alle Menschen Treibhausgase ausstoßen. Der Fall *Lliuya* gegen RWE geht nunmehr in die formelle *Beweiserhebung*. Die Bedeutung dieser Entscheidung ist enorm, bejahte doch erstmals ein Gericht, dass private Unternehmen für klimabedingte Schäden in anderen Ländern haften, wenn im Einzelfall ihre Mitursächlichkeit bewiesen werden kann. *Lliuya* hat nunmehr im Rechtsmittelverfahren den Beitrag von RWE zum Gletscherschwund in den Anden (wissenschaftlich) nachzuweisen.

6. Ausblick – Künftige Rolle der Gerichte im Klimaschutz

Die dargelegten Beispiele haben gezeigt, dass der Klimawandel inzwischen tatsächlich vor den nationalen Gerichten angelangt ist – auch in Europa. Erwiesen sich *zivilrechtliche Klimaklagen* bislang als unzulässig bzw unbegründet (mit Spannung ist allerdings auf den Ausgang des Berufungsverfahrens im Fall *Lliuya* gegen RWE zu blicken, ein Etappensieg für eine weltweite Klimahaftung konnte mit dem Eintritt des OLG Hamm in das Beweisverfahren jedenfalls bereits verbucht werden), waren die zuletzt gegen den eigenen Staat eingebrachten *öffentlich-rechtlichen Klimaklagen* bereits durchaus erfolgreich (auch hier ist jedoch noch das Berufungsverfahren im Fall *Urgenda* gegen die Niederlande abzuwarten; die Schweizer „Klimaklage" ist zwar vorerst gescheitert, anhängig ist aktuell jedoch das Beschwerdeverfahren beim Bundesverwaltungsgericht). Der Erfolg einzelner Klimaklagen könnte der Beginn einer ganzen Reihe klimaschutzrechtlicher Gerichtsverfahren sein. Weitere Klimaklagen gibt es auch bereits in Belgien, in Norwegen, in Schweden und in Neuseeland,[154] aber auch in Österreich prüfen Umweltorganisationen bereits einen Prozess nach dem Vorbild der Niederlande.[155] Aufgrund fundamentaler Strukturdifferenzen zwischen den beiden Rechtssystemen stellen öffentlich-rechtliche Klimaklagen in Österreich jedoch eine große Herausforderung dar. In der Literatur[156] werden ihnen durchaus Erfolgschancen eingeräumt.

154 Vgl etwa *Poldervaart*, Klimaklagen machen weltweit Schule, Magazin Greenpeace 4/2016, 20 (http://www.greenpeace-magazin.ch/wp-content/uploads/2017/01/GP_4_2016_Deutsch_Inhalt_Lay12_GzD-11.pdf [20. 7. 2017]); „Weltweite Klimaklagen setzen COP 23 unter Handlungsdruck, oekonews 5. 11. 2017 (https://www.oekonews.at/?mdoc_id=1115852 [11. 1. 2018]). Im Übrigen vgl die in FN 3 genannten Berichte über weltweite Klimaklagen aus 2016 bzw 2017 sowie die ebenfalls in FN 3 zitierte – aktuell gehaltene – Dokumentation klimarelevanter Gerichtsverfahren des *Sabin Center for Climate Change Law* der Columbia Law School.

155 Vgl „Zum Klimaschutz verurteilt", Welt-Sichten 17. 7. 2015 (http://www.welt-sichten.org/artikel/29344/urteil-klimaschutz [20. 7. 2017]).

156 Vgl *Schanda*, ecolex 2017, 89.

Nicht nur die nationalen Gerichte, auch der *EGMR* könnte in naher Zukunft (erstmals) mit einer öffentlich-rechtlichen Klimaklage befasst werden (so jedenfalls vom Schweizer Verein *KlimaSeniorinnen*[157] bzw einer Gruppe portugisischer Kinder[158] angedacht). Der Klimaschutz lässt sich meiner Meinung nach sehr wohl auch im Menschenrechtssystem der EMRK festmachen. So könnte man aus der bisherigen Jud des EGMR zu Umwelt- und Naturkatastrophen Parallelen zum Klimawandel ziehen. Letztlich müsste der EGMR aber eine *aktivere Rolle* als bisher einnehmen und den Ermessensspielraum der nationalen Staaten im Umweltbereich einengen. Gerade der Klimawandel mit seinen unumkehrbaren Umweltbeeinträchtigungen von globaler Wirkung würde sich dafür besonders eigenen. Einzelstaatliche Interessen können hier nicht schwerer wiegen als globale Interessen von existenzieller Notwendigkeit.

Erfolgversprechend könnten in Zukunft schließlich auch *völkerrechtliche Klimaklagen* gegen andere Staaten sein. Hinzuweisen ist in diesem Zusammenhang auf zwei *internationale Rechtsstudien*. Nach den von der International Law Association (ILA) im April 2014 verabschiedeten *„Legal Principles relating to Climate Change"*[159] haften Staaten (vornehmlich Industriestaaten) unter bestimmten Voraussetzungen auch für Klimaschäden. Dies dann, wenn sie gegen ihre umweltvölkergewohnheitsrechtliche Sorgfaltspflicht (due diligence)[160] verstoßen. Danach sind Staaten verpflichtet, sicherzustellen, dass durch Aktivitäten, die sie auf ihren Gebieten zulassen, die Umwelt in anderen Staaten nicht erheblich gefährdet wird.[161] Noch weiter geht ein im März 2015 von einer Gruppe internationaler Rechtsexperten vorgelegtes Thesenpapier, die *„Oslo Principles on Global Climate Change Obligations"*.[162] Die Studie bejaht eine klimarechtliche Verantwortung von Staaten und Unternehmen. Breiten Raum widmen die „Oslo-Grundsätze" sowohl der menschenrechtlichen Begründung des Klimaschutzes als auch der deliktsrechtlichen Haftung von Staaten und

157 Vgl oben Kapitel 5.2.4.

158 Vgl „Children – v – Governments of Europe & Climate Change" (https://www.crowdjustice.com/case/climate-change-echr [15. 1. 2018]).

159 Vgl http://www.ila-hq.org/en/committees/index.cfm/cid/1029 (20. 7. 2017).

160 Vgl dazu etwa *Kloepfer*, Umweltrecht[4] (2016) § 10 Rz 108 ff, insb Rz 110; *Frank*, Staatliche Klimaschutzpflichten – „Soft Law", „Due Diligence" und „Untermaßverbot", NVwZ 2016, 1599.

161 Näher zu den Rechtsgrundsätzen der ILA betreffend Klimawandel siehe *Frank/Schwarte*, Klimawandel und Völkerrecht. Anmerkungen zu den „Legal Principles Relating to Climate Change" der Internationalen Law Association, ZUR 2014, 643.

162 Vgl http://globaljustice.macmillan.yale.edu/sites/default/files/files/OsloPrinciples.pdf (20. 7. 2017) bzw http://globaljustice.macmillan.yale.edu/sites/default/files/files/GermanTranslationOsloPrinciples.pdf (20. 7. 2017).

privaten Unternehmen.[163] Im Gegensatz dazu lassen die bestehenden *völkerrechtliche Verträge* wichtige Fragen zur völkerrechtlichen Klimaverantwortung von Staaten unbeantwortet. Das zuletzt ausverhandelte *Übereinkommen von Paris* thematisiert in Art 8 leg cit zwar die durch den Klimawandel bedingten Verluste und Schäden („Loss and Damage"),[164] die 21. Vertragsstaatenkonferenz des UN-Klimarahmenübereinkommens stellte in ihrer einschlägigen Entscheidung[165] – auf Druck der USA – jedoch klar, dass Art 8 des Pariser Klimaübereinkommens *keine Grundlage für eine Haftung oder Entschädigung* darstellt.[166] Eine völkerrechtlich begründete Klimahaftung von Staaten lässt sich daher weiterhin allein aus dem Völkergewohnheitsrecht herleiten.[167]

Abseits diverser Klimaklagen ist der *Klimaschutz in der österreichischen Gerichtsbarkeit* ebenfalls bereits angekommen, wenngleich mit unterschiedlichem Erfolg. Seit 2010 hat der *VwGH* immer wieder „klimaschutzfreundliche" Entscheidungen getroffen. Dabei ging es jedoch niemals gegen wirtschaftliche Interessen, sondern stets gegen andere umweltrechtliche Belange, wie etwa Natur- und Gewässerschutz. Faktisch diente der Klimaschutz hier der Rechtfertigung von Wasserkraftwerken.[168] Höhepunkt der klimaschutzrechtlichen Judikatur in Österreich ist zweifellos das Projekt *„3. Flughafenpiste Wien"*. Hat das *BVwG* im Februar 2017 den Bau der 3. Piste aus Klimaschutzgründen untersagt, hob der *VfGH* das Erkenntnis im Juni

163 Näher zu den „Oslo-Grundsätzen" vgl *Frank*, Anmerkungen zu den „Oslo Principles on Global Climate Change Obligations", NVwZ 2015, 1499.

164 In das Pariser Klimaübereinkommen integriert wird dabei der bereits bestehende Warschau-Mechanismus für Loss and Damage.

165 Decision 1/CP.21, Adoption of the Paris Agreement, Rz 51.

166 Vgl dazu etwa *Böhringer*, Das neue Pariser Klimaübereinkommen. Eine Kompromisslösung mit Symbolkraft und Verhaltenssteuerungspotential, ZaöRV 2016, 753 (775 ff); *Morgenstern/Dehnen*, Eine neue Ära für den internationalen Klimaschutz: Das Übereinkommen von Paris, ZUR 2016, 131 (135); *Frank*, Anmerkungen zum Pariser Klimavertrag aus rechtlicher Sicht – insbesondere zu den"(I)NDCs", der 2°/1,5° Celsius-Schwelle und „loss and damage" im Kontext völkerrechtlicher Klimaverantwortung, ZUR 2016, 352 (356 ff); *Ekardt/Wieding*, Rechtlicher Aussagegehalt des Paris-Abkommen – eine Analyse der einzelnen Artikel, ZfU-Spezial Parisabkommen 2016, 36 (50 ff); *Kreuter-Kirchhof*, Das Pariser Klimaschutzübereinkommen und die Grenzen des Rechts – eine neue Chance für den Klimaschutz, DVBl 2017, 97 (103); *Franzius*, Das Paris-Abkommen zum Klimaschutz als umweltvölkerrechtlicher Paradigmenwechsel, EurUP 2017, 166 (172 f); *Nückel*, Rechtlicher Charakter des Pariser Übereinkommens – hard law oder soft law? ZUR 2017, 525 (530 f).

167 Vgl *Wissenschaftlicher Beirat der Bundesregierung Globale Umweltveränderungen (WBGU)*, Sondergutachten: Klimaschutz als Weltbürgerbewegung (2014) 56 f.

168 So auch *Meyer*, Wiener Zeitung 6. 7. 2017 (Onlineausgabe: http://www.wienerzeitung.at/meinungen/gastkommentare/902903_Das-VfGH-Urteil-zur-dritten-Piste-ein-Schuss-uebers-Ziel-hinaus.html [20. 7. 2017]).

2017 mit der Begründung auf, das BVwG habe den Klimaschutz in verfassungswidriger Weise in seine Interessenabwägung einbezogen. Die „Niederlage" des Klimaschutzes vor dem VfGH kann nicht kritiklos hingenommen werden. Der völker-, unions- und verfassungsrechtlich gebotene Klimaschutz müsste meiner Meinung nach nämlich *bei allen einfachgesetzlich normierten Interessenabwägungen* mitberücksichtigt werden. Dies auch dann, wenn das betreffende Materiengesetz den Klimaschutz nicht explizit als zu wahrendes öffentliches Interesse ausweist.

Zusammenfassend kann festgehalten werden, dass es bislang weder der nationalen noch der internationalen Politik gelungen ist, adäquate bzw mutige Maßnahmen im Kampf gegen den Klimawandel zu setzen. Die Rechtsetzung im Bereich des Klimaschutzes übt sich trotz einzelner kleiner Erfolge vielmehr noch immer in nobler Zurückhaltung. Nicht zuletzt deshalb wird immer öfter der Gerichtsweg beschritten.[169] Bei der UN-Klimakonferenz 2017 in Bonn (COP 23, 6.–17. November) rief der US-amerikanischen Klimawissenschaftler *James Hansen* sogar explizit zur Erhebung von Klima-Klagen gegen Unternehmen und Regierungen auf.[170] Es liegt daher zunehmend auch an den *Gerichten*, dem Klimaschutz zum Durchbruch zu verhelfen.[171] Denkt man an die vielen Ungerechtigkeiten im Zusammenhang mit dem Klimawandel, insb an die lebensbedrohliche Lage vieler Menschen oder an die

---

169 Die Situation ist mit aktuellen „Feinstaub-Klagen" im Bereich des Luftreinhaltungsrechts vergleichbar. Umfassend dazu vgl *Schulev-Steindl/Schnedl/Meyer* (Hrsg), Das Recht auf saubere Luft. Bürger und Bürgerinnen zwischen Politik und Gerichten (2016). Siehe ferner *Schulev-Steindl*, Zugang zum Recht auf saubere Luft, in *Baumgartner* (Hrsg), Öffentliches Recht. Jahrbuch 2016 (2016) 291; *Schwarzer*, Umsturz im Luftreinhaltungsrecht? Zur Einklagbarkeit von „sauberer Luft", ÖZW 2016, 114.

170 Vgl http://www.nationalgeographic.de/umwelt/2017/11/wissenschaftler-empfiehlt-klima-klagen-gegen-unternehmen-und-regierungen (13. 11. 2017).

171 Ein Durchbruch gelang dem Klimaschutz auf Gerichtsebene jüngst auch in *Südafrika*. Die Umweltorganisation *Earthlife Africa* (ELA) hatte gegen die Entscheidung des südafrikanischen Umweltministeriums, mit der der Bau eines 1200 MW *Kohlekraftwerks* in Limpopo bewilligt wurde, geklagt. Am 8. 3. 2017 entschied der *Oberste Gerichtshof in Pretoria* (Geschäftszahl: 65662/16; vgl http://cer.org.za/wp-content/uploads/2017/03/Judgment-Earthlife-Thabametsi-Final-06-03-2017.pdf [20. 7. 2017]), dass es die gesetzliche Pflicht des Umweltministeriums gewesen wäre, eine umfassende *Klimaverträglichkeitsprüfung* in Auftrag zu geben, deren Ergebnisse abzuwarten und diese in ihrer Entscheidung zu berücksichtigen. Umwelt- und Klimaschutzaspekte müssen nach dem Höchstgerichtsurteil somit bereits in der Planungsphase durchdacht und berücksichtigt werden. Näher zur genannten Entscheidung des Obersten Gerichtshofs in Pretoria vgl *Khan*, How climate change battles are increasingly being fought, and won, in court, The Guardian 8. 3. 2017 (Onlineausgabe: https://www.theguardian.com/environment/2017/mar/08/how-climate-change-battles-are-increasingly-being-fought-and-won-in-court [20. 7. 2017]); *Teichmann*, Erster „Klimawandel-Rechtstreit" in Südafrika gewonnen, Publikationen der Konrad Adenauer Stiftung 10. 3. 2017 (http://www.kas.de/wf/de/33.48166 [20. 7. 2017]).

enorme Belastung künftiger Generationen, sollten die nationalen wie internationalen Gerichte sich geradezu verpflichtet fühlen, sich dieser neuen Herausforderung zu stellen.[172] Erfolgreiche Klimaklagen bzw klimaschutzfreundliche Gerichtsentscheidungen würden letztlich wohl auch den Handlungsdruck auf die Politik erhöhen. Hoffentlich nicht in die entgegengesetzte Richtung![173]

---

172 Gefordert sind in nächster Zeit va auch die US-amerikanischen Gerichte im Hinblick auf die von US-Präsident *Donald Trump* betriebene Klimaschutzpolitik. Ende März 2017 unterzeichnete er ein *Dekret* (gleichsam eine Anweisung/ein Erlass) zur Abkehr vom sog *„Clean Power Plan"* aus dem Jahr 2015 (noch nicht in Kraft getreten, weil von diversen US-Bundesstaaten gerichtlich angefochten), gleichsam das Herzstück von *Barack Obamas* Klimapolitik (im „Plan für saubere Energie" werden erstmals landesweit verbindliche Ziele für die Reduzierung von Treibhausgasen im Energiesektor vorgeschrieben, nicht zuletzt um die Verpflichtungen aus dem Pariser Klimaschutzabkommen zu erfüllen). Mit dem Dekret hob *Trump* ua das von *Obama* 2016 verhängte *Moratorium zur Kohleförderung* auf um damit „den Krieg gegen die Kohle zu beenden". Ferner müssen laut Dekret *Bundesbehörden die Auswirkungen des Klimawandels nicht mehr bedenken, wenn sie Entscheidungen treffen.* Einen Tag nach Unterzeichnung des Dekrets haben mehrere Umweltschutzorganisationen und der indianische Ureinwohnerstamm der Northern Cheyenne *Klage gegen den Erlass* beim *District Court* (Bezirksgericht) in *Montana* eingereicht. Dem möchten diverse US-Bundesstaaten folgen. Zur Anfang 2017 eingebrachten „Klimaklage" gegen die Klimapolitik von US-Präsident *Donald Trump* vgl etwa „Klage gegen Trumps Klima-Dekret eingereicht, Frankfurter Allgemeine 30. 3. 2017 (Onlineausgabe: http://www.faz.net/aktuell/wirtschaft/wirtschaftspolitik/donald-trump-umweltschuetzer-reichen-klage-gegen-dekret-ein-14949088.html [20. 7. 2017]); „Umweltschützer klagen gegen Klimapläne der US-Regierung", Zeit Online 30. 3. 2017 (http://www.zeit.de/politik/ausland/2017-03/donald-trump-umweltschuetzer-klage-klimapolitik [20. 7. 2017]); „Umweltschützer klagen gegen Trumps Klimaplan", Spiegel Online 30. 3. 2017 (http://www.spiegel.de/wissenschaft/natur/donald-trump-umweltschuetzer-klagen-gegen-klimaplan-a-1141088.html [20. 7. 2017]).

173 So hat etwa der NÖ Landtag aus Anlass der BVwG-Entscheidung zur „dritten Piste" die NÖ Landesverfassung dahingehend geändert (LGBl 2017/62; siehe auch oben FN 20 und 30), dass das Staatsziel „Wirtschaft" dem Staatsziel „Lebensbedingungen" vorgereiht wurde (die Wirtschaft ist nunmehr in Art 4 Z 2 NÖ Landesverfassung verankert, die Lebensbedingungen in Art 4 Z 3 leg cit; vor besagter Novelle war es umgekehrt). Das Wirtschaftsstaatsziel wurde zudem um folgenden Satz ergänzt: *„Dabei kommen dem Wachstum, der Beschäftigung und einem wettbewerbsfähigen Wirtschaftsstandort besondere Bedeutung zu."* Kritisch dazu *Bergthaler/Kerschner/Schulev-Steindl*, Klimaschutz – nicht einmal mehr in Niederösterreich? RdU 2017, 133 (Editorial), die von einer „Neutralisierung" des Klimaschutzes auch in Niederösterreich sprechen. Ähnlich *Madner/Schulev-Steindl*, ZÖR 2017, 600.

Auch auf Bundesebene wurde im Zuge des Flughafen-Erkenntnisses des BVwG eine Verfassungsänderung nach der Devise „Arbeitsplätze vor Klimaschutz" gefordert. Danach soll der Schaffung und Sicherung von Arbeitsplätzen ein „besonders hohes, vorrangiges Gewicht" zuerkannt werden, insb im Rahmen von Abwägungsentscheidungen. Vgl „Dritte Piste: 'Arbeitsplätze vor Klimaschutz'", Kurier 14. 3. 2017 (Onlineausgabe: https://kurier.at/wirtschaft/dritte-piste-arbeitsplaetze-vor-klimaschutz/251.910.212 [20. 7. 2017]); „Umwelt versus Jobs: Pistenbaustopp entfacht neue Standortdebatte, Der Standard 23. 3. 2017 (Onlineausgabe: http://derstandard.at/2000054680633/Dritte-Piste-Flughafen-bekaempft-Bauverbot-vor-Hoechstrichtern [20. 7. 2017]). Die Landeshauptleute forderten in diesem Zusammenhang gar eine Entmachtung der VwG (im Kern ging es wohl darum, den VwG künftig nur mehr eine kassatorische Entscheidungsbefugnis einzuräumen). Vgl etwa „Landeshauptleute stellen Verwaltungsgerichte infrage", Der Standard 19. 4. 2017 (Onlineausgabe: http://derstandard.at/2000056157743/Landeshauptleute-stellen-Verwaltungsgerichte-infrage [20. 7. 2017]). Zu Recht kritisch dazu *Aichinger*, Wenn das Gericht der Macht im Weg steht, Die Presse 21. 4. 2017, 9; *Thienel*, Nur Gerichte sichern unsere Freiheit, Die Presse 24. 4. 2017, 13 f; *Kerschner*, Wer hat so große Angst vor den Verwaltungsgerichten im Umweltrecht und warum? RdU 2017, 106; *Bergthaler*, Gerichte und Gerüchte. Anmerkungen zur dritten Piste und zur vierten Gewalt, ZVG 2017, 73 (Editorial). Im Mai 2017 wurde schließlich im Nationalrat ein Initiativantrag betreffend ein Bundesgesetz, mit dem das BVG Nachhaltigkeit (vgl oben FN 16) geändert wird, eingebracht (IA 2172/A BlgNR 25. GP). Damit sollte – ähnlich dem Umweltschutz – auch das Wirtschaftswachstum (Bekenntnis zu Wachstum, Beschäftigung und zu einem wettbewerbsfähigen Wirtschaftsstandort) als Staatsziel in der Verfassung festgeschrieben werden (kritisch dazu *Wagner*, RdU 2017, 149 f; *Hutter*, Bashing und Backlash, RdU 2017, 152). Der Antrag fand vorerst allerdings keine Verfassungsmehrheit. Vgl dazu Die Presse 23. 6. 2017 (Onlineausgabe: http://diepresse.com/home/wirtschaft/economist/5239854/Kein-Staatsziel-Wirtschaft_Fataler-Fehler [20. 7. 2017]).

III. Klimaschutzrecht: Reformüberlegungen

Vollzugsdefizite im Umweltrecht. Ursachen, Lösungsstrategien und deren Relevanz für die aktuelle Klimaschutzdebatte

Miriam Karl

1. Einleitung

Das Umweltrecht kann wohl als Paradebeispiel für das Auftreten von Vollzugsdefiziten bezeichnet werden – kaum ein anderer Rechtsbereich war und ist immer noch derart von der Nichteinhaltung bestehender gesetzlicher Bestimmungen geprägt. Erste Untersuchungen über Vollzugsdefizite im Umweltrecht wurden vor knapp 40 Jahren erstellt und veröffentlicht,[1] und doch ist das Thema aktuell wie nie: Umweltskandale wie der HCB-Skandal in Kärnten oder der VW-Abgas-Skandal sind auch auf behördliche Fehler beim Vollzug des Umweltrechts zurückzuführen;[2] nicht zuletzt attestierte die GA *Kokott* Österreich vor kurzem „große Schwierigkeiten bei der Umsetzung der UVP-RL“[3]. Auch auf europäischer Ebene stellt das Umweltrecht jenen Politikbereich dar, in dem es die größten Schwierigkeiten bei der Umsetzung bestehender europarechtlicher Vorgaben gibt: in keinem anderen Politikbereich wurden in den vergangenen Jahren zahlenmäßig mehr Vertragsverletzungsverfahren durchgeführt.[4]

1 Ausgehend von *Mayntz/Bohne*, Vollzugsprobleme der Umweltpolitik (1978), wurden zahlreiche empirische Studien zum umweltrechtlichen Vollzug erstellt, s dazu etwa die Tabelle bei *Hering*, Unternehmen und Behörden in der Konfliktsituation Umweltschutz. Spieltheoretische und empirische Analyse für die Bundesrepublik Deutschland (2002) 42 f.

2 So sprach etwa die EU-Kommissarin für Industrie, *Elżbieta Bieńkowska*, ausdrücklich vom „Versagen“ der Genehmigungssysteme der Mitgliedstaaten, http://www.sueddeutsche.de/wirtschaft/volkswagen-skandal-eu-will-kfz-zulassung-europaweit-ueberwachen-1.2722400 (10.7.2017); auch im HCB-Skandal wurde den Behörden ein „Versagen“ bzw „schwere Fehler“ attestiert, s http://www.diepresse.com/home/panorama/oesterreich/4734167/HCBSkandal_Behoerden-haben-versagt (10.7.2017).

3 SA der GA vom 8.9.2016, C-348/15, *Stadt Wiener Neustadt.*

4 So betrafen etwa im Jahr 2016 23,7% aller laufenden Vertragsverletzungsverfahren den Sektor Umwelt. Auch im Bereich der EU-Pilot-Verfahren wurden mit 19% aller Verfahren zahlenmäßig am meisten Verfahren im Bereich Umwelt durchgeführt. http://ec.europa.eu/internal_market/

Zwar mag das Klimaschutzrecht selbst als Rechtsgebiet zu jung sein, um auch hier schon empirisch gestützt von einer speziellen Anfälligkeit für Vollzugsdefizite sprechen zu können. Doch auch hier muss davon ausgegangen werden, dass in Zukunft – ohne entsprechende vorbeugende Maßnahmen – Vollzugsdefizite auftreten können und werden;[5] ein Blick in das aktuelle Maßnahmenprogramm des Bundes und der Länder zur Umsetzung des Klimaschutzgesetzes[6] legt sogar nahe, dass dies bereits partiell der Fall ist. So werden in diesem Programm als Einzelmaßnahmen etwa die „konsequente Umsetzung der Deponieverordnung 2008 durch die Landesbehörden“[7], die „konsequente Vollziehung des Chemikalienrechts“[8] sowie umfangreiche Kontrollen, „Quoteneinhaltung“ und das Führen von Aufzeichnungen[9] genannt – Maßnahmen, welche bei ordnungsgemäßem Vollzug der gesetzlichen Vorgaben gar nicht erst als solche angeführt werden müssten (und sich erst recht nicht emissionsmindernd auswirken würden, würden die entsprechenden gesetzlichen Vorgaben schon von Anfang an korrekt umgesetzt werden). Auch anderen Klimaschutzmaßnahmen wie etwa dem europäischen Emissionshandelssystem kann bislang, wenn überhaupt, nur mäßige Wirksamkeit attestiert werden. Dies mag zwar nicht (nur) auf Defizite im Vollzug der bestehenden gesetzlichen Bestimmungen zurückzuführen sein, weist aber doch auf die Anfälligkeit gesetzlicher Klimaschutzmaßnahmen für Probleme bezüglich der tatsächlichen Wirksamkeit dieser Maßnahmen hin.[10]

---

scoreboard/performance_by_governance_tool/infringements/index_en.htm#t_0_18; http://ec.europa.eu/internal_market/scoreboard/performance_by_governance_tool/eu_pilot/index_en.htm (10.7.2017). Zur Vollzugsschwäche des europäischen Umweltrechts im Speziellen jüngst etwa *Saurer*, Neue Entwicklungen bei der Vollzugskontrolle im europäischen Umweltrecht, EurUP 2016, 78 (79). S außerdem *Bondarouk/Mastenbroek*, Reconsidering EU-Compliance: Implementation Performance in the Field of Environmental Policy, Environmental Policy and Governance 2017 (online early view), welche einen krit Überblick über Studien zum Vollzug des europäischen Umweltrechts in den Mitgliedstaaten der EU bieten.

5 Vgl für Deutschland etwa *Ziehm*, Vollzugsdefizite im Bereich des Klimaschutzrechts, ZUR 2010, 411, mit einer ausführlichen Analyse bestehender Vollzugsdefizite im deutschen Klimaschutzrecht.

6 https://www.bmlfuw.gv.at/dam/jcr:fd5073ac-3aa1-43f7-888e-09b8a641c9a7/KSG-Ma%C3%9Fnahmenprogramm%20Bund-L%C3%A4nder_2015-2018.pdf (10.7.2017).

7 Maßnahmenprogramm (FN 6) S 16 f.

8 Maßnahmenprogramm (FN6) S 18.

9 Maßnahmenprogramm (FN 6) S 18 ff.

10 Zum Problem der Wirksamkeit des europäischen Emissionshandelssystems s etwa *Weinreich* in *Landmann/Rohmer* (Hrsg), Umweltrecht (83.EL 2017) 5.1.B. Klimaschutz und Emissionshandel Rz 10 ff, *Beckmann/Fisahn*, Probleme des Handels mit Verschmutzungsrechten – eine Bewertung ordnungsrechtlicher und marktgesteuerter Instrumente in der Umweltpolitik, ZUR 2009, 299 (301 ff), sowie aktuell *Gawel*, Der EU-Emissionshandel vor der vierten Handelsperiode, EnZW 2016, 351, jeweils mwN. Für Österreich s außerdem *Bergthaler*, CO2-Handel als wirksames Instrument?

Betrachtet man die Ursachen für das Auftreten von Vollzugsdefiziten im Umweltrecht näher, so wird deutlich, dass einige dieser Ursachen den Bereich des Klimaschutzrechts noch viel stärker treffen und somit eine noch größere Gefahr des Auftretens von Vollzugsdefiziten besteht. Um tatsächlich wirksame Klimaschutzmaßnahmen zu ergreifen, gilt es also, schon im Vorhinein durch gewisse Vorkehrungen sicherzustellen, dass Vollzugsdefizite nicht oder nur in einem geringen Ausmaß auftreten können. Auf die Gründe für die hohe Anfälligkeit des Klimaschutzrechts für Vollzugsdefizite und allfällige Lösungsstrategien soll im Folgenden eingegangen werden. Davor soll zunächst definiert werden, was überhaupt unter dem Begriff „Vollzugsdefizit" zu verstehen ist und wie sich dieses von der bloß partiellen Nichtbefolgung einer Norm unterscheidet.

2. Definition

2.1. Regelungsdefizit – Vollzugsdefizit - Beachtensdefizit

Ein „Vollzugsdefizit" liegt immer dann vor, wenn bestehendes Recht nicht oder nicht vollständig umgesetzt wird, sodass der eigentliche Zweck der Regelung verfehlt wird.[11] Dies kann nun einerseits dadurch geschehen, dass Gesetzesbestimmungen durch die Behörden selbst gar nicht, nur partiell oder fehlerhaft vollzogen werden. Zum anderen können Vollzugsdefizite aber auch durch fehlende oder unzureichende Sanktionierung von Verstößen durch Normunterworfene auftreten. Schreibt etwa eine Behörde im Rahmen einer Betriebsanlagengenehmigung gem §§ 74, 77 GewO[12] nicht die notwendigen Auflagen zur Verhinderung von gesundheitsgefährdenden Emissionen vor, so kann es sich dabei um ein Vollzugsdefizit handeln. Aber auch dann, wenn die Behörde zunächst zwar umfassende Auflagen vorsieht, der Betriebsanlageninhaber diese aber nicht umsetzt und die Behörde dies nicht kontrolliert und sanktioniert, kann ebenfalls ein Vollzugsdefizit vorliegen, wenn die Sanktionierung, wie in diesem Fall gem § 367 Abs 1 Z 25 GewO, gesetzlich vorgesehen ist: es muss sich also beide Male um einen Vollzugsfehler von Seiten der

---

Eine Bewertung aus österreichischer Sicht, in *IUR/IUTR* (Hrsg), Europäisches Klimaschutzrecht und erneuerbare Energien (2014) 45.

11 Vgl *Franz*, Einführung in die Verwaltungswissenschaft (2013) 253 f, sowie *Ludwig*, Privatisierung staatlicher Aufgaben im Umweltschutz (1998) 113 ff, *Hering*, Konfliktsituation 36, und *Bohne*, Der informale Rechtsstaat. Eine empirische und rechtliche Untersuchung zum Gesetzesvollzug unter besonderer Berücksichtigung des Immissionsschutzes (1981) 23 ff.

12 Gewerbeordnung 1994, BGBl 1994/194 idF BGBl I 2017/107.

Behörde handeln, welcher die tatsächliche Nichteinhaltung rechtlicher Vorgaben durch den Normunterworfenen zur Folge hat.[13] Je nachdem, in welche Sphäre die Ursache für ein Vollzugsdefizit fällt, kann zwischen Regelungsdefiziten, Vollzugsdefiziten ieS und Beachtensdefiziten gesprochen werden.[14] So hat ein *Regelungsdefizit* seine Ursache in der gesetzlichen Bestimmung selbst:[15] durch mangelnde Vollzugseignung, unklar formulierte Bestimmungen oder unklar abzugrenzende Ermessensspielräume der Behörden kommt es zu Fehlern im Vollzug der gesetzlichen Bestimmung. Derartige Vollzugsdefizite können freilich nur durch eine entsprechende Novellierung der zugrundeliegenden gesetzlichen Bestimmung behoben werden bzw ist es schon im Vorhinein Aufgabe des Gesetzgebers, durch entsprechende Formulierung und Ausgestaltung der gesetzlichen Vorgaben das Entstehen von derartigen Vollzugsdefiziten zu vermeiden.

Bei *Vollzugsdefiziten ieS*[16] handelt es sich dagegen um solche Defizite, die durch die Behörde selbst verursacht werden. Mangelnde personelle oder sachliche Ausstattung, fehlendes Fachwissen oder schlicht Unwillen zum korrekten Vollzug der gesetzlichen Bestimmungen führen zur fehlerhaften Anwendung oder gar dem Unterbleiben der Vollziehung gesetzlicher Vorgaben – mit Vollzugsdefiziten als Folge.

Schließlich können Vollzugsdefizite auch auf *Beachtensdefizite*[17] zurückzuführen sein: diese Vollzugsdefizite haben ihre primäre Ursache in der Nichtbeachtung gesetzlicher Vorgaben durch die Rechtsadressaten. Werden gesetzliche Vorgaben zu-

---

13 So ausdrücklich *Hering*, Konfliktsituation 36, wonach nur eine durch die Vollzugsbehörde induzierte Soll-Ist-Differenz ein Vollzugsdefizit darstellen kann, und *Ludwig*, Privatisierung 114, demzufolge aber auch jene Fälle hierunter zu subsumieren sind, in welchen schon die weitere Konkretisierung gesetzlicher Vorgaben in Verordnungsform durch die zuständigen Vollzugsorgane unterbleibt.

14 *Franz*, Einführung 253, sowie *ders*, Vollzugsdefizite – Weil oft ist, was nicht sein darf! vr 2011, 158 (159 f).

15 Mitunter auch als „strukturelle" oder „programmierte" Vollzugsdefizite bzw „vollzugsuntaugliche" oder „-unfreundliche" Regelungen werden Defizite bezeichnet, welche bereits in der Norm „angelegt", also auf ein (mitunter als absichtlich herbeigeführt qualifiziertes) Regelungsdefizit zurückzuführen sind; vgl etwa *Lahl*, Das programmierte Vollzugsdefizit – Hintergründe zur aktuellen De-Regulierungsdebatte, ZUR 1993, 249; *Albin*, Die Vollzugskontrolle des Europäischen Umweltrechts (1999) 321 ff. Zum damit zusammenhängenden Phänomen der „symbolischen Gesetzgebung" iS von absichtlich herbeigeführten, „programmierten" Vollzugsdefiziten vgl bloß *Newig*, Symbolische Umweltgesetzgebung (2003) 32 ff, 55. Kritisch zum Begriff des „strukturellen Vollzugsdefizits" *Franz*, Einführung 253.

16 Im Vergleich zu Regelungsdefiziten lassen sich die Ursachen für das Auftreten solcher Vollzugsdefizite nicht in den gesetzlichen Umweltschutzvorschriften selbst finden, sind also demnach nicht dem Gesetzgeber zuzuordnen; zu den Ursachen für Vollzugsdefizite im Allgemeinen siehe aber sogleich unten.

17 *Franz*, Einführung 254.

nächst zwar rechtskonform umgesetzt und vollzogen, in der Folge aber durch den einzelnen Normunterworfenen nicht eingehalten, so treten wiederum Vollzugsdefizite auf. Als primäre Ursache kann hierfür eine unzureichende Beachtung durch die Verpflichteten angeführt werden; es obliegt aber auch in diesen Fällen dem Gesetzgeber, entsprechende Sanktionsmechanismen vorzusehen und den Behörden, diese auch entsprechend umzusetzen. Insofern sind also auch Beachtensdefizite letztlich auf Regelungsdefizite oder Vollzugsdefizite ieS zurückzuführen, wenn die gesetzlichen Grundlagen für die Sanktionierung unrechtmäßigen Verhaltens defizitär ausgestaltet sind oder die Umsetzung dieser Bestimmungen durch die Behörde nur unzureichend oder gar nicht erfolgt.[18]

2.2. Quantitative und qualitative Erheblichkeit

Außerdem muss die Nichteinhaltung umweltrechtlicher Vorgaben eine gewisse quantitative und qualitative Erheblichkeit erreichen, um tatsächlich von einem umweltrechtlichen „Vollzugsdefizit" sprechen zu können. Dass der Behörde in einzelnen Verfahren vollzugsrelevante Fehler unterlaufen, ein Einzelner bestehende Vorgaben zum Umweltschutz nicht einhält oder Grenzwerte geringfügig überschreitet, ohne dafür belangt zu werden, reicht allein nicht aus, um ein Vollzugsdefizit konstatieren zu können. Vielmehr ist es der Rechtsordnung anheim, dass bis zu einem gewissen Grad Fehler im Vollzug passieren[19] – andernfalls wären ein umfangreiches Rechtsschutzsystem und Bestimmungen wie jene über die Amts- oder Umwelthaftung un-

---

18 Die Unterscheidung nach Verursachungssphären zwischen Beachtensdefiziten einerseits und Vollzugs- bzw Regelungsdefiziten andererseits findet sich so in der rechtswissenschaftlichen Literatur nur bei *Franz*, Einführung 254, bzw *ders*, vr 2011, 159. Sie ist aber mE insb für die Auswahl möglicher Instrumente zur Verhinderung dieser Defizite von Relevanz, da hierbei keine Veränderung des primären behördlichen Vollzugs notwendig ist, sondern das Verhalten der Normunterworfenen im Fokus möglicher Lösungsansätze stehen muss. Deshalb soll diese Unterscheidung auch und insb im Kapitel „Lösungsansätze" weiter herangezogen werden. Weitere ursachenbezogene Differenzierungen nach verschiedenen Defizittypen finden sich etwa bei *Ekardt* (Unterscheidung zwischen Steuerungs-, Wissens-, Implementations- und Motivationsproblemen) sowie bei *Czybulka* (Unterscheidung zwischen Wahrnehmungs-, Kenntnis-, Bewertungs-, Motivations-, Verhaltens-, Steuerungs-, Organisations- und Kontrolldefiziten), s *Ekardt*, Information, Verfahren, Selbstregulierung, Flexibilisierung: Instrumente eines effektiven Umweltrechts? NuR 2005, 215 (217), und *Czybulka*, Umweltschutzdefizite und Verwaltungskultur, JZ 1996, 596.

19 Vgl *Franz*, Einführung 252: „Die ausnahmslose Beachtung einer Rechtsnorm ist nur ein gedachter Idealzustand". Allgemein dazu etwa auch *Blankenburg*, Über die Unwirksamkeit von Gesetzen, ARSP 1977, 31, und *Voßkuhle*, Duldung rechtswidrigen Verwaltungshandelns? Zu den Grenzen des Opportunitätsprinzips, Die Verwaltung 1996, 511.

nötig. Eine genaue Definition dieser Erheblichkeitsschwelle bleibt aber schwierig[20] – es ist wohl im Einzelfall zu prüfen, ob das jeweilige Defizit in der praktischen Anwendung einer gesetzlichen Vorgabe in quantitativer oder qualitativer Hinsicht derart stark ausgeprägt ist, dass von einem Vollzugsdefizit gesprochen werden kann.

3. Ursachen

Die Ursachen für Vollzugsdefizite im Umweltrecht sind vielfältiger Natur – oft kann über die genauen Gründe eines konkreten Vollzugsdefizits überhaupt nur spekuliert werden.[21] Offensichtlich ist wohl, dass ein hoher Grad an Komplexität umweltrechtlicher Normen und Unklarheiten über deren Auslegung das Entstehen von Vollzugsdefiziten befördern, auch ein Mangel an Vollzugspersonal und eine bloß „symbolische"[22] Gesetzgebung wurden bereits als Ursachen für das Entstehen von Vollzugsdefiziten angeführt.[23] All diese Probleme treffen wohl nicht nur den Bereich des Umweltrechts, sondern fördern in allen Rechtsgebieten das Entstehen von Vollzugsdefiziten. Im Folgenden sollen aber drei Ursachen besprochen werden, die mE von besonderer Relevanz im Bereich des Umwelt- und insbesondere des Klimaschutzrechts sind. Es handelt sich, anders als bei den obig genannten Fällen, in allen Fällen um Vollzugsdefizite, die sich auf Motivationsprobleme[24] zurückführen lassen. Diese Ursachen können freilich nicht

---

20 *Franz*, Einführung 252 f, empfiehlt, als Grenze eine Nichtbeachtung in mehr als 10 % der Fälle des Geltungsanspruches einer Norm festzusetzen, ohne diesen Wert näher zu begründen. Abhängig davon, ob prozentual zur Menge der Rechtsnormen deutlich weniger vollzogen wird oder nur in bestimmten (neuartigen) Rechtsgebieten der Vollzug unterbleibt, unterscheiden etwa *Sparwasser/Engel/Voßkuhle* zwischen systemischen und partiellen Vollzugsdefiziten, ohne eine Erheblichkeitsschwelle für das Vorliegen von Vollzugsdefiziten genauer zu definieren, s *Sparwasser/Voßkuhle/Engel*, Umweltrecht. Grundzüge des öffentlichen Umweltschutzrechts[5] (2003) 64 f. *Hering*, Konfliktsituation 36 ff, stellt fest, dass allgemein akzeptierte Bewertungskriterien schlichtweg fehlen.

21 *Sparwasser/Voßkuhle/Engel*, Umweltrecht 65.

22 Zum Begriff der „symbolischen Gesetzgebung" im Bereich des Umweltrechts ausführlich *Newig*, Umweltgesetzgebung 40 ff.

23 Vgl etwa *Albin*, Vollzugskontrolle 321 ff, *Lübbe-Wolff*, Vollzugsprobleme der Umweltverwaltung, NuR 1993, 220 ff, und *Hering*, Konfliktsituation 46 ff mwN.

24 Vgl die diesbezügliche Unterteilung in Steuerbarkeits-, Wissens-, Implementations- und Motivationsprobleme bei *Ekardt*, NuR 2005, 217. Ein Motivationsproblem zeichnet sich demnach dadurch aus, dass die Interessenslage der Rechtsanwender und Normadressaten der Anwendung geltender Umweltschutzbestimmungen entgegensteht, eine „Rechtsbefolgungsmotivation" also nicht vorhanden ist. Auch bei „symbolischer" Gesetzgebung kann es sich in gewisser Weise um ein Motivationsproblem handeln, allerdings schon von Seiten des Gesetzgebers, ist doch eine „symbolische" Umweltschutzbestimmung von vornherein nicht darauf ausgelegt, auch praktische Wirksamkeit zu erlangen. Insofern unterscheidet sich symbolische Gesetzgebung auch von den im Folgenden dargestellten Ursachenkomplexen.

klar voneinander abgegrenzt werden, sondern wirken vielmehr zusammen- und ineinander.

3.1. Das Problem der fehlenden Betroffenheit

Im Unterschied zu anderen Rechtsgebieten fehlt Normunterworfenen im Umweltrecht oft ein „natürlicher" Anreiz, von sich aus rechtskonform zu agieren – zu unwahrscheinlich ist es, dass sie bei einem allfälligen Umweltschaden selbst unmittelbar betroffen sein werden.[25] Gelangen etwa durch eine Fabrik giftige Stoffe in einen Fluss, so sind dadurch primär die Pflanzen und Tiere im betroffenen Flussabschnitt sowie eventuell einige Anrainer flussabwärts betroffen, nicht aber die verantwortlichen Angestellten und Führungskräfte der Fabrik. Diese haben (von idealistischen Motiven abgesehen) keinen unmittelbaren Anreiz, rechtskonform zu handeln, sind sie doch (den Fall eines Strafverfahrens ausgenommen) *per se* nicht negativ von ihrem Handeln tangiert. Sind von diesem Verhalten keine unmittelbaren Auswirkungen auf Menschen zu erwarten, so fehlt überhaupt eine unmittelbar betroffene Personengruppe, welche ein Interesse haben könnte, den konkreten Schaden zu verhindern bzw zu beseitigen.[26] Dies trifft auf vielerlei Konstellationen im Umweltrecht zu: das Umweltrecht schützt nämlich, anders als etwa das Konsumentenschutz- oder Nachbarrecht, nicht nur spezifische Personengruppen, sondern primär Interessen der Allgemeinheit.[27]

Dies hat zur Konsequenz, dass Bestimmungen zum Umweltschutz vielfach erst dann zur tatsächlichen Wirksamkeit verholfen wird, wenn ein konkreter Umweltschaden droht, der negative Auswirkungen auf die Bevölkerung haben würde. Dem von *Davy* treffend beschriebenen „Reiz-Reaktions-Schema"[28] zufolge werden näm-

---

25 So handelt es sich bei den Schutzgütern im Umweltrecht doch oftmals um Kollektivgüter, bei verletzten Interessen oft um Interessen der Allgemeinheit bzw Öffentlichkeit, vgl bloß *Ramsauer*, § 3 Allgemeines Umweltrecht, in *Koch* (Hrsg), Umweltrecht[4] (2014) Rz 54 f. Hierzu aus politikwissenschaftlicher Perspektive außerdem ausführlich *Pamme/Grunow*, Das Politikfeld Umweltpolitik, in *Grunow* (Hrsg), Implementation in Politikfeldern (2017) 161 (184 ff).

26 Freilich haben sich allerorts Umweltschutzorganisationen, Bürgerinitiativen und engagierte Einzelpersonen dieses Problems angenommen.

27 So etwa *Krämer*, Defizite im Vollzug des EG-Umweltrechts und ihre Ursachen, in *Lübbe-Wolff* (Hrsg), Der Vollzug des europäischen Umweltrechts (1996) 7 (28 ff). S außerdem *Wagner* in *Wagner* (Hrsg), Umwelt- und Anlagenrecht. Band I: Interdisziplinäre Grundlagen (2016) I. Allgemeiner Teil 47, wonach etwa die „Funktionsfähigkeit des Naturhaushalts" und die „biologische Vielfalt" zu den Schutzgütern des Umweltrechts zählen.

28 *Davy*, Folgenloses Umweltrecht. Rechtspolitische Anmerkungen zu Schwächen der Gesetzgebungs- und Vollzugspraxis in Österreich (1989) 41.

lich Umweltprobleme durch den Gesetzgeber oder die Behörden vielfach erst dann und nur punktuell adressiert, wenn ein einzelner, konkreter Umweltschaden bereits eingetreten ist oder unmittelbar bevorsteht – eine dem Vorsorgeprinzip[29] freilich diametral entgegenstehende Vorgehensweise.

Bezogen auf den Klimawandel ergibt sich hier eine ganz neue Dimension der Problematik: Das zeitliche und örtliche Auseinanderfallen von klimaschädigender Handlung und deren Folgen lassen eine unmittelbare Betroffenheit des Einzelnen durch sein eigenes klimaschädigendes Verhalten quasi unmöglich erscheinen – zu komplex und differenziert sind die Kausalzusammenhänge bei diesem globalen Phänomen, zu unsicher überhaupt die Datenlage über konkrete Folgen einzelner Emissionen. Vielmehr ist es denkbar, dass Emissionen aus Österreich und Europa Jahrzehnte später Extremwetterereignisse in anderen Kontinenten auslösen, und umgekehrt zB Emissionen aus Asien solche Wetterphänomene in Europa.[30] Weder für die Einzelperson noch den einzelnen Staat ist sichergestellt, dass durch eigene Klimaschutzmaßnahmen tatsächlich eine Verbesserung vor Ort auftritt – dementsprechend gering ist der Anreiz, nur aus Gründen der potentiellen Betroffenheit vom Klimawandel Mitigationsmaßnahmen (gerade auch im Gegensatz zu Adaptionsmaßnahmen) zu ergreifen.

3.2. Das Wirtschaftlichkeitsproblem

Darüber hinaus spielt der Kostenfaktor eine große Rolle bei der Umsetzung von Umweltschutzmaßnahmen: umweltfreundlichere Technik, naturnahe Ausgleichsmaßnahmen oder schlicht die weniger intensive Bewirtschaftung von landwirtschaftlichen Flächen, ebenso wie Maßnahmen zur Überwachung der Einhaltung von Umweltstandards, wie regelmäßige Proben und Tests oder der Betrieb von Messstellen, verursachen hohe Kosten. Auch wenn diese kurzfristig auftretenden Kosten auf lange Sicht insgesamt deutlich unter den Folgekosten dadurch verhinderter Umweltschäden liegen – Umweltschutzmaßnahmen sind niemals vollständig verteilungsneutral.[31] Die Missachtung von Vorgaben zum Schutz der Umwelt ist also in vielen Fällen für den Einzelnen die kostengünstigere Variante – ein mo-

---

29 Zum Vorsorgeprinzip als Leitprinzip des europäischen Umweltrechts s etwa *Meßerschmidt*, Europäisches Umweltrecht (2011) 285 ff.

30 So ist es mehr als fraglich, ob es zukünftig möglich sein wird, einzelne „Verursacher" für einzelne Folgen des Klimawandels zu benennen, wenngleich in der Gesamtheit wohl die gesamte Weltbevölkerung in unterschiedlichem Ausmaß von den Folgen des Klimawandels betroffen sein wird. Zu den möglichen Folgen des Klimawandels vgl bloß *Intergovernmental Panel on Climate Change (IPCC)*, Fifth Assessment Report (AR5), http://www.ipcc.ch/report/ar5/ (10.7.2017).

31 So schon *Davy*, Folgenloses Umweltrecht 44 f.

netärer Anreiz zum Schutz der Umwelt besteht ohne gezielte Maßnahmen meist nicht: zu indirekt ist, wenn überhaupt vorhanden, der Zusammenhang zwischen Kostenersparnis bei der Verursachung eines Schadens und den Kosten für die Beseitigung bzw Minderung der Folgen des verursachten Schadens. Demgegenüber stellt aber eine mögliche Kostenersparnis oft einen Hauptgrund für einzelne Personen dar, selbst Maßnahmen zum Umwelt- bzw Klimaschutz umzusetzen. So stellen etwa Kostenaspekte und finanzielle Förderungen im Gegensatz zu Umwelt- und Klimaschutzaspekten die Hauptfaktoren für die Wahl unterschiedlicher Heizungssysteme bzw die energetische Sanierung durch Hauseigentümer dar;[32] erste Erfahrungen mit Fördermodellen für Elektromobilität etwa in Norwegen zeigen, dass die Anzahl der neuzugelassenen Elektrofahrzeuge unmittelbar mit dem Bestehen bzw Nichtbestehen finanzieller (und sonstiger) Vorteile für E-Fahrzeuge zusammenhängt.[33]

Gerade im Bereich des Klimawandels ist es, wie oben bereits thematisiert, nahezu ausgeschlossen, dass einer Einzelperson ein finanzieller Schaden direkt durch die ausschließlich von ihm verursachten Emissionen entsteht – zu vielfältig und indirekt sind die Kausalitätszusammenhänge, die zwischen einzelnen Treibhausgasemissionen und bestimmten Folgen des Klimawandels, etwa Extremwetterereignissen wie Hitze- und Dürreperioden oder Überschwemmungen, liegen. Nichtsdestotrotz steht schon jetzt fest, dass gerade auch Österreich mit massiven finanziellen Folgen des Klimawandels rechnen muss.[34] Klimaschutz ist also langfristig auch finanziell gesehen die „kostengünstigere" Variante – dies spiegelt sich aber im Moment noch nicht in den Kosten wider, die für emissionsintensive Verhaltensweisen und entsprechendes Konsumverhalten anfallen.[35] Dabei stünden verschiedenste politische

32 *Michelsen/Madlener,* Motivational factors influencing the homeowners' decisions between residential heating systems: An empirical analysis for Germany, Energy Policy 2013, Vol 57, 221, sowie *Wilson/Crane/Chryssochoidis,* Why do homeowners renovate energy efficiently? Contrasting perspectives and implications for policy, Energy Research & Social Science (2015) Vol 7, 12.

33 So werden die massiven Steuervorteile und sonstigen finanziellen Anreize (Mautbefreiung, kostenloses Parken) als Hauptgründe für die Anschaffung eines E-Autos angeführt, vgl http://wpstatic.idium.no/elbil.no/2016/06/paper-evs29-norwegian-ev-success.pdf (10.7.2017), sowie *Mersky/Sprei/Samaras/Qian,* Effectiveness of Incentives on Electric Vehicle Adoption in Norway, Transportation Research (2016) Part D 46, 56-68.

34 S dazu ausführlich die Beiträge in *Steininger/König/Bednar-Friedl/Kranzl/Loibl/Prettenthaler* (Hrsg), Economic Evaluation of Climate Change Impacts. Development of a Cross-Sectoral Framework and Results for Austria (2015). S auch den Beitrag von *Karl Steininger* in diesem Band.

35 Dies würde eine Internalisierung externer Kosten erfordern; dazu und zur Theorie externer Effekte im Umweltbereich im Allgemeinen s etwa *Tietenberg/Lewis,* Environmental & Natural Resource Economics[10] (2015) 50 ff, sowie *Hering,* Konfliktsituation 16 ff.

Instrumente[36] zur Verfügung, um direkt oder indirekt die der Allgemeinheit in Zukunft entstehenden Kosten auf den Einzelnen, abhängig von der Emissionsintensität seines Lebensstils, umzuwälzen. Ohne diese aber fehlt es dem Einzelnen an konkreten finanziellen Anreizen, Maßnahmen zum Klimaschutz zu ergreifen, was wiederum die Einhaltung gesetzlicher Vorgaben zum Schutz des Klimas unwahrscheinlicher erscheinen lässt.

3.3. Das Kooperationsproblem

Schließlich kommt im Bereich des Umweltschutzes oft erschwerend hinzu, dass Aktivitäten nur dann zielführend sind, wenn nicht bloß Einzelne, sondern ein Großteil der Bevölkerung entsprechende Maßnahmen ergreift. So sind etwa Maßnahmen zur Verhinderung der Luftverschmutzung durch Kfz wirkungslos, wenn sich die Mehrheit der Betroffenen nicht an ihnen beteiligt: eine Geschwindigkeitsbeschränkung auf 100 km/h auf Autobahnen kann nur dann zur Reduktion der Feinstaub- und Stickoxidbelastung beitragen, wenn ein Großteil der Autofahrer auch tatsächlich das Tempo im entsprechenden Streckenabschnitt merklich reduziert. Ein Einzelner aber, der weiterhin mit erhöhter Geschwindigkeit fährt, profitiert dagegen gleich doppelt: die Luftqualität verschlechtert sich durch sein Verhalten insgesamt nicht merklich, wenn der Rest der Autofahrer das Tempolimit einhält, und er selbst erreicht sein Fahrziel im Gegensatz zu den anderen Autofahrern aufgrund der erhöhten Geschwindigkeit schneller.

Dieser spieltheoretische Effekt lässt sich immer dann beobachten, wenn ein Umweltschaden durch viele Einzelpersonen hervorgerufen wird, deren Verhalten für sich allein relativ unschädlich ist, in Summe aber zu einem erheblichen Schaden führt.[37] In diesem Fall ist der Anreiz für eine Einzelperson, das schädigende Verhalten einzustellen, sehr gering, wenn nicht sichergestellt wird, dass auch ein Großteil der restlichen Bevölkerung seinen Teil zur Verhinderung des Schadens beiträgt. Andernfalls ist diese einzelne Person nämlich doppelt benachteiligt: der eigentliche Umweltschaden wird durch das Verhalten dieser Person nicht vermieden oder maßgeblich verringert, trotzdem trägt diese Person sämtliche Nachteile, die mit der Einstellung des umweltschädigenden Verhaltens verbunden sind. Je höher die Zahl der möglichen Verursacher, und je unwahrscheinlicher die Kooperation des Groß-

36 S etwa bei *Buchholz/Heindl*, Ökonomische Herausforderungen des Klimawandels, Perspektiven der Wirtschaftspolitik 2015, 324 (332 ff) und *Adolf*, Marktwirtschaftliche Instrumente – Königsweg der Klimapolitik? Wirtschaftsdienst 2008, 326.

37 Dieser Effekt wird auch unter dem Schlagwort „Free-Riding" bzw „Trittbrettfahren" beschrieben, s etwa *Tietenberg/Lewis*, Environmental & Natural Resource Economics 58, sowie bezogen auf den Klimawandel aus rechtswissenschaftlicher Perspektive etwa auch *Ekardt*, NuR 2005, 219 f.

teils der Schädiger ist, desto kleiner ist auch der Anreiz, das schädigende Verhalten künftig zu unterlassen.[38]

Dies zeigt sich gerade beim Klimawandel ganz deutlich, kann dieser doch nur wirksam bekämpft werden, wenn sich ein Großteil der weltweiten Treibhausgasemittenten an Klimaschutzmaßnahmen beteiligt.[39] Ein vergleichsweise kleiner Treibhausgasemittent, wie Österreich, ist darauf angewiesen, dass auch andere Staaten ihre Emissionen merklich reduzieren – umso größer muss aber das Interesse eines vom Klimawandel besonders nachteilig betroffenen Staates, wie Österreich,[40] sein, auf europäischer und internationaler Ebene auf wirksame und rechtsverbindliche Klimaschutzübereinkommen hinzuwirken. Mag auch ein isoliertes Vorgehen Österreichs wenig Aussicht auf Erfolg haben, so ist doch klar, dass Österreich von weltweiten Klimaschutzmaßnahmen stark profitieren würde. Auf internationaler Ebene können Probleme wie fehlende finanzielle Anreize für Klimaschutzmaßnahmen und vor allem das Kooperationsdilemma durch rechtsverbindliche und effektive internationale Übereinkommen zum Klimaschutz deutlich abgeschwächt werden.

4. Lösungsstrategien

Um das inzwischen „altbekannte" Problem der Vollzugsdefizite im Umweltrecht zu umgehen, wurde bereits eine Vielzahl unterschiedlicher Lösungsvorschläge diskutiert und erprobt: über die Abkehr von ordnungsrechtlichen Steuerungsmodellen hin zu ökonomisch orientierten Instrumenten, partizipativen Elementen in Verwaltungsverfahren sowie Informations- und Auskunftsrechten bis zum Konzept der Selbstregulierung und freiwilligen Selbstverpflichtung wurde das Spektrum der Instrumente, die dem Gesetzgeber bei der Gestaltung des Umweltrechts zur Verfügung stehen, weit ausgeschöpft.[41] Dies mit unterschiedlichem Erfolg – bringen doch alle Instrumente ihre Vor- und Nachteile mit sich und eignen sich nicht gleichermaßen für jede Form des Umweltschutzes. Letztlich bedarf es im Umweltrecht wohl eines Instrumentenmix, um verschiedenste Umweltprobleme wirksam regeln

38 Vgl bloß *Hering*, Konfliktsituation 52 ff.

39 Verschiedene Kooperations-Szenarien und deren Folgen für die Klimapolitik finden sich etwa bei *Buchholz/Heindl*, Perspektiven der Wirtschaftspolitik 2016, 337 ff.

40 Zu den negativen Auswirkungen des Klimawandels in Österreich s den Beitrag von *Gottfried Kirchengast* in diesem Band.

41 Das Umweltrecht kann deshalb wohl auch als „Referenzgebiet" für die Erprobung neuer rechtlicher Instrumente bezeichnet werden, vgl etwa *Hoffmann-Riem*, Instrumente indirekter Verhaltenssteuerung, ZAU 1992, 348.

zu können.[42] Die Wahl des geeigneten Instruments hat entscheidenden Einfluss auf den Vollzug des Umweltrechts[43] – umso wichtiger ist es daher, von vornherein das „richtige“ Instrument zur Umsetzung eines bestimmten Zieles auszuwählen. Welche Instrumentenkategorien dazu zur Verfügung stehen, und wie einmal entstandene Vollzugsdefizite behoben werden können, soll nun gezeigt werden.

4.1. Vollzugssteuerung auf Gesetzgebungsebene

Bereits auf Ebene der Gesetzgebung müssen Regelungsdefizite tunlichst vermieden werden. Dazu muss der Gesetzgeber effektive Instrumente zum Umweltschutz gesetzlich verankern; solche nämlich, die zur Zielerreichung geeignet und außerdem praktisch durchführbar sind.[44] Dabei stehen dem Gesetzgeber zunächst die „klassischen“ *ordnungsrechtlichen Instrumente*, nämlich gesetzliche Ge- und Verbote, zur Verfügung. Nachteile dieser ordnungsrechtlichen Instrumente stellen insbesondere deren mangelnde Flexibilität, die Gefahr der Normenflut und Überregulierung sowie der hohe Verwaltungs- und Kostenaufwand bei der Umsetzung und Überwachung dar.[45] Wenngleich das Ordnungsrecht gerade im Bereich des Umweltrechts mitunter an seine Grenzen zu stoßen scheint,[46] stellt es dennoch den Großteil des bestehenden Umweltrechts dar.[47] Derartige ordnungsrechtliche Maßnahmen mit Bezug zum Klimaschutz bilden etwa Emissionsgrenzwerte, wie zB jene für Feuerungs-[48] oder Kesselanlagen[49]. Nichtsdestotrotz fehlt es im Klimaschutzrecht vielerorts an „belastbarem“ Ordnungsrecht: so sind zB gem der Industrieemissions-RL Abweichungen von bestehenden Grenzwerten, insbesondere aus Kostengründen, möglich;[50] für dem Emissionshandel unterliegende Anlagen sind

---

42 S dazu schon *Gawel*, Umweltpolitik durch gemischten Instrumenteneinsatz (1991).

43 *Bogumil/Jann*, Verwaltung und Verwaltungswissenschaft in Deutschland² (2009) 176 mwN.

44 Zur Vollzugseignung s etwa *Ramsauer* in *Koch* Rz 56.

45 *Schulev-Steindl*, Instrumente des Umweltrechts – Wirksamkeit und Grenzen, in FS Raschauer (2013) 527 (537 ff), und *Wagner* in *Wagner* 85 ff.

46 S dazu insb die empirischen Untersuchungen zu Vollzugsdefiziten im Umweltrecht ausgehend von *Mayntz/Bohne* (FN 1), die eine Debatte über die Wahl der Steuerungsinstrumente im Umweltrecht, und insb die Abkehr von ordnungsrechtlichen Ansätzen ausgelöst hatten. Dazu aber krit *Lübbe-Wolff*, Instrumente des Umweltrechts – Leistungsfähigkeit und Leistungsgrenzen, NVwZ 2001, 481 mwN.

47 *Schulev-Steindl* in FS Raschauer 532.

48 §§ 9 ff Feuerungsanlagenverordnung, BGBl II 1997/331 idF BGBl II 2011/312.

49 § 6 iVm Anlage 3 EG-K (Emissionsschutzgesetz für Kesselanlagen, BGBl I 2013/127 idF BGBl I 2015/81).

50 Art 15 Abs 4 RL 2010/75/EU des Europäischen Parlaments und des Rates vom 24. November 2010 über Industrieemissionen (integrierte Vermeidung und Verminderung der Umweltverschmut-

keine zusätzlichen Beschränkungen der CO_2-Emissionen vorgesehen.[51]

Durch eine *Flexibilisierung* ordnungsrechtlicher Instrumente kann es der Behörde ermöglicht werden, auf die Gegebenheiten des Einzelfalls, aber zB auch technische Neuerungen oder neue wissenschaftliche Erkenntnisse einzugehen. Dies geschieht meist durch Einräumung weitreichender behördlicher Handlungs- und Entscheidungsspielräume: so ist nicht nur im UVP-Verfahren, sondern auch im Wasser-, Naturschutz- und Forstrecht[52] die endgültige Entscheidung über die Genehmigung einer Anlage oft Ergebnis einer Abwägungsentscheidung, in welcher es der Behörde ermöglicht wird, verschiedene einander widersprechende öffentliche Interessen abzuwägen und aufgrund der konkreten Interessenslage im Einzelfall erst die endgültige Entscheidung für oder gegen ein Vorhaben zu treffen. Gleichzeitig birgt dies aber wiederum das Risiko in sich, dass Zielvorgaben wie ein hohes Maß an Umweltschutz zugunsten wirtschaftlicher Interessen zurückstecken müssen.[53] Insbesondere können allzu weite Spielräume und Generalklauseln zu *bargaining*-Effekten[54] führen, die eigentliche Entscheidung der Behörde also Ergebnis eines Verhandlungsprozesses und nicht der „einseitigen" Interpretation und Anwendung von Rechtsvorschriften durch die Behörde sein.[55]

---

zung), ABl L 2010/334, 17. Dazu krit etwa *Ziehm*, Die Richtlinie 2010/75/EU über Industrieemissionen (IED-Richtlinie) - Stellungnahme aus Sicht eines Umweltverbandes, in *Faßbender/Köck* (Hrsg), Aktuelle Entwicklungen im Immissionsschutzrecht (2013) 115.

51 Art 9 Abs 1 Industrieemissions-RL. Dazu *Madner*, Europäisches Klimaschutzrecht. Vom Zusammentreffen von „alten" und „neuen" Instrumenten im Umweltrecht, ZfV 2015, 201 (203 ff) sowie krit *Epiney*, Instrumente und Optionen im europäischen Klimaschutzrecht, in *IUR/IUTR* (Hrsg), Europäisches Klimaschutzrecht und erneuerbare Energien (2014) 1 (14 f).

52 Vgl bloß § 17 Abs 5 UVP-G (Bundesgesetz über die Prüfung der Umweltverträglichkeit, BGBl 1993/697 idF BGBl I 2017/111), § 104a Abs 2 WRG, § 17 Abs 3 ForstG (Bundesgesetz vom 3. Juli 1975, mit dem das Forstwesen geregelt wird, BGBl 1975/440 idF BGBl I 2016/56), § 27 Abs 3 Stmk NaturschutzG 2017 (Gesetz vom 16. Mai 2017 über den Schutz und die Pflege der Natur, Stmk LGBl 2017/71). S dazu insb auch die verschiedenen Beiträge in *IUR/ÖWAV* (Hrsg), Jahrbuch des österreichischen und europäischen Umweltrechts 2012: Abwägungen im Umweltrecht – Projektwerber versus Umweltinteressen? (2012).

53 Zur Problematik der „wirtschaftlichen Prioritäten" der Verwaltung s etwa *Krämer* in *Lübbe-Wolff* 30 f, *Lübbe-Wolff*, NuR 1993, 219 f, sowie kurz *Calliess* in *Calliess/Ruffert* (Hrsg), EUV/AEUV-Kommentar[5] (2016) Rz 40 mwN.

54 Zum „*bargaining*" zwischen Wirtschaft und Politik im Umweltrecht s schon *Rehbinder*, Grundfragen des Umweltrechts, ZRP 1970, 250 (252).

55 In diesen Fällen besteht *Fisahn* zufolge die Gefahr, dass der Vollzug des Rechts vielmehr zur „Machtfrage" wird und das „Machtgefüge" im Verhandlungsprozess aufgrund von Faktoren wie dem drohenden Abbau von Arbeitsplätzen, Ressourcenüberlegenheit und politischer Einflussnahme auf Seiten der Projektwerber gelegen sein kann, s *Fisahn*, Die neoliberale Umformung des Umweltrechts, in *Butterwege/Lösch/Ptak* (Hrsg), Neoliberalismus. Analysen und Alternativen (2008) 164 (170). S dazu auch *Beckmann/Fisahn*, ZUR 2009, 300 f, und *Ekardt*, NuR 2005, 219.

Gerade im Bereich des Klimaschutzes ist eine übergroße Flexibilisierung ordnungsrechtlicher Instrumente wohl oft bedenklich: so bedarf es eines gesamtheitlichen politischen Konzepts, um tatsächlich wirksam Mitigationsmaßnahmen ergreifen zu können und etwa „*Carbon Leakage*"-Effekte[56] sowie Kooperationsprobleme möglichst weitgehend zu vermeiden.[57] Entscheidungen darüber, ob, und wenn ja, unter welchen Voraussetzungen, einem einzelnen Vorhaben die Genehmigung aus Gründen des Klimaschutzes untersagt werden könnte, sollten deshalb nicht weitestgehend der Behörde vor Ort überlassen, sondern (schon aus rechtstaatlichen Gründen) jedenfalls in den wesentlichem Punkten vom Gesetzgeber vorgegeben werden. Dazu ist es notwendig, die maßgeblichen Prinzipien, die im jeweiligen Fall der behördlichen Einzelfallentscheidung vorherrschen sollen, gesetzlich zu normieren, und dabei insbesondere das klassische Spannungsfeld ökonomischer und ökologischer Interessen zu adressieren: so sollte der Gesetzgeber bereits in Grundzügen vorgeben, in welchem Ausmaß wirtschaftlichen Interessen Vor- oder Nachrang hinter Klimaschutzinteressen einzuräumen ist – andernfalls können Interessenkonflikte und *bargaining*-Effekte zu Vollzugsdefiziten führen.[58]

Neben ordnungsrechtlichen Instrumenten stehen dem Gesetzgeber *ökonomisch orientierte Steuerungsinstrumente*[59] zur Verfügung, die helfen können, das Problem der Unwirtschaftlichkeit von Umweltschutzmaßnahmen zu vermindern: durch die Einführung unmittelbarer finanzieller Vor- bzw Nachteile bestimmter Verhaltensweisen können „künstlich" Anreize für den Umweltschutz geschaffen werden. Instrumente wie finanzielle Förderungen und Subventionen oder „ökologische" Steuertarife bzw -vergünstigungen übertragen „externe" Kosten, die durch Umweltschäden grds der Allgemeinheit entstehen, auf die Verursacher oder entlohnen gezielt umweltschonendes Verhalten – eine effektive Vorgehensweise, die aber oft mit einer massiven gesamtgesellschaftlichen Umverteilung einhergeht.[60]

---

56 Darunter ist die Verlagerung von CO2-intensiven Tätigkeiten in andere Länder mit weniger strengen Emissionsbeschränkungen aufgrund der im Ausgangsland mit CO2-Emissionen verbundenen hohen Kosten zu verstehen; s etwa die Erwägungsgründe zum zweiten Carbon-Leakage-Sektoren-Beschluss der Kommission, C (2014/746/EU) sowie https://ec.europa.eu/clima/policies/ets/allowances/leakage_de (10.7.2017). Dazu auch *Bergthaler* in *IUR/IUTR* 47.

57 So bestünde bei uneinheitlicher Klimaschutzpolitik auch innerhalb Österreichs die Gefahr des Ausweichens auf Standorte mit weniger restriktiven Klimaschutzvorgaben – dem Klimaschutz insgesamt wäre damit im Ergebnis freilich wohl kaum gedient.

58 S auch sogleich unter 4.2. „Vollzugssteuerung und –kontrolle auf Behördenebene" zur Implementationsrelevanz der Wahl des Entscheidungsträgers.

59 Dazu etwa *Fisahn* in *Butterwege/Lösch/Ptak* 164 ff; *Hering*, Konfliktsituation 21 f.

60 So wurde in Deutschland beispielsweise durch die „ungedeckelte" Förderung erneuerbarer Energien ein massiver Ausbau geförderter Anlagen bewirkt, welcher mit einer erheblichen finanziel-

Mittelbare finanzielle Anreize können außerdem durch Haftungsregime[61] oder durch die Einführung von Marktmodellen gesetzt werden, deren Ziel die finanzielle Sichtbarmachung externen Kosten ist.[62] Bei Letzteren wird ein bestimmtes umweltschädigendes Verhalten (zB der Ausstoß von Treibhausgasen) zwar nicht verboten, aber insofern reguliert, als etwa von Vornherein nur der Ausstoß einer bestimmten Menge an Emissionen erlaubt ist, und bei Überschreitung dieser Menge weitere Berechtigungen (zB in Form von Emissionszertifikaten) von anderen Mitbewerbern erworben werden müssen. Werden dagegen Emissionen eingespart, so können die entsprechenden Zertifikate an andere Mitbewerber veräußert werden – die Menge emittierter Treibhausgase macht sich in der Unternehmensbilanz also finanziell bemerkbar, sei es in positiver oder negativer Hinsicht.

Nachteile ergeben sich hierbei daraus, dass in diesen Fällen in den Markt eingegriffen und dieser beeinflusst wird – mit nicht immer erwünschten Effekten: so wurden etwa im Bereich des europäischen Emissionshandelssystems von Spekulanten große Profite, sogenannte *windfall profits,* erwirtschaftet – die erwünschte merkliche Reduktion der Treibhausgasemissionen blieb dagegen aus.[63] All diese ökonomisch orientierten Instrumente können ordnungsrechtliche Instrumente nicht gänzlich ersetzen, als zu unsicher erwiesen sich in der Vergangenheit doch Effektivität und Wirksamkeit solcher Modelle.[64] Trotzdem stellen sie eine wirkungsvolle Ergänzung zu ordnungsrechtlichen Instrumenten dar.[65]

Einmal bestehende Vollzugsdefizite, welche auf Regelungsdefizite zurückzuführen sind, können grundsätzlich nur durch eine Novellierung der entsprechenden gesetzlichen Bestimmungen behoben werden. Anderes gilt dann, wenn dieses Re-

---

len Umverteilung einherging (zu den damit erzielten Umverteilungseffekten und Auswirkungen auf den Strompreis vgl etwa *Dillig/Jung/J. Karl,* The impact of renewables on electricity prices in Germany – An estimation based on historic spot prices in the years 2011–2013, Renewable and Sustainable Energy Reviews 2016, Vol 57, 7) . In Österreich hielt sich dieser Effekt angesichts des von vornherein „gedeckelten" Fördertopfs (vgl § 23 ÖSG, Bundesgesetz über die Förderung der Elektrizitätserzeugung aus erneuerbaren Energieträgern, BGBl I 2011/75 idF BGBl I 2017/108) in Grenzen.

61 S dazu etwa *Kerschner,* Private enforcement im öffentlichen Umweltrecht. Am Beispiel des Bundes-Umwelthaftungsgesetzes und der EG-REACH – Verordnung, in FS Raschauer (2008) 59 (63 ff), zur zivilrechtlichen Haftung als Anreiz zur Umsetzung chemikalienrechtlicher Verpflichtungen.

62 S bloß *Wagner* in *Wagner* 88 f, und *Siems,* Von Umweltökonomie und dem Treibhausgas-Emissionshandelsgesetz: Wie die Ökonomie ins deutsche Umweltrecht einzog, NuR 2005, 443 (443 f).

63 Dazu etwa *Kemfert/Schneider,* Der Emissionshandel in Deutschland und Österreich – ein wirksames Instrument des Klimaschutzes? Perspektiven der Wirtschaftspolitik 2009, 92.

64 *Fisahn* in *Butterwege/Lösch/Ptak* 170 ff. So auch *Wagner* in *Wagner* 89.

65 So etwa *Siems,* NuR 2005, 446, und *Hering,* Konfliktsituation 24.

gelungsdefizit gleichzeitig zur *Europarechtswidrigkeit* der fraglichen Bestimmung führt. Defizite im Bereich des Vollzugs des europäischen Umweltrechts können nämlich durch eine ganze Reihe von Rechtsmitteln und -behelfen aufgegriffen werden:[66] wird etwa eine Richtlinie fehlerhaft, verspätet oder unvollständig in innerstaatliches Recht umgesetzt, so kann die Kommission dies im Rahmen eines Vertragsverletzungsverfahrens gegen den jeweiligen Mitgliedstaat relevieren.[67] Aber nicht nur Fehler in der (gesetzgeberischen) Umsetzung einer RL, sondern auch eine fehlerhafte Anwendungspraxis kann einen Verstoß gegen das Unionsrecht bewirken.[68] Sogar dann, wenn Vollzugsdefizite lediglich in mehreren gleich gelagerten Einzelfällen festgestellt wurden, kann ein Vertragsverletzungsverfahren aufgrund einer generellen unionsrechtswidrigen Verwaltungspraxis durchgeführt werden; dies selbst dann, wenn auf Gesetzesebene die maßgeblichen unionsrechtlichen Vorschriften korrekt und vollständig umgesetzt wurden.[69] Hierbei kommen der Kommission erleichterte Nachweisregelungen zugute.[70]

Daneben sind sowohl Behörden als auch Gerichte in Österreich verpflichtet, innerstaatliches Recht unionsrechtskonform zu interpretieren und bei Verstößen gegen unmittelbar anwendbares Unionsrecht innerstaatliches Recht gegebenenfalls unangewendet zu lassen.[71] Dies kann von jeder Partei eines Verfahrens auch im Rechtsschutzweg geltend gemacht werden. In Zweifelsfällen kann (bzw muss) der EuGH im Rahmen eines Vorlageverfahren angerufen werden.[72] Der qualifizierte Verstoß gegen Unionsrecht durch Gesetzgebung oder Vollziehung kann schließlich unter gewissen Voraussetzungen sogar Staatshaftungsansprüche begründen.[73]

---

66 Vgl *Krämer* in *Lübbe-Wolff* 14 ff; *Calliess*, Die Umweltkompetenzen der EG nach dem Vertrag von Nizza – Zum Handlungsrahmen der europäischen Umweltgesetzgebung, ZUR 2003, 129 (135).

67 Vgl zu den hierfür geltenden Voraussetzungen und Ablauf des Verfahrens bloß *Streinz*, Europarecht[10] (2016) 229 ff. Allein Ende des Jahres 2015 liefen insgesamt 286 Vertragsverletzungsverfahren gegen Mitgliedstaaten im Bereich des Umweltrechts, s http://ec.europa.eu/environment/legal/law/statistics.htm (10.7.2017).

68 S zB *Calliess* in EUV/AEUV[5] Art 192 AUEV Rz 38 mwN.

69 Vgl etwa EuGH 26.04.2005, C-494/01, *Kommission vs. Irland*, ZUR 2005, 358 (mit Anm *Reese*); EuGH 14.06.2007, C-342/05, *Kommission vs. Finnland*. S auch *Saurer*, EurUP 2016, 82 f, wonach diese Form der Anwendungskontrolle von „generellen und fortgesetzten Verstößen" die Bündelung personeller und sachlicher Mittel und somit effizientere Nutzung der Kontrollressourcen ermöglicht.

70 EuGH 26.04.2005, C-494/01, Rz 40 ff.

71 S *Öhlinger/Potacs*, EU-Recht und staatliches Recht. Die Anwendung des Europarechts im innerstaatlichen Bereich[6] (2017) 85 ff, sowie *Meßerschmidt*, Europäisches Umweltrecht 222 ff.

72 Vgl nur *Öhlinger/Potacs*, EU-Recht 191 ff.

73 Zu den diesbezüglichen Voraussetzungen s *Öhlinger/Potacs*, EU-Recht 201 ff. S etwa auch EuGH 14.03.2013, C-420/11, *Leth*, RdU 2013/74 (mit Anm *Wagner)*, zu Staatshaftungsansprüchen nach unterlassener UVP.

Treten bei der Umsetzung von umweltrechtlichen Vorschriften Vollzugsdefizite auf, welche ihre Ursache in der Ausgestaltung der Vorschrift durch den Gesetzgeber haben, so stellt sich schließlich die Frage, ob dieses Regelungsdefizit unter bestimmten Voraussetzungen Auswirkungen auf die *Verfassungsmäßigkeit* der Bestimmung haben kann. In Deutschland qualifizierte das BVerfG wiederholt einzelne steuerrechtliche Bestimmungen aufgrund des Vorliegens „struktureller Vollzugsdefizite" als verfassungswidrig: die strukturelle Gegenläufigkeit der Auswirkungen einer Norm zum eigentlichen Regelungstatbestand, welche dem Gesetzgeber zuzurechnen sei, kann zur Gleichheitswidrigkeit einer Bestimmung führen.[74] Gleichzeitig ist aber unklar, ob und inwieweit dieser Grundsatz nicht nur „bereichsspezifisch" im Steuerrecht, sondern auch außerhalb dieses Rechtsbereiches – also insbesondere im Umweltrecht – zur Anwendung gelangen kann.[75]

In Österreich kann jedenfalls das wiederholte Verkennen der Rechtslage durch die vollziehende Behörde zur Gleichheitswidrigkeit einer Einzelfallentscheidung führen.[76] Außerdem wird eine gesetzliche Bestimmung dann als verfassungswidrig zu qualifizieren sein, wenn der Behörde bei ihrer Auslegung ein viel zu großer Interpretationsspielraum zukommt, sie also zu unbestimmt ist,[77] wenn deren Sinngehalt „überhaupt nicht erkenn- und ermittelbar ist"[78] oder wenn sie derart unverständlich formuliert ist, dass die Anwendung der Norm einer „Denksportaufgabe"[79] gleicht. Vollzugsdefizite, deren Ursache in einem derartigen Regelungsdefizit gelegen ist, können also (letztlich) im Wege der verfassungsgerichtlichen Normenkontrolle aufgegriffen werden. Das „bloße" Vorliegen allfälliger Vollzugsdefizite an sich vermag es aber grds nicht, die Verfassungswidrigkeit einer Norm zu begründen.[80] Das Problem „symbolischer" und damit gezielt vollzugsuntauglicher Gesetzgebung wird viel eher als (rechts)politisches denn als verfassungsrechtliches Problem zu sehen sein.[81]

---

74 Dt BVerfGE 84, 239, dt BVerfGE 110, 94; s auch dt BVerfGE 133,168. Dazu krit *Meyer*, Strukturelle Vollzugsdefizite als Gleichheitsverstoß – Defizite und aktuelle Änderungen der Rechtsprechung des Bundesverfassungsgerichts, DÖV 2005, 551; *Hoffmann*, Die Wirksamkeit einer Norm als verfassungsrechtlicher Geltungsgrund? NJW 2014, 442.Vgl auch *Führ*, Symbolische Gesetzgebung: verfassungswidrig? KritV 2003, 5 sowie *Baehr*, Verhaltenssteuerung durch Ordnungsrecht – Das Vollzugsdefizit als Verfassungsproblem (2005).

75 Dazu *Hoffmann*, NJW 2014, 442 f.

76 So zuletzt etwa wieder VfGH 29.06.2017, E-875/2017.

77 Zum Ausmaß der erforderlichen Bestimmtheit gesetzlicher Bestimmungen s bloß *Öhlinger/Eberhard*, Verfassungsrecht[11] (2016) Rz 603 ff.

78 VfSlg 13.740/1994.

79 VfSlg 12.420/1990.

80 Vgl VwGH 23.09.2010, 2010/06/0164, wonach „auch allfällige Vollzugsdefizite eine Norm nicht verfassungswidrig machen".

81 S etwa *Bußjäger*, Symbolische Gesetzgebung als Realität und Rechtsproblem: Das Deregulierungs-

4.2. Vollzugssteuerung und -kontrolle auf Behördenebene

Der Vollzug des Umweltrechts auf Behördenebene lässt sich wiederum in zwei Phasen unterteilen:[82] zunächst müssen gegebenenfalls gesetzliche Bestimmungen durch Verordnungen präzisiert, unbestimmte Gesetzesbegriffe ausgelegt, Gestaltungsspielräume ausgeschöpft und Abwägungsentscheidungen vorgenommen werden, um dann eine Entscheidung im Einzelfall treffen zu können. Dieser Prozess, welcher auch als endgültige umweltpolitische Gestaltung und Entscheidungsfindung umschrieben werden (*final policy formation*[83]) kann, erfordert Sach- und Fachkenntnis hinsichtlich der Rechtslage und der Umstände des konkreten Falles: eine umfangreiche Ausstattung der Behörde in personeller, finanzieller und sachlicher Hinsicht ist also Grundvoraussetzung für den korrekten Vollzug des Umweltrechts.[84]

So bedarf beispielsweise die wasserrechtliche Genehmigung eines Laufkraftwerks oftmals einer Ausnahmegenehmigung gem § 104a WRG[85], welche wiederum eine umfassende Bewertung des gewässerökologischen Ist- und Zielzustands, der Auswirkungen des Vorhabens, allfälliger Vorkehrungen bzw Alternativen, gegenläufiger öffentlicher Interessen usw erfordert.[86] Zur Unterstützung der Behörden wurde hier ein „Kriterienkatalog"[87] als Leitfaden erstellt, welcher die behördliche Prüfung und Interessenabwägung strukturieren, vereinheitlichen und transparenter gestalten soll[88] – eine Hilfestellung für die Behörde in fachlicher Hinsicht, die zur

gesetz 2001, ÖJZ 2004, 701, welcher die „Diskreditierung wichtiger rechtspolitischer Anliegen" und die Schwächung der „Autorität des Gesetzes" betont.

82 *Bondarouk/Mastenbroek*, Environmental Policy and Governance 2017 (online early view) 2 f, sowie *Hering*, Konfliktsituation 31.

83 *Bondarouk/Mastenbroek*, Environmental Policy and Governance 2017 (online early view) 2.

84 S zB für den Bereich des Klimaschutzrechts *Ziehm*, ZUR 2010, 417 f, sowie allgemein schon *Krämer* in *Lübbe-Wolff* 32.

85 Wasserrechtsgesetz 1959, BGBl 1959/215 idF BGBl I 2017/58.

86 Zu den damit zusammenhängenden Schwierigkeiten im praktischen Vollzug s *A. Wagner/Rössler*, Herausforderungen im Vollzug, in *IUR/IUTR* (Hrsg), Europäisches Klimaschutzrecht und erneuerbare Energien (2014) 137 ff.

87 https://www.bmlfuw.gv.at/dam/jcr:debcf252-b506-4802-a98b-1afd0e2bc815/Erlass%20Kriterienkatalog.pdf (10.7.2017).

88 Vgl *Fenz*, Kriterienkatalog Wasserkraft, in *IUR/ÖWAV* (Hrsg), Jahrbuch des österreichischen und europäischen Umweltrechts 2012 (2012) 159 (160), *N. Raschauer*, Der Kriterienkatalog gem § 104a WRG – eine verfassungs- und verwaltungsrechtliche Analyse, in *IUR/IUTR* (Hrsg), Europäisches Klimaschutzrecht und erneuerbare Energien (2014) 123 (124), sowie *Unterpertinger*, Sicherung von Nachhaltigkeit durch die verwaltungsbehördliche Interessenabwägung. Das BVG Nachhaltigkeit und der Kriterienkatalog Wasserkraft, in *Breitenlechner ua* (Hrsg), Sicherung von Stabilität und Nachhaltigkeit durch Recht (2014) 179 (192 f).

Vermeidung von Vollzugsdefiziten maßgeblich beitragen kann. Daneben ist eine entsprechende Ausstattung durch Amtssachverständige oder unabhängige externe Sachverständige unerlässlich, um überhaupt feststellen zu können, ob eine geplante Maßnahme öffentlichen Interessen widerspricht, insbesondere dann, wenn der Projektwerber nicht selbst verpflichtet ist, entsprechende Gutachten über mögliche Umweltauswirkungen vorzulegen, wie etwa im Falle der Rodungsbewilligung gem § 17 ForstG.[89]

Schließlich kann auch die Wahl des Entscheidungsträgers ausschlaggebend für die Vermeidung von Interessenkonflikten und damit mittelbar für den rechtmäßigen Vollzug des Umweltrechts sein.[90] Sollen etwa künftig einzelne Vorhaben aus Gründen des Klimaschutzes untersagt werden können (was freilich primär zunächst eine entsprechende Festlegung durch den Gesetzgeber erfordert), so sollte die endgültige Entscheidung darüber auf einer Ebene angesiedelt werden, die zwar eine demokratische Rückkoppelung der Entscheidungsfindung iS einer (mittelbaren) rechtlichen und politischen Verantwortung des Entscheidungsträgers nicht ausschließt, durch die das Auftreten von Interessenkonflikten (insbesondere hinsichtlich wirtschaftlicher Vorteile des Vorhabens) aber dennoch möglichst vermieden wird.

Mögliche *free-riding*-Effekte können außerdem durch rechtlich normierte Klimaschutzverpflichtungen umgangen werden: eine Gemeinde, ein Bezirk oder Bundesland profitiert nämlich dann doppelt, wenn in anderen Gemeinden, Bezirken oder Ländern wirksame Klimaschutzmaßnahmen ergriffen werden, selbst aber weiterhin die (kurzfristigen) wirtschaftlichen Vorteile klimaschädigender Vorhaben genossen werden können, also beispielsweise durch emissionsintensive Betriebsanlagen vor Ort Arbeitsplätze geschaffen werden oder eine gut ausgebaute Infrastruktur eine Region attraktiver für Unternehmer und Privatpersonen macht, während in anderen Regionen derartige Anlagen oder Infrastrukturausbauten nicht genehmigt werden. Verhindert wird dies dann, wenn entsprechende negative Konsequenzen bei der Unterschreitung von Klimaschutzzielen drohen.

Auch für die anschließende Phase der praktischen Umsetzung *(policy delivery)*[91]

---

89 Dazu und zur Problematik der „Privatisierung des Sachverstandes" ausführlich *Ennöckl*, Sachverstand im Umweltrecht, in *WiR – Studiengesellschaft für Wirtschaft und Recht* (Hrsg), Sachverstand im Wirtschaftsrecht (2013) 211.

90 So besteht etwa dann, wenn der Bürgermeister einer kleinen Gemeinde zur Entscheidung über ein Vorhaben, welches viele Arbeitsplätze, aber auch negative Auswirkungen auf die Umwelt mit sich bringen würde, berufen ist, die Gefahr des Auftretens von Interessenkonflikten, welche uU auch zu Ungunsten des Umweltschutzes gelöst werden würden, vgl etwa *Ekardt*, NuR 2005, 219.

91 *Bondarouk/Mastenbroek*, Environmental Policy and Governance 2017 (online early view) 2.

ist eine ausreichende Ausstattung der Behörde notwendige Grundvoraussetzung für den fehlerfreien Vollzug von Umweltschutzbestimmungen. Insbesondere die wirkungsvolle Sanktionierung von Normverstößen setzt wiederum – so banal dies auf den ersten Blick klingen mag – voraus, dass die Behörde überhaupt über die notwendigen Daten verfügt, um feststellen zu können, ob Normverstöße vorliegen, beispielsweise etwa eine Betriebsanlage festgesetzte Höchstwerte für Emissionen überschreitet. Hierzu müssen von Seiten des Gesetzgebers die notwendigen Voraussetzungen, etwa Meldepflichten und Überwachungssysteme, vorgesehen werden und müssen die Behörden in personeller, fachlicher und finanzieller Hinsicht entsprechend ausgestattet werden. Darüber hinaus bedarf es eines Systems zur Bewertung der vorhandenen Daten und schließlich einer Ermächtigung der Behörde zum Ergreifen wirkungsvoller Sanktionsmaßnahmen.[92]

Eine flächendeckende Überwachung der Einhaltung von Umweltschutzbestimmungen durch die Behörden ist aber, wenn denn überhaupt möglich, letztlich mit einem erheblichen zeitlichen, technischen und finanziellen Aufwand verbunden. Vielfach wurde daher die eigentliche Überwachungstätigkeit ausgelagert, indem etwa Melde- und andere Mitwirkungspflichten für Unternehmen und Einzelpersonen vorgesehen wurden.[93] So sieht beispielsweise das EZG umfangreiche Überwachungspflichten für die Inhaber von dem Emissionshandel unterliegenden Anlagen hinsichtlich der Treibhausgasemissionen dieser Anlagen vor.[94] Eine weitreichende Übertragung der Überwachungstätigkeit auf nichtstaatliche Akteure birgt dabei aber das Risiko von Manipulationen in sich, wenn diese Tätigkeit dadurch direkt oder indirekt den Verpflichteten selbst übertragen wird: soll nämlich etwa der Inhaber einer Anlage, die dem Emissionshandel unterliegt, die von ihm verursachten Emissionen selbst messen bzw berechnen, wie im EZG vorgesehen, so obliegt die Überwachungstätigkeit demjenigen, der von den Ergebnissen dieser Überwachung maßgeblich betroffen sein wird, also grds ein starkes Interesse daran hat, eine etwaige Überschreitung von Grenzwerten gerade nicht der Behörde mitzuteilen. Abgeschwächt wurde dieses Problem in diesem Fall dadurch, dass die Emissionsmeldung durch eine unabhängige, staatlich zugelassene Prüfeinrichtung bestätigt werden muss.[95]

92 Zu diesem Dreiklang der zentralen Vollzugskontrolle aus Informationssammlung, -bewertung und Folgemaßnahmen im Allgemeinen s *Bothe*, Vollzugsdefizite im Völkerrecht – Überlegungen zu 30 Jahren Umweltrecht, in FS Steinberger (2002) 83 (90 ff).

93 Dies nicht nur auf österreichischer, sondern auch auf europäischer Ebene, vgl dazu *Saurer*, EurUP 2016, 83 f, zur Teilprivatisierung der Konformitätskontrolle durch die Kommission.

94 Vgl § 7 und Anhang 4 EZG 2011 (Bundesgesetz über ein System für den Handel mit Treibhausgasemissionszertifikaten, BGBl I 2011/118 idF BGBl I 2015/128).

95 Trotzdem beschreiben *Beckmann/Fisahn* das System der Überwachung von Treibhausgasemissionen

Neben der Auslagerung der Überwachungstätigkeit kann durch die Schaffung administrativer Netzwerke, welche der Koordinierung und dem Informationsaustausch dienen (zB das auf europäischer Ebene angesiedelte „IMPEL – European Union Network for the Implementation and Enforcement of Environmental Law")[96], die Vollzugsqualität verbessert werden.[97] Vor allem aber sind die Behörden bei der Überwachung auf die Mitwirkung von Bürgern und Umweltorganisationen angewiesen.[98] Diese können sich im Rahmen informeller und formalisierter Beschwerdeverfahren an staatliche und europäische Stellen wenden und so auf Vollzugsdefizite und konkrete Umweltprobleme bzw -schäden aufmerksam machen. Derartige Beschwerdemöglichkeiten sind etwa auf europäischer Ebene insbesondere durch die „EU-Umweltbeschwerde" und das damit verbundene EU-Pilot-Verfahren,[99] auf österreichischer Ebene durch die Umwelt- und Volksanwaltschaften[100] sowie die im B-UHG und den entsprechenden Umwelthaftungsgesetzen der Länder vorgesehene Umweltbeschwerde[101] verwirklicht. Eine noch umfangreichere Einbeziehung von Bürgern und Umwelt-NGOs in die umweltrechtliche Vollzugskontrolle wird schließlich durch den Ansatz der „funktionalen Subjektivierung" erreicht, welcher im Folgenden erläutert werden soll.

---

im Rahmen des deutschen Emissionshandelssystems insofern als „alles andere als wasserdicht", als die Prüfung durch einen vom Anlageninhaber beauftragten und bezahlten Prüfer erfolgt, der deshalb nicht als vollkommen unabhängig angesehen werden kann, s *Beckmann/Fisahn*, ZUR 2009, 302 f. Die deutsche Rechtslage unterscheidet sich diesbezüglich nicht von der österreichischen Rechtslage, da auch gem § 7 EZG in Österreich der Inhaber einer Anlage zur Überwachung der THG-Emissionen verpflichtet ist und eine Überprüfung durch eine von ihm beauftragte (wenngleich durch das BMLFUW zugelassene) Prüfeinrichtung oder Einzelprüfer erfolgt (§§ 10, 11 f EZG).

96 S https://www.impel.eu/ (10.7.2017).

97 Dazu *Saurer*, EurUP 2016, 86.

98 S dazu *Meßerschmidt*, Europäisches Umweltrecht 479. Zur Implementationsrelevanz nichtstaatlicher Organisationen und Einzelpersonen im Umweltrecht aus politikwissenschaftlicher Perspektive s etwa auch *Pamme/Grunow* in *Grunow* 184 ff.

99 http://ec.europa.eu/environment/legal/law/complaints.htm (10.7.2017); s dazu *Krämer*, The environmental complaint in EU law, JEEPL 2009, 13, *Meßerschmidt*, Europäisches Umweltrecht 479 ff, sowie *Saurer*, EurUP 2016, 84 ff.

100 Vgl zB § 7 lit a Stmk Gesetz über Einrichtungen zum Schutz der Umwelt, LGBl 1988/78 idF LGBl 2014/130, sowie Art 148a B-VG.

101 ZB § 11 B-UHG (Bundesgesetz über Umwelthaftung zur Vermeidung und Sanierung von Umweltschäden, BGBl I 2009/55 idF BGBl I 2013/97) und § 11 Stmk UHG (Gesetz vom 17. November 2009 über Umwelthaftung zur Vermeidung und Sanierung von Umweltschäden, Stmk LGBl 2010/10 idF LGBl 2017/71). S dazu *Wessely*, Terra incognita – Die Umweltbeschwerde, in FS Raschauer (2013) 671, und *Schulev-Steindl*, Umweltbeschwerde im Lichte der Aarhus-Konvention, in *IUR/ÖWAV* (Hrsg), Jahrbuch des österreichischen und europäischen Umweltrechts 2010 (2010) 169 (175 ff).

4.3. „Funktionale Subjektivierung" und Selbstregulierung

Vollzugsdefizite können, wenn sie sich in einem fehlerhaften Bescheid äußern,[102] grds im Rechtsschutzweg bekämpft werden.[103] Voraussetzung hierfür ist freilich die Parteistellung im jeweiligen Verfahren – und praktisch betrachtet außerdem ein Interesse, den Fehler der Behörde überhaupt aufgreifen zu wollen. Bei einem Projektwerber, welchem durch die Missachtung spezifischer Umweltschutzvorschriften kostspielige Auflagen bei der Umsetzung des Projekts erspart bleiben, wird dieses Interesse wohl kaum vorhanden sein.

Während die obig dargestellten ökonomische Anreizmodelle versuchen, durch gezielte finanzielle Be- oder Entlastungen den Unternehmer selbst zu Umweltschutzmaßnahmen zu bewegen, soll durch den Ansatz der *funktionalen Subjektivierung*[104] der Bevölkerung als solcher die Mitwirkung in umweltrelevanten Verfahren und Entscheidungsprozessen ermöglicht und damit als Antwort auf strukturelle Repräsentationsschwächen von Umweltinteressen in Verwaltungsverfahren ein Gegenpart zu Vertretern wirtschaftlicher Interessen geschaffen werden. Nicht nur unmittelbar selbst betroffenen Personen (etwa Anrainern), sondern auch der „(betroffenen) Öffentlichkeit" werden diesem – insbesondere durch die Aarhus-Konvention verwirklichten – Ansatz folgend Informations- und Mitwirkungsrechte eingeräumt, um Umweltinteressen vertreten zu können.[105] Diese Miteinbeziehung der Öffentlichkeit, vor allem von Umwelt-NGOs als „Anwälte der Umwelt", wie sie etwa in UVP-Verfahren vorgesehen ist,[106] wird als Mittel zur Sicherstellung eines hohen Umweltschutzniveaus und der Einhaltung umweltrechtlicher Vorgaben eingesetzt:[107] durch die Gewährung von Parteistellung und Beschwerderecht in umweltrelevanten Genehmigungsverfahren

102 Bei der gänzlichen Untätigkeit einer Behörde gestaltet sich der Rechtsschutz freilich ungleich schwieriger. S zu dieser Problematik allgemein insb *Öhlinger*, Untätigkeit von Gerichten und Verwaltungsbehörden und Rechtsstaatsprinzip, in *Holoubek/Lang* (Hrsg), Rechtsschutz gegen staatliche Untätigkeit (2011) 9 (17 ff).

103 Daneben können Vollzugsdefizite ieS amtshaftungs-, straf- und dienstrechtliche Folgen nach sich ziehen. S dazu etwa *Kleewein*, Amtshaftung im Umweltrecht, in *IUR* (Hrsg), Jahrbuch des österreichischen und europäischen Umweltrechts 2014 (2014) 167.

104 *Ruffert*, Subjektive Rechte im Umweltrecht der Europäischen Gemeinschaft: unter besonderer Berücksichtigung ihrer prozessualen Durchsetzung (1996).

105 S dazu bloß *Schulev-Steindl* in FS Raschauer 548 ff sowie *Bachl*, Die (betroffene) Öffentlichkeit im UVP-Verfahren (2015) 5 ff, jeweils mwN.

106 § 19 Abs 1 Z 7 UVP-G.

107 Zu den möglichen negativen Effekten der weitreichenden Beteiligung der Öffentlichkeit s aber etwa auch *Radtke*, Energiewende in der Verflechtungsfalle: Chancen und Grenzen von Partizipation und bürgerschaftlichem Engagement in der Energiewende, Vierteljahreshefte zur Wirtschaftsforschung 2016, 76.

sowie die Schaffung umfangreicher Informationsrechte soll einem wesentlichen Faktor für das Entstehen von Vollzugsdefiziten entgegengewirkt werden – der mangelnden Betroffenheit. Das Problem der strukturellen Repräsentationsschwäche von Umweltinteressen in Verwaltungsverfahren wird umgangen, indem gewisse Personen „für die Umwelt" sprechen dürfen – also Interessen geltend machen können, die an sich nicht unmittelbar einer bestimmten natürlichen oder juristischen Person zuzuordnen sind.

Dieser Ansatz scheint auch im Bereich des Klimaschutzrechts vielversprechend: so sind es bereits jetzt engagierte Umweltschutzorganisationen, Bürgerinitiativen und Einzelpersonen, die bei Verhandlungen zu internationalen Klimaschutzabkommen[108], auf europäischer und nationaler Ebene und insbesondere auch durch Gerichtsverfahren versuchen,[109] eine Verstärkung und Verbesserung der Anstrengungen zum Klimaschutz zu erreichen. Eine Ausdehnung bestehender Partizipationsmöglichkeiten würde auch im Bereich des Klimaschutzrechts letztlich der Vermeidung von Vollzugsdefiziten dienen.

Schließlich besteht auch die Möglichkeit, durch Instrumente der *Selbstregulierung* Vollzugsschwächen im Umweltrecht abzumildern: durch freiwillige Selbstverpflichtungen können sich etwa Unternehmen mit besonders umweltfreundlichen Produktionsstandards werbewirksam von Konkurrenten abgrenzen und so einen wirtschaftlichen Vorteil aus Umweltschutzmaßnahmen lukrieren. Wird die Einhaltung bestimmter Umweltschutzstandards nicht nur vom Unternehmen selbst behauptet, sondern durch staatliche Zertifikate oder Audits verifiziert, so steigt gleichsam der marktwirtschaftliche Vorteil, der daraus gewonnen werden kann.[110] Staatliche Zertifizierungs- und Auditsysteme schaffen also Anreize zu freiwilligem umweltschonenden Verhalten, wenn dieses durch die Verbraucher entsprechend nachgefragt wird – der Erfolg derartiger Instrumente hängt also letztlich vom Umweltbewusstsein der Bevölkerung (und der Bereitschaft, dies durch entsprechendes Konsumverhalten zu untermauern) ab.[111]

---

108 Vgl *Dombrowski*, Filling the gap? An analysis of non-governmental organizations responses to participation and representation deficits in global climate governance, Environmental Agreements (2010) 397.

109 S etwa *Tabau/Cournil*, New Perspectives for Climate Justice: District Court of the Hague, 24 June 2015, Urgenda Foundation versus the Netherlands, JEEPL 2015, 221, sowie äußerst krit dazu *Bergkamp*, A Dutch Court's 'Revolutionary' Climate Policy Judgment: The Perversion of Judicial Power, the State's Duties of Care, and Science, JEEPL 2015, 241; sowie allgemein *Gloppen/St. Clair*, Climate Change Lawfare, in *Ruppel/Roschmann/Ruppel-Schlichting* (Hrsg), Climate Change: International Law and Global Governance II. Policy, Diplomacy and Governance in a Changing Environment (2013), 171. Zur Rolle der Gerichte im Klimaschutz vgl auch den Beitrag von *Gerhard Schnedl* in diesem Band.

110 Zu diesem Konzept ausführlich *Helbig/Volkert*, Freiwillige Standards im Umweltschutz (1999) 11 ff.

111 So etwa *Wagner* in *Wagner* 95.

Als Instrument zur Vermeidung von Vollzugsdefiziten erscheinen dagegen Ansätze der freiwilligen Selbstregulierung, welche nicht auf marktwirtschaftliche Vorteile abzielen, sondern vielmehr als Alternativen zu hoheitlichen Umweltschutzmaßnahmen genutzt werden, bedeutsamer. So wurden und werden (mit jeweils unterschiedlicher rechtlicher Verbindlichkeit) durch politische Absprachen in Form von rechtlich nicht bindenden Erklärungen der Wirtschaft, vertraglichen Vereinbarungen zwischen Regierung und Verbänden bzw einzelnen Unternehmen oder umweltrechtlich flankierte Selbstverpflichtungen hoheitliche Maßnahmen im Bereich des Umweltschutzes gezielt vermieden bzw auf ein Mindestmaß beschränkt.[112] Für die Wirtschaft ist diese Form der Selbstregulierung vorteilhaft, wird so doch die Wahlfreiheit hinsichtlich konkreter Umsetzungsmaßnahmen weniger eingeschränkt und der Einsatz möglichst kostengünstiger Mittel zur Zielerreichung ermöglicht.[113] Auch aus der Sicht des Staates können sich derartige Umweltschutzmodelle durchaus als effizient im Vergleich zu herkömmlichen gesetzlichen Maßnahmen erweisen, ermöglichen sie dem Staat doch ein flexibleres, schnelleres und kostengünstigeres Vorgehen zum Erreichen bestimmter Umweltschutzziele.[114] Ob sich Instrumente zur Selbstregulierung aber tatsächlich gegenüber hoheitlichen Umweltschutzmaßnahmen als effektiv erweisen können, ist umstritten und wohl letztlich eine Frage, die von Einzelfall zu Einzelfall gesondert beantwortet werden muss.[115] Im Bereich des Klimaschutzrechts erwies sich beispielsweise in Deutschland die im Jahr 2000 unterzeichnete Klimaschutz-Selbstverpflichtung der deutschen Wirtschaft[116] als durchaus erfolgreich: die angestrebte Reduktion von Treibhausgasen wurde in 18

---

112 Zu dieser, nach dem Grad der Rechtsverbindlichkeit vorgenommenen Unterscheidung aus ökonomischer Perspektive *Cansier*, Erscheinungsformen und ökonomische Aspekte von Selbstverpflichtungen, Tübinger Diskussionsbeiträge 99 (1997) 2 f. S aus rechtswissenschaftlicher Sicht außerdem schon *Schendel*, Selbstverpflichtungen der Industrie als Steuerungsinstrument im Umweltschutz, NVwZ 2001, 494 sowie etwa *Krämer*, Rechtswirkungen von Umweltvereinbarungen, in *Hummer* (Hrsg), Neueste Entwicklungen im Zusammenspiel von Europarecht und nationalem Recht (2010) 225. Zur den in Österreich verwendeten umweltrechtlich flankierten Selbstverpflichtungen, den insofern als verwaltungsrechtliche Verträge zu qualifizierenden „Umweltvereinbarungen“ vgl insb außerdem *Schulev-Steindl* in FS Raschauer 541 ff.

113 *Cansier*, Erscheinungsformen 1 f.

114 S zB *Cansier*, Erscheinungsformen 2, und *Schendel*, NVwZ 2001, 498.

115 Zu den insofern anzuwendenden volkswirtschaftlichen Beurteilungskriterien ausführlich *Cansier*, Erscheinungsformen 3 ff.

116 „Vereinbarung zwischen der Regierung der Bundesrepublik Deutschland und der deutschen Wirtschaft zur Klimavorsorge“, s http://www.rwi-essen.de/media/content/pages/umwelt/Klimavereinbarung-2000.pdf (10.7.2017); s dazu etwa *Schendel*, NVwZ 2001, 499, sowie zur Vorgängervereinbarung schon ausführlich *Cansier*, Zielverwässerung der Umweltpolitik durch Selbstverpflichtungen der Wirtschaft? in FS Klaus (1999) 359.

von 22 Sektoren erreicht und teilweise sogar stark übertroffen.[117] Auch auf internationaler Ebene wurde zuletzt auf den Ansatz freiwilliger Selbstregulierung gesetzt, beinhaltet das Pariser Übereinkommen[118] doch, im Gegensatz zum vorangegangenen Kyoto-Protokoll, gerade keine fixen Vorgaben zur Einsparung von Treibhausgasen, sondern überlässt es den Staaten, ihre Beiträge zum Klimaschutz selbst festzulegen.[119] Ob damit letztendlich das angestrebte Ziel, nämlich die Begrenzung des weltweiten Temperaturanstiegs auf maximal 2° C,[120] erreicht werden kann, wird sich erst in Zukunft zeigen.

5. Ausblick

Der Klimaschutz ist zweifelsohne eine der größten globalen Herausforderungen dieses Jahrhunderts – dies nicht nur aus politischer, naturwissenschaftlicher oder technischer Perspektive: gerade auch die Rechtswissenschaft wird durch den Klimawandel vor ganz neue Herausforderungen gestellt. Wirksame Maßnahmen zum Klimaschutz erfordern nicht zuletzt eine umfassende Anpassung des derzeit geltenden rechtlichen Rahmens.[121]

Die Erfahrungen mit unterschiedlichen Instrumenten zur Steuerung des Umweltschutzes, die in den letzten Jahrzehnten gewonnen wurden, gilt es nun bei der Auswahl geeigneter Instrumente zum Schutz des Klimas und der Minderung des Treibhausgaseffekts zu berücksichtigen. Freilich gibt es dabei nicht das eine, richtige Instrument zur Erreichung der gewünschten Effekte. So vielschichtig wie die Problematik des Klimawandels an sich, so vielschichtig und unterschiedlich müssen die Maßnahmen zur Bekämpfung desselben gelagert sein. Bei der Implementierung einzelner Steuerungsinstrumente im Rahmen einer Gesamtstrategie gilt es

117 *Frondel/Janßen-Timmen/Ritter*, Statusbericht 2011 und 2012 zur Umsetzung der Vereinbarung zwischen der Bundesrepublik Deutschland und der deutschen Wirtschaft zur Klimavorsorge vom 9. November 2000. Verifikation der Vereinbarung zwischen der Regierung der Bundesrepublik Deutschland und der deutschen Wirtschaft zur Klimavorsorge, RWI - Leibniz-Institut für Wirtschaftsforschung Projektberichte (2013), http://www.rwi-essen.de/media/content/pages/publikationen/rwi-projektberichte/RWI_PB_Monitoringbericht-2011-und-2012_Statusbericht.pdf (10.7.2017).

118 Übereinkommen von Paris, BGBl III 2016/197.

119 Vgl dazu bloß den Beitrag von *Yvonne Karimi-Schmidt* in diesem Band.

120 Art 2 Abs 1 lit a Pariser Übereinkommen.

121 Zu den diesbezüglichen Herausforderungen für die Rechtswissenschaft im Allgemeinen s *Fisher/Scotford/Barritt*, The Legally Disruptive Nature of Climate Change, The Modern Law Review 2017, 173. Vgl dazu freilich außerdem die übrigen Beiträge in diesem Band.

aber insbesondere auch, der Entstehung von Vollzugsdefiziten durch entsprechende Auswahl und Gestaltung der Instrumente vorzubeugen, zu dringend sind endlich wirksame Maßnahmen zum Klimaschutz notwendig. *„Es reicht nicht, Gesetze zu verabschieden, die im Folgenden nur mangelhaft oder gar nicht umgesetzt werden"*[122] – gerade im Bereich des Klimaschutzes wird dies nur allzu deutlich, betrachtet man die Folgen, die die Nichteinhaltung des 2° C-Ziels wohl mit sich bringen würde[123]....

122 *Ziehm*, ZUR 2010, 418.

123 Vgl für Österreich: *Austrian Panel on Climate Change (APCC)*, Österreichischer Sachstandsbericht Klimawandel 2014, http://www.ccca.ac.at/de/apcc/oesterreichischer-sachstandsbericht-klimawandel-2014-infos-und-materialien/ (10.7.2017).

Klimaschutz mit den Mitteln des Privatrechts? Der Beitrag des Haftungsrechts

Monika Hinteregger

1. Einleitung

Die Idee, den Klimaschutz auch mit den Mitteln des Privatrechts voranzutreiben, stammt aus den USA. Hier haben in den vergangenen Jahrzehnten verschiedene Bundesstaaten, Gemeinden und NGOs versucht, staatliche Instanzen oder Großunternehmen mit Hilfe der Zivilgerichte zu einem effektiven Klimaschutz zu verpflichten.[1] So haben im Verfahren *Massachusetts v. EPA*[2] einzelne Bundesstaaten die US-Umweltbehörde EPA (Environmental Protection Agency) mittels Klage vor einem Zivilgericht erfolgreich dazu verpflichtet, das Treibhausgas CO_2 als Luftschadstoff einzustufen und im Clean Air Act einer Regulierung zuzuführen.[3] Auch einige Großbetriebe wurden, allerdings nicht erfolgreich, vor Gericht aufgefordert, ihren

1 Aus der umfangreichen US-amerikanischen Literatur zur Klimahaftung vgl zB *Abate,* Automobile Emissions and Climate Change Impacts: Employing Public Nuisance Doctrine as Part of a "Global Warming Solution", Connecticut Law Review 2008, 591; *Grossman,* Warming Up to a Not-So-Radical Idea: Tort-Based Climate Change Litigation, Columbia Journal of Environmental Law 2003, 1; *Salzmann/Hunter,* Negligence in the Air: The Duty of Care in Climate Change Litigation, University of Pennsylvania Law Review 2007, 101; *Kysar,* What Climate Change Can Do About Tort Law, Environmental Law 2011, 1; *Gerrard/MacDougald,* An Introduction to Climate Change Liability Litigation and a View to the Future, Connecticut Insurance Law Journal 2013, 153 (alle mwN). Das Sabin Center for Climate Change Law der Columbia Law School publiziert laufend eine Übersicht der US-Klagen zum Klimawandel unter www.climatecasechart.com. Aus der Nicht-US-Literatur: *Faure/Peeters* (Hrsg), Climate Change Liability (2011); *Lord/Goldberg/Rajamani/Brunnee* (Hrsg), Climate Change Liability (2011); *Pöttker,* Klimahaftungsrecht (2014); *Lee,* Climate Change Tort, https://ssrn.com/abstract=2695107 (Stand 28.08.2015). Folgende später erschienene Publikationen konnten nicht mehr berücksichtigt werden: *Spitzer/Burtscher,* Liability for Climate Change: Cases, Challenges and Concepts, JETL 2017, 137; *Burtscher/Spitzer,* Haftung für Klimaschäden, ÖJZ 2017/134; *Sutherland,* Obligations to Reduce Emissions: From the Oslo Principles to Enterprises, JETL 2017, 177; *Spier,* The Oslo Principles and the Enterprises Principles: Legal Strategies to Come to Grips with Climate Change, JETL 2017, 218; *Hinteregger,* Civil Liability and Climate Change: A Functional Analysis, JETL 2017, 238.

2 549 US 497 (2007).

3 Massachusetts v. EPA, 549 U.S. 497 (2007).

CO_2-Ausstoß zu reduzieren.[4] Rechtliche Grundlage dieser Versuche sind spezielle Rechtsfiguren des amerikanischen Privatrechts, die Doktrin des Public Nuisance und des Public Trust. Für das US-Bundesrecht definiert Restatement (Second) of Torts § 821B(1) (1979) *Public Nuisance* als "unreasonable interference with a right common to the general public." Schadenersatz unter diesem Titel erfordert den Nachweis, dass das Verhalten des Beklagten in unzulässiger Weise („unreasonable") in die Ausübung oder den Genuss eines Rechts der Allgemeinheit eingegriffen und damit der Allgemeinheit einen substantiellen und verbreiteten Schaden zugefügt hat.[5]

Nach der *Public Trust*-Doktrin ist der Staat verpflichtet, die natürlichen Ressourcen im Interesse seiner Bürger zu schützen und zu bewahren. Diese aus dem römischen Recht stammende Rechtsfigur wurde im englischen Recht weiterentwickelt, wonach die Krone die öffentlichen Gewässer und das Gewässerbett als Treuhänder (trustee) im Interesse ihrer Bürger hält.[6]

Die *Public Trust*-Doktrin ist in den USA allgemein anerkannt.[7] Auf der Ebene des Staatsrechts wurde in einzelnen Entscheidungen inzwischen auch eine Anwendung auf Luft und Atmosphäre ventiliert.[8] Nach Ansicht der Bundesgerichte ist die *Public Trust*-Doktrin aber eine „state law doctrine" und kann nicht vor einem Bundesgericht geltend gemacht werden.[9]

---

4 American Electric Power (AEP) v. Connecticut, 564 US 410 (2011). Diese Klage wurde vom Supreme Court zurückgewiesen, weil die Regulierung von Luftschadstoffen bereits durch Bundesgesetz, dem Clean Air Act, 42 U.S.C. § 7401 ff erfolgt („federal displacement").

5 Vgl Missouri v. Illinois, 200 U.S. 496, 521 (1906); Connecticut v. Am. Elec. Power Co., 582 F. 3d 309 (2011), revised and remanded.

6 *Sax*, The Public Trust Doctrine in Natural Resource Law: Effective Judicial Intervention, Michigan Law Review 1969, 471.

7 Illinois Central Railroad Company v. Illinois, 146 U.S. 387 (1892); Geer v. Connecticut, 161 U.S. 519, 534 (1896).

8 Sanders-Reed v. Martinez, No. D-101-CV-2011-01514, slip op. (N.M. Dist. Ct. Jul 4, 2013); Chernaik v. Kitzhaber, 328 P.3d 799, (Or. App. 2014); Farb v. State, No. 12-C-1133 (Kan. Dist. Ct. Jun. 4, 2013); Kanuk *ex rel.* Kanuk v. State Dep't of Nat. Res., 335 P.3d 1088 (Alaska 2014); Funk v. Wolf, No. 467 MD 2015 (Pa. Commw. Ct. 2016); aber siehe Bonser-Lain v. Texas Comm'n on Envtl. Quality, No. D-1-GN-11-002194, 2012 WL 3164561 (Tex. Dist. Ct. Aug. 2, 2012), *vacated sub nom.* Texas Comm'n on Envtl. Quality v. Bonser-Lain, 428 S.W.3d 887 (Tex. Ct. App. 2014); *In re* Kids vs. Global Warming, Iowa Dept. Nat. Resources (22 June 2011), *aff'd,* Filippone v. Dept. of Nat. Resources, No. 2-1005 / 12-0444 (Iowa Ct. App Mar. 13, 2013); siehe auch *Abate*, Atmospheric trust litigation: New Hope for Climate Justice?, Case Study Paper, 3rd UNITAR Yale Conference on Environmental Governance and Democracy (2015) 7 f.

9 Alec L. v. Jackson, 863 F.Supp. 2d 11 (D.D.C. 2012) unter Berufung auf die Entscheidung des Supreme Court in PPL Montana, LLC v. Montana, 565 U.S., 132 S.Ct. 1215 (2012). Außerdem werde eine möglicherweise vorhandene Public Trust-Doktrin durch die Einführung des Clean Air Act,

Auch *Schadenersatzklagen* wurden bereits erhoben. So hat der Staat Kalifornien mehrere Autohersteller auf Schadenersatz für eingetretene und zukünftige Schäden, die ihm durch die von den Beklagten mitverursachte Erderwärmung entstehen, geklagt, diese Klage aber dann wieder zurückgezogen.[10] In *Comer v. Murphy Oil*[11] klagten Geschädigte des Hurrikans Katrina eine Reihe von Energiekonzernen auf Schadenersatz für den durch den Hurrikan verursachten Schaden. Sie brachten vor, dass diese Unternehmen durch die Emission von Treibhausgasen zur Klimaerwärmung beigetragen und damit die Zerstörungskraft des Hurrikans Katrina verstärkt hätten. Die Klage war auf alle möglichen Klagsgründe gestützt,[12] gab aber primär Anlass zu verfahrensrechtlichen Auseinandersetzungen und wurde letztlich abgewiesen. Ein wesentlicher Grund dafür war fehlende Justiziabilität, weil die Klage keine zivilrechtlichen, sondern rein politische Fragen aufwirft, die in den Anwendungsbereich des Clean Air Act fallen. Außerdem seien die Kläger nicht in der Lage, einen ausreichenden Verursachungszusammenhang (proximate cause) zwischen dem Verhalten der Beklagten und dem eingetretenen Schaden aufzuzeigen. Die Wiedereinreichung der Klage wurde sodann wegen entschiedener Rechtssache (res judicata) und Verjährung zurückgewiesen. Der U.S. Supreme Court lehnte die Behandlung des Falles ab.

Bereits erfolgversprechender war das Verfahren *Kivalina v. ExxonMobil*.[13] In diesem haben Bewohner des Inuit-Dorfes Kivalina im Bundesstaat Alaska 19 der größten in den USA tätigen Energiekonzerne auf Ersatz der Umsiedlungskosten geklagt, weil ihr Dorf wegen des steigenden Meeresspiegels unbewohnbar geworden sei. Rechtliche Grundlage in diesem Verfahren war vor allem die Public Nuisance-Doktrin als Rechtsbehelf des Federal Common Law, aber auch Public und

---

der die Kompetenz der Luftreinhaltung der EPA gibt, ersetzt („federal displacement"). Alec L. v. Jackson wurde vom D.C. Circuit Court in Alec L. v. Mc Carthy, Case #13-5192 (D.C. Cir. June 5, 2014) bestätigt.

10 California v. General Motors Corp., No. C06-05755 MJJ, 2007 WL 2726871 (N.D. Cal. Sept.17, 2007).

11 585 F.3d 855 (5th Cir. 2009). Weitere Entscheidungen: Borough of Harvey Cedars v. Karan, No. A-120-11, (N.J. Jul. 8, 2013); Korsinsky v. EPA, 2006 U.S. App. LEXIS 21024 (2d Cir. N.Y., Aug. 10, 2006); North Carolina v. TVA, 593 F.Supp.2d 812 (W.D.N.C. Jan. 2009), *rev'd* North Carolina v. TVA, 615 F.3d 291 (4th Cir. 2010); State *ex rel.* South Coast Air Quality Mgmt. Dist. v. S. Cal. Gas Co., No. BC608322 (Cal. Super. Ct., filed Jan. 26, 2016); Mann v. Nat'l Rev., Inc., No. 2012 CA 8263 B (D.C. Super. Ct. Jul. 19, 2013); Wegman v. Mashey, No. 1:15-cv00486 (E.D. Va., notice of removal Apr 30, 2015).

12 Public and private nuisance, trespass, negligence, unjust enrichment, fraudulent misrepresentation and civil conspiracy.

13 Native Village of Kivalina v. ExxonMobil Corp., 696 F.3d 849 (9th Cir.2012), cert. denied, 133 S.Ct. 2390 (2013).

Private Nuisance des State Common Law, Civil Conspiracy und Concert of Action. Interessant war vor allem die Argumentation zu Civil Conspiracy. Dieser Klagsgrund hat bereits in den Tabak-Fällen[14] teilweise zum Erfolg geführt, und es besteht die Annahme, dass er auch in den Klimahaftungsfällen weiterführend sein könnte. Die Kläger warfen den beklagten Konzernen vor, die Allgemeinheit systematisch über das Bestehen und die Ursachen des Klimawandels in die Irre geführt zu haben, um ihre CO_2-Emissionen fortsetzen zu können. Zu den verwendeten Methoden gehörten

- die Finanzierung von Experten („global warming sceptics"), damit diese die Ergebnisse der Klimaforschung in der Öffentlichkeit diskreditierten oder die positiven Folgen der Klimaveränderung hervorhoben,
- Bildung und Finanzierung von scheinbar unabhängigen wissenschaftlichen Organisationen, um gegen die Erkenntnisse der Klimaforscher vorzugehen,
- Attacken auf Klimaforscher mit unseriösen Werbestrategien (zB Massenemails an bestimmte Personengruppen – ältere schlecht gebildete Männer und jüngere einkommensschwache Frauen), um die Meinung der Öffentlichkeit zu beeinflussen sowie
- die gezielte Unterdrückung von wissenschaftlichen Studien und Ergebnissen, die das Bestehen, die Ursachen und die Folgen des Klimawandels dokumentieren.

ExxonMobil allein wird in der Klage vorgeworfen, zwischen 1998 und 2005 16 Millionen Dollar für derartige Maßnahmen ausgegeben zu haben.

Der U.S. Circuit Court wies die Klage zurück. Da die Emission von Treibhausgasen bereits durch ein Bundesgesetz, nämlich den Clean Air Act, reguliert sei, könne kein konkurrierender Anspruch auf der Basis des Common Law mehr geltend gemacht werden („Federal Displacement"-Doktrin). Die Regulierung von Treibhausgasemissionen sei eine Angelegenheit der Politik und der Verwaltung und nicht der Gerichte („Political Question"-Doktrin). In Bezug auf die geltend gemachte Haftungsgrundlage des Public Nuisance sei es den Klägern außerdem nicht gelungen, ausreichend darzustellen, dass ihr Schaden auf ein Verhalten der Beklagten zurückzuführen ist. Die Beklagten seien nur für drei Prozent des weltweiten jährlichen Treibhausgasausstoßes verantwortlich. Es fehle ein ausreichender zeitlicher und örtlicher Zusammenhang zwischen den Emissionen der Beklagten

---

14 Siehe U.S. v. Philip Morris USA, Inc., 449 F. Supp. 2d 1 (D.D.C. 2006), *aff'd in part & vacated in part*, 566 F.3d 1095 (D.C. Cir. 2009) (per curiam), *cert. denied*, 561 U.S. 1025, 130 S. Ct. 3501 (2010). Klagen von Privatbürgern gegen Tabakunternehmen waren nur teilweise erfolgreich: *Thiele,* Die zivilrechtliche Haftung der Tabakindustrie (2003) 175-180; *Ausness,* Conspiracy Theories: Is There a Place for Civil Conspiracy in Products Liability Litigation? Tennessee Law Review 2007, 383 (410).

und dem Schaden der Kläger. Die Emissionen der Kläger seien überdies weder unerlaubt noch sonst rechtswidrig. Die Berufung an den Ninth Circuit Court of Appeals wurde zurückgewiesen und der U.S. Supreme Court lehnte am 20. Mai 2013 eine Behandlung des Falles ab.

Inzwischen wurde auch in der Bundesrepublik Deutschland eine Klage[15] wegen eines durch den Klimawandel konkret drohenden Schadens geltend gemacht: Der Kleinbauer *Saul Luciano Lliuya* klagte 2015 den deutschen Energiekonzern *RWE* auf Zahlung von 17.000 Euro. Es bestehe die konkrete Gefahr, dass seine Heimatstadt Huaraz, mitten in den Anden Perus auf 3000 Metern Höhe, durch den infolge der massiven Gletscherschmelze bedrohlich angewachsenen Palcacocha-See überschwemmt und vollkommen zerstört werde. Um dies zu verhindern, müsse der Damm gesichert werden. *RWE* solle nun 0,5 Prozent der Sicherungskosten tragen, da *RWE* zu diesem Anteil zu den globalen Treibhausgasemissionen beitrage.

Diese Verfahren verfolgten wohl alle vorrangig das Ziel, der Öffentlichkeit die durch den Klimawandel verursachten Schadensgefahren bewusst zu machen. Sie machen aber auch deutlich, welche juristischen Schwierigkeiten sich bei einer Schadenersatzklage für einen durch den Klimawandel bedingten Schaden stellen. Wie das Beispiel des peruanischen Bauern zeigt, können Geschädigter und Schädiger räumlich weit voneinander entfernt sein. Dies wirft die Frage nach der internationalen Zuständigkeit von Gerichten und die Frage nach dem anwendbaren Recht auf. Hat der Geschädigte ein rechtskräftiges Urteil erwirkt, stellt sich die Frage nach seiner Vollstreckbarkeit. Die größten Probleme bereitet potentiellen Geschädigten aber das materielle Schadenersatzrecht. Dies betrifft den Schadensbegriff, die Notwendigkeit des Kausalitätsnachweises und bei einem Anspruch aus Verschuldenshaftung das Erfordernis von Rechtswidrigkeit und Verschulden auf Seiten des Schädigers.

2. Die Funktion des Haftungsrechts für den Klimaschutz

Der Versuch, das Schadenersatzrecht für den Klimaschutz einzusetzen, hat nicht nur aktionistische Gründe. Das Schadenersatzrecht ist ein bewährtes Instrument des Interessenausgleichs zwischen Schädiger und Geschädigten. Bei Vorliegen bestimmter

15 *Endres*, Mit juristischen Waffen gegen den Klimawandel, http://www.zeit.de/wirtschaft/2015-12/rwe-klage-klimawandel-peru-germanwatch (Stand 09.12.2015). Die Verhandlung findet vor der 2. Zivilkammer des Landgerichts Essen statt (http://www.llgessen.nrw.de/behoerde/presse/Presseerklaerungen/Zivilverfahren_2016_11_14_LGEsn_Sch_PE-Lliuya-gegen-RWE-AG-2-O-285_15.pdf). Die erste mündliche Verhandlung war am 24.11.2016.

Voraussetzungen hat der Geschädigte das Recht, einen bei ihm eingetretenen Nachteil auf eine andere Person, den Schädiger, zu überwälzen. Man spricht hier von der *Ausgleichsfunktion* des Haftungsrechts,[16] die ihre theoretische Rechtfertigung im fundamentalen Rechtsprinzip der distributiven und korrektiven Gerechtigkeit findet. Das Schadenersatzrecht hat aber auch einen wichtigen *präventiven Effekt*. Durch die Androhung von Schadenersatzpflichten sollen potentielle Schädiger von einer Schädigung abgehalten werden. Diese präventive Funktion des Haftungsrechts wird vor allem von den Vertretern der ökonomischen Rechtstheorie betont, die das Haftungsrecht als Instrument für die Erreichung ökonomischer Effizienz zur Steigerung der allgemeinen Wohlfahrt sehen.[17] Ein wichtiger Aspekt ist dabei, bei potentiellen Schädigern die Externalisierung von Kosten zu verhindern. Indem der Schädiger verpflichtet wird, für den von ihm verursachten Schaden einzustehen, soll er veranlasst werden, bei seinen Entscheidungen das mögliche Schadensrisiko seines Verhaltens in seine Überlegungen einzubeziehen und Aktivitäten, die ihre Kosten nicht wert sind, zu unterlassen. Für den Klimaschutz besteht somit die Annahme, dass ein Emittent von Treibhausgasen, der für alle dadurch verursachten Schäden aufkommen muss, im eigenen Interesse sein Emissionsverhalten anpassen, also die Emissionsmenge entsprechend verringern wird.[18] Eine derartige Verhaltensänderung kann natürlich auch mit ordnungspolitischen Instrumenten, vor allem mit Instrumenten des Verwaltungsrechts (zB Auflagen) oder des Finanzrechts (Steuern und Abgaben) erreicht werden. Der Vorteil des Haftungsrechts gegenüber ordnungspolitischen Instrumenten liegt darin, dass das Haftungsrecht, jedenfalls theoretisch, sehr fein abgestimmte Handlungsanreize für potentielle Schädiger liefern kann, da jeder Schädiger nur mit den von ihm verursachten Schadenskosten belastet wird. Die Gefahr von falschen Handlungsanreizen (Über- oder Unterabschreckung) wird deshalb als gering angesehen. Dazu kommt, dass der präventive Effekt einer Haftungsregel bereits wirksam wird, bevor ein konkreter Schaden eintritt, da bereits die Möglichkeit, für einen zukünftigen Schaden einstehen zu müssen, zu der Verhaltensänderung des Emittenten führt. Es reicht dafür schon aus, dass der Schädiger mit ausreichender Gewissheit da-

---

16 *Koziol*, Basic Questions of Tort Law from a Germanic Perspective (2012) 75 ff; *Tunc*, International Encyclopedia of Comparative Law Vol. 11. Torts (1983) I-164 ff.

17 *Coase*, The Problem of Social Cost, The Journal of Law and Economics 1960, 1; *Calabresi*, The Costs of Accidents: A Legal and Economic Analysis (1970); *Shavell*, Economic Analysis of Accident Law (1987); *Faure* (Hrsg), Tort Law and Economics (2009); *Posner*, Economic Analysis of Law[8] (2011); *Schäfer/Ott*, Lehrbuch der ökonomischen Analyse des Zivilrechts[5] (2012).

18 Diese Idee liegt ja auch dem EU-Emissionshandelssystem zu Grunde: RL 2009/29/EG des Europäischen Parlaments und des Rates vom 23. April 2009 zur Änderung der Richtlinie 2003/87/EG zwecks Verbesserung und Ausweitung des Gemeinschaftssystems für den Handel mit Treibhausgasemissionszertifikaten, ABl L 2009/140, 63.

mit rechnen muss, im Fall eines Schadenseintritts zu einer Haftung herangezogen zu werden. Ist ein Schaden eingetreten, so liegt es am Geschädigten, und nicht wie bei ordnungspolitischen Instrumenten beim Staat, der in diesen Bereichen oft säumig ist, seinen Anspruch geltend zu machen. Das Schadenersatzrecht ist somit weit weniger als das Verwaltungsrecht vom Handeln einer staatlichen Instanz abhängig, was der Gefahr von Vollzugsdefiziten begegnet und auch Vollzugskosten spart. Ein weiterer wichtiger Unterschied liegt darin, dass die Wirksamkeit des Schadenersatzrechts, im Gegensatz zum Verwaltungs- und Finanzrecht, nicht auf das jeweilige Staatsgebiet beschränkt ist. Schadenersatzansprüche können auch im Ausland bzw im Inland gegenüber einem ausländischen Schädiger geltend gemacht werden und sodann auch im Ausland vollstreckt werden. Die Gefahr, Haftungsansprüchen ausgesetzt zu sein, kann somit auch Emittenten von Treibhausgasen, die in Staaten angesiedelt sind, die keinen Klimaschutz betreiben, zu einer Verhaltensänderung, also der Reduktion ihrer Treibhausgasemissionen, veranlassen.

Alle diese Stärken des Haftungsrechts können aber nur wirksam werden, wenn das Haftungsrecht so ausgestaltet ist, dass jeder Emittent von Treibhausgasen auch wirklich damit rechnen muss, für alle von ihm verursachten Schäden einstehen zu müssen. Um dieses Ziel zu erreichen, schadet es nicht, bei der Ausgestaltung des Haftungsrechts die Treibhausgasemissionen von Privatpersonen (Verbrauchern) und Kleinstunternehmern außer Acht zu lassen und sich auf die Haftung von Unternehmen zu konzentrieren. Denn Unternehmen können ihre Kostenlast über ihre Preise an die Verbraucher weitergeben und damit für eine verursachungsadäquate Kostenbelastung der Verbraucher sorgen. Eine Haftung von Unternehmen hat überdies eine marktbereinigende Wirkung. Gibt es ein effektives Klimahaftungsrecht, dann haben Unternehmen mit geringeren Treibhausgasemissionen auch die geringeren Schadenskosten. Sie werden sich deshalb am Markt besser behaupten können und Unternehmen mit den höheren Treibhausgasemissionen entweder vom Markt verdrängen oder diese zu einer Verringerung ihrer Treibhausgasemissionen veranlassen.

Wie im Folgenden gezeigt wird, ist das reale Haftungsrecht von diesen idealen Vorstellungen aber weit entfernt.

3. Voraussetzungen für einen Haftungsanspruch

3.1. Gerichtsstand, anwendbares Recht, Vollstreckung

Voraussetzung für die gerichtliche Geltendmachung eines Schadenersatzanspruches ist das Bestehen eines zuständigen Gerichts. Dies kann vor allem bei grenzüberschreitenden Schäden mit Schwierigkeiten verbunden sein. Innerhalb Europas hat das EU-Recht Abhilfe geschaffen. Denn innerhalb der EU legt die Brüssel Ia-Verordnung[19] einheitliche Regeln für die gerichtliche Zuständigkeit und die Anerkennung und Vollstreckung von Gerichtsentscheidungen fest. Art 7 Z 2 Brüssel Ia sieht vor, dass Personen, die ihren Wohnsitz im Hoheitsgebiet eines Mitgliedsstaats haben, im Falle einer unerlaubten Handlung, einer Handlung, die einer unerlaubten Handlung gleichgestellt ist, oder wenn Ansprüche aus einer solchen Handlung den Gegenstand des Verfahrens bilden, auch „vor dem Gericht des Ortes, an dem das schädigende Ereignis eingetreten ist oder einzutreten droht" geklagt werden können. Dies eröffnet, im Anschluss an die Entscheidung des EuGH in *Bier v. Mines de Potasse d'Alsace*[20] (betreffend den inhaltlich weitgehend gleichen Art 5 Z 3 des Brüsseler Übereinkommens), dem Kläger die Wahl, seine Klage entweder am Ort des Schadenseintritts oder am Ort der Schadensverursachung zu erheben. Dies bedeutet, dass eine von einem Klimaschaden betroffene Person sowohl im Verursachungsstaat als auch in ihrem Heimatstaat klagen kann.

Das EU-Recht gewährleistet auch die Vollstreckbarkeit dieser Entscheidung. Denn ein in einem Mitgliedsstaat der Europäischen Union ergangenes und vollstreckbares Urteil muss auch in den anderen Mitgliedsstaaten vollstreckt werden, ohne dass es einer Vollstreckbarerklärung bedarf (Art 39 Brüssel Ia). Die im anderen Mitgliedsstaat zu vollstreckende Entscheidung ist unter den gleichen Bedingungen zu vollstrecken wie eine im ersuchten Mitgliedsstaat selbst ergangene Entscheidung (Art 41 Brüssel Ia). Der Antragssteller muss der zuständigen Vollstreckungsbehörde nur eine Ausfertigung der Entscheidung sowie eine Bescheinigung, mit der bestätigt wird, dass die Entscheidung vollstreckbar ist, vorlegen (Art 42 Brüssel Ia). Eine Versagung der Vollstreckung ist nur aus bestimmten eng begrenzten Gründen zulässig (Art 45, 46 Brüssel Ia). Liegt der Vollstreckungsstaat aber außerhalb des Anwendungsbereiches der Brüssel Ia-Verordnung, so bestimmt sich die Vollstreckung entweder nach besonderen völkerrechtlichen Vereinbarungen zwischen dem Entscheidungsstaat und dem Vollstreckungsstaat oder, soweit diese nicht bestehen, nach den

---

19 VO (EU) 1215/2012 des Europäischen Parlaments und des Rates vom 12. Dezember 2012 über die gerichtliche Zuständigkeit und die Anerkennung und Vollstreckung von Entscheidungen in Zivil- und Handelssachen, ABl L 2012/351, 1. Die Brüssel Ia VO ist die Nachfolgeregelung der Brüssel I-VO (VO (EG) 44/2001 des Rates vom 22. Dezember 2000 über die gerichtliche Zuständigkeit und die Anerkennung und Vollstreckung von Entscheidungen in Zivil- und Handelssachen, ABl 2001/12), die wiederum an die Stelle des Brüsseler Übereinkommens über die gerichtliche Zuständigkeit und die Vollstreckung gerichtlicher Entscheidungen in Zivil- und Handelssachen (ABl C 1998/27, 1; Beitritt Österreichs: BGBl III 1998/167) getreten ist.

20 EuGH 30.11.1976, 21/76, *Bier v. Mines de Potasse d'Alsace.*

nationalen Regelungen des Vollstreckungsstaates. Dieser kann die Vollstreckung von bestimmten Voraussetzungen abhängig machen[21] und die Vollstreckung auch verweigern, wenn die ausländische Entscheidung wesentlichen Grundsätzen des nationalen Rechts widerspricht (sog ordre public). Gerade in Klimahaftungsfällen ist die Verweigerung der Vollstreckung einer im Ausland ergangenen Haftungsentscheidung durchaus denkbar, wenn diese von den im jeweiligen Vollstreckungsstaat anerkannten Haftungsgrundsätzen zu weit abweicht.[22]

Ist ein zuständiges Gericht gefunden, so ist bei grenzüberschreitenden Schäden über das anwendbare Recht zu entscheiden. Auch hier bestehen in der EU einheitliche Regeln. Die Rom II-Verordnung[23] erlaubt dem Kläger, zwischen dem Recht des Staates, in dem der Schaden eingetreten ist (Art 7 iVm Art 4 Abs 1 Rom II), und dem Recht des Staates, „in dem das schadensbegründende Ereignis eingetreten ist" (Art 7 Rom II), zu wählen. Diese Regel ist auf Schadenersatzansprüche – sowohl für die Verschuldenshaftung als auch für die verschuldensunabhängige Haftung – sowie auf Unterlassungsansprüche betreffend Umweltschädigungen anwendbar. Klagt der Geschädigte bei einem außerhalb der EU gelegenen Gericht, so richtet sich das anwendbare Recht nach den kollisionsrechtlichen Regeln des Gerichtsstaates.

---

21 Österreich beispielsweise verlangt für die Vollstreckung ausländischer Gerichtsentscheidungen (die nicht unter die Brüssel Ia-VO oder eine gesonderte völkerrechtliche Vereinbarung fallen) eine Vollstreckbarkeitserklärung durch das Exekutionsgericht (§ 79 Abs 1 EO). Eine solche Vollstreckbarerklärung erfolgt jedoch nur, wenn die Entscheidungen nach den „Bestimmungen des Staates, in dem sie errichtet wurden, vollstreckbar sind und die Gegenseitigkeit durch Staatsverträge oder durch Verordnungen verbürgt ist" (§ 79 Abs 2 EO). Vgl *Dolinar/Roth/Duursma-Kepplinger*, Zivilprozessrecht[14] (2016) 460. In den USA, die bislang keinem internationalen Abkommen zur Anerkennung von Gerichtsentscheidungen beigetreten sind, richtet sich die Vollstreckung von ausländischen Gerichtsentscheidungen nach dem Recht des jeweiligen Bundesstaates. Die Bundesstaaten verlangen immer eine Anerkennung durch das nationale Gericht (vgl *Zeynalova*, The Law on Recognition and Enforcement of Foreign Judgments: Is It Broken and How Do We Fix It? Berkeley Journal of International Law 2013, 150).

22 So verweigerte beispielsweise der deutsche BGH die Vollstreckung eines US-amerikanischen Urteils, mit dem ein hoher Strafschadenersatz (punitive damages) zuerkannt wurde: BGH, Urteil v. 4.6.1992 – IX 149/91, ZIP 1992, 1257.

23 Verordnung (EG) 864/2007 des Europäischen Parlaments und des Rates vom 11. Juli 2007 über das auf außervertragliche Schuldverhältnisse anzuwendende Recht, ABl L 2007/199, 40.

3.2. Materielles Haftungsrecht

3.2.1. Haftungsarten

Das Schadenersatzrecht ist weltweit vorrangig nationales Recht.[24] Eine Analyse der möglichen Haftungsgrundlagen für den Ersatz von klimabedingten Schäden kann deshalb nur nach dem jeweils anwendbaren nationalen Haftungsrecht erfolgen. Angesichts der Möglichkeit bei grenzüberschreitender Schadensverursachung, Haftungsansprüche auch in weit entfernten Staaten geltend zu machen, besteht eine große, geradezu unübersehbare Bandbreite von unterschiedlichen Lösungen. Um die Möglichkeiten und Grenzen von haftungsrechtlichen Ansprüchen bei Schäden durch Klimaveränderung aufzuzeigen, soll im Folgenden eine an Grundsätzen orientierte Einschätzung derartiger Haftungsansprüche nach den Haftungsrechten der europäischen Staaten gegeben werden.[25] Dabei ist zu bedenken, dass auch in den europäischen Staaten große Unterschiede im Bereich der Anspruchslegitimation zur Geltendmachung eines Schadenersatzanspruchs, für das erforderliche Beweismaß und die Verjährung von Schadenersatzansprüchen bestehen. All dies kann hier aber nicht näher aufgearbeitet werden.

Für Haftungsansprüche von Personen, die durch den Klimawandel geschädigt werden, stehen in den europäischen Staaten im Wesentlichen zwei Haftungsansprüche zur Verfügung. Die allgemeine Verschuldenshaftung und die in den einzelnen Staaten äußerst unterschiedlichen Ansprüche aus verschuldensunabhängiger Haftung (Gefährdungshaftung).

In der *Verschuldenshaftung* verlangen die Haftungsrechte der kontinentaleuropäischen Staaten den Eintritt eines Schadens, das Vorliegen eines Verursachungszusam-

---

24 Dies gilt auch für Mitgliedstaaten der EU. Eine umfassendere Rechtsharmonisierung hat bislang nur im Bereich der Produkthaftung stattgefunden (siehe Richtlinie 85/374/EWG des Rates vom 25. Juli 1985 zur Angleichung der Rechts- und Verwaltungsvorschriften der Mitgliedstaaten über die Haftung für fehlerhafte Produkte, ABl L 1985/210, 29 idF Richtlinie 34/99 des Europäischen Parlaments und des Rates vom 10. Mai 1999, ABl L 1999/141, 20).

25 Grundlage der folgenden Ausführungen sind die rechtsvergleichenden Untersuchungen in *Hinteregger* (Hrsg), Environmental Liability and Ecological Damage in European Law (2008); *Hinteregger*, Liability for Terrorism-Related Risk Under Member State Law, in *Bergkamp/Faure/Hinteregger/Philipson* (Hrsg), Civil Liability in Europe for Terrorism-Related Risk (2015) 85 ff. Vgl auch die umfassenden rechtsvergleichenden Analysen des Europäischen Zentrums für Schadenersatz- und Versicherungsrecht, insb *Koziol* (Hrsg), Unification of Tort Law: Wrongfulness (1998); *Spier* (Hrsg), Unification of Tort Law: Causation (2000); *Magnus* (Hrsg), Unification of Tort Law: Damages (2001); *Koch/Koziol (Hrsg)*, Unification of Tort Law: Strict Liability (2002); Spier (Hrsg), Unification of Tort Law: Liability for Damage Caused by Others (2003); *Magnus/Martín-Casals* (Hrsg), Unification of Tort Law: Contributory Negligence (2004); *Rogers* (Hrsg), Unification of Tort Law: Multiple Tortfeasors (2004); *Widmer* (Hrsg), Unification of Tort Law: Fault (2005).

menhangs zwischen dem Verhalten des Schädigers und dem eingetretenen Schaden sowie Rechtswidrigkeit und Verschulden auf Seiten des Schädigers. Das anglo-amerikanische Recht kennt die allgemeine Verschuldenshaftung nicht, hat aber mit dem Tort of Negligence eine der Verschuldenshaftung sehr ähnliche Haftungsgrundlage.

Die *verschuldensunabhängige Haftung* erfordert nur den Nachweis eines Schadens und das Vorliegen eines Kausalitätszusammenhangs zwischen Schaden und Schädiger. An die Stelle von Rechtswidrigkeit und Verschulden tritt hier das spezielle haftungsbegründende Ereignis bzw Verhalten (zB Betreiben einer Atomanlage oder einer Eisenbahn). Die Anerkennung von verschuldensunabhängiger Haftung variiert sehr stark in den europäischen Staaten. Manche Staaten sehen gerade für den Umweltbereich umfassende Gefährdungshaftungen vor,[26] andere, wie zB England und Wales, stehen der verschuldensunabhängigen Haftung ablehnend gegenüber. Spezielle Gefährdungshaftungsvorschriften für den Ersatz von Klimaschäden existieren in den europäischen Staaten bislang nicht.

Einige europäische Staaten gewähren Liegenschaftseigentümern (und sonstigen dinglich Berechtigten) Ansprüche auf Ersatz von Schäden, die durch Immissionen des Nachbarn verursacht werden.[27] Diese Haftungsgrundlagen sind aber kaum für die Klimahaftung nutzbar. Treibhausgase sind zwar unwägbare Stoffe im Sinne des *privaten Immissionsrechts,* sie gelangen aber nicht von einem Grundstück auf das andere und stören dadurch die Nutzung dieses Grundstücks, sondern sie gelangen in die Atmosphäre und reichern sich dort dann. Die Schädigung von Liegenschaftseigentümern erfolgt hier nur indirekt, nämlich über die durch die Anreicherung von Treibhausgasen in der Atmosphäre verursachte Klimaveränderung. Gegen die Anwendbarkeit der nachbarlichen Immissionshaftung auf Klimaschäden spricht auch der Umstand, dass einige Staaten (zB Deutschland, England und Wales) für die Anwendung der nachbarrechtlichen Haftung eine gewisse räumliche Nähe zwischen dem Grundstück, von dem die Emission ausgeht und dem Grundstück, auf dem sich Emission als Immission niederschlägt, verlangen. Auch diese Bedingung ist bei Klimaschäden nicht erfüllt.

Im Folgenden werden einige Grundprobleme von Haftungsansprüchen für den Ersatz von klimabedingten Schäden, die sich in allen Staaten stellen, näher untersucht. Es sind dies der Schadensbegriff, der Nachweis der Kausalität und für den Bereich der Verschuldenshaftung das Erfordernis der Rechtswidrigkeit.

---

26 ZB Deutschland: Gesetz über die Umwelthaftung vom 10. Dezember 1990 (BGBl I S. 2634); Finnland: Umweltschadensgesetz (1994/737); Schweden: Kapitel 32 Umweltgesetzbuch (Ds 2000:61).

27 ZB Österreich: § 364 f ABGB; Deutschland: § 906 BGB, § 14 BImSchG; England und Wales: Tort of Private Nuisance; Frankreich: trouble de voisinage.

3.2.2. Schadensbegriff

Ein Schadenersatzanspruch setzt den Eintritt eines Schadens voraus. Die bloße Belastung der Atmosphäre durch Treibhausgase und die dadurch verursachte Erwärmung von Luft und Wasser stellt noch keinen Schaden dar. Ein Schaden im zivilrechtlichen Sinn tritt erst ein, wenn sich diese Umstände negativ auf Menschen und Sachen auswirken.

Das Schadenersatzrecht erfasst grundsätzlich Schäden an Personen und Sachen. Nach österreichischem Recht, das hier stellvertretend für alle anderen europäischen Rechtsordnungen herangezogen werden kann, hat eine Person, die an ihrem Körper oder ihrer Gesundheit geschädigt wird, Anspruch auf Ersatz der Heilungskosten einschließlich des Aufwandes für vermehrte Bedürfnisse, des entgangenen Verdiensts sowie Anspruch auf ein angemessenes Schmerzengeld.[28] Bei Tötung stehen die Begräbniskosten zu, und allfällige unterhaltsberechtigte Personen erhalten den entgangenen und zukünftig entgehenden Unterhalt.[29] Viele europäische Staaten gewähren den nächsten Verwandten auch einen Anspruch auf Trauerschmerzengeld.[30] Der Begriff der Körperverletzung wird an sich sehr weit verstanden.[31] Körperverletzung ist jede Beeinträchtigung der körperlichen oder geistigen Gesundheit und Unversehrtheit, auch wenn sie nicht äußerlich sichtbar ist. Bei psychischen Beeinträchtigungen ist entscheidend, dass diese medizinisch behandlungsbedürftig oder zumindest medizinisch diagnostizierbar sind. Psychische Beeinträchtigungen, die bloß in Unbehagen und Unlustgefühlen bestehen, sind nicht ausreichend. Durch die Gefahren des Klimawandels verursachte Angstgefühle stellen somit noch keinen Schaden im Sinne des Schadenersatzrechts dar.

---

28 § 1325 ABGB. Vgl *Hinteregger* in *Kletečka/Schauer* (Hrsg), ABGB-ON$^{1.03}$ § 1325 Rz 4 ff (Stand 1. 7. 2016, rdb.at); *Huber* in *Schwimann* (Hrsg), Taschenkommentar zum Allgemeinen bürgerlichen Gesetzbuch^{3} (2015) § 1325 Rz 2 ff; *Danzl* in *Koziol/P. Bydlinski/Bollenberger* (Hrsg), Kurzkommentar zum ABGB^{4} (2014) § 1325 Rz 3 ff; *Harrer* in *Schwimann* (Hrsg), Praxiskommentar zum Allgemeinen bürgerlichen Gesetzbuch VI^{3} (2006) § 1325 Rz 6 ff; *Reischauer* in *Rummel* (Hrsg), ABGB^{3} § 1325 Rz 10 ff.

29 § 1327 ABGB. Vgl *Hinteregger* in *Kletečka/Schauer*, ABGB-ON$^{1.03}$ § 1327 Rz 5 ff; *Huber* in *Schwimann*, ABGB Taschenkommentar^{3} § 1327 Rz 2 ff; *Danzl* in *KBB*, ABGB^{4} § 1327 Rz 3 ff; *Harrer* in *Schwimann*, ABGB Praxiskommentar VI^{3} § 1327 Rz 4 ff; *Reischauer* in *Rummel*, ABGB^{3} § 1327 Rz 6 ff.

30 *Kadner Graziano,* Angehörigen- oder Trauerschmerzensgeld – die Würfel fallen, RIW 2015, 549 (555).

31 Vgl *Hinteregger* in *Kletečka/Schauer*, ABGB-ON$^{1.03}$ § 1325 Rz 2; *Huber* in *Schwimann*, ABGB Taschenkommentar^{3} § 1325 Rz 1; *Danzl* in *KBB*, ABGB^{4} § 1325 Rz 2; *Harrer* in *Schwimann*, ABGB Praxiskommentar VI^{3} § 1325 Rz 2-5; *Reischauer* in *Rummel*, ABGB^{3} § 1325 Rz 1; *Koziol*, Österreichisches Haftpflichtrecht II^{2} (1984) 115.

Bei Sachschäden stehen entweder der Anspruch auf Wiederherstellung der beschädigten Sache (sog Naturalrestitution) oder, wenn diese nicht möglich oder sinnvoll ist oder vom Geschädigten nicht gewünscht wird, der Anspruch auf Ersatz des Wertes der Sache zu.[32] Dies gilt für bewegliche Sachen und auch für Liegenschaften. Erhält der Geschädigte Wertersatz, so ist er nicht verpflichtet, den empfangenen Geldbetrag für die Wiederherstellung der Sache zu verwenden. *Schäden an der Umwelt* werden vom Schadenersatzrecht jedenfalls dann erfasst, wenn das betreffende Umweltgut einem Privatrechtssubjekt zugeordnet ist. Beispiele sind die Reduktion des Ertrages eines Waldes oder eines Fischgewässers durch die Erderwärmung. In vielen Staaten nicht vom Schadenersatzrecht erfasst sind jedoch Beeinträchtigungen der Umwelt, die sich nicht in einer negativen Veränderung der Vermögensposition einer natürlichen oder juristischen Person niederschlagen. Das betrifft beispielsweise den durch den Klimawandel verursachten Umweltstress für Pflanzen und wildlebende Tiere oder das Aussterben von Tier- und Pflanzenarten. Die Vorstellung des anglo-amerikanischen Rechts, dass der Staat als Treuhänder der Allgemeinheit hier Klagebefugnisse hat, ist den kontinentaleuropäischen Rechtsordnungen fremd.

In Europa gibt es für die Ersatzfähigkeit von solcherart „reinen Umweltschäden" verschiedene Lösungsansätze. In den romanischen Staaten wird die Anspruchsberechtigung für die Erhebung eines Schadenersatzanspruches traditionell weit verstanden. Im Gegensatz zu den germanisch geprägten Rechtsordnungen (Deutschland, Österreich, Schweiz etc) muss ein Geschädigter nur nachweisen, dass er in einem persönlichen und aktuellen Interesse geschädigt wurde. So gewähren beispielsweise in Frankreich Gerichte Umweltschutzorganisationen das Recht, bei Schädigungen der Umwelt vom Schädiger den Ersatz der Wiederherstellungskosten zu verlangen, wenn das von ihnen betreute Gut (zB Wildtiere oder geschützte Pflanzen) beschädigt wird.[33] Im englischen Recht kann für solche Konstellationen die Rechtsfigur des Public Nuisance fruchtbar gemacht werden. Eine Reihe von europäischen Staaten gewähren bei Umweltbeeinträchtigungen kollektive Klagebefugnisse, die allerdings sehr unterschiedlich ausgestaltet sind.[34] Ein inzwischen sehr bekannt

32 § 1323 ABGB. Vgl *Koziol*, Österreichisches Haftpflichtrecht I[3] (1997) 285 f; *Reischauer* in *Rummel*, ABGB[3] § 1323 Rz 1 ff.

33 Vgl den französischen Landesbericht: *Guillot* in *Hinteregger*, Environmental Liability 490 f.

34 ZB Belgien, Frankreich, Niederlande, Italien, Portugal. Vgl *De Sadeleer/Roller*, Access to Justice in Environmental Matters, ENV.A.3/ETU/2002/0030 (Final report) 18 ff; *Hinteregger*, Reconciling Multilayer Interests in Environmental Law: Access to Justice in Environmental Matters in the European Union and the United States, in *Wrbka/van Uytsel/Siems* (Hrsg), Collective Actions (2012) 143 ff.

gewordenes Beispiel ist die Kollektivklagebefugnis der Art 3:305a-305d des Niederländischen Gesetzbuchs (Burgerlijk Wetboek), auf die sich die Umweltschutzorganisation *Urgenda* stützte, um den niederländischen Staat mit gerichtlicher Hilfe zu mehr Klimaschutz zu zwingen.[35] Selbst diese äußerst weit gezogene Kollektivklagebefugnis des niederländischen Rechts deckt jedoch nur Unterlassungs- und Feststellungsansprüche, nicht aber Schadenersatzansprüche.

Eine Erweiterung solcher Kollektivklagebefugnisse wäre für die Klimahaftung von großem Interesse. Vorbild dafür könnte die US-amerikanische Class Action[36] sein. Auf EU-Ebene ist in näherer Zukunft allerdings keine einheitliche Regelung der Kollektivklage zu erwarten. Denn angesichts der großen Unterschiede in den Verfahrensrechten der Mitgliedstaaten nähert sich die EU diesem Thema nur sehr vorsichtig an. 2013 publizierte die Kommission eine Empfehlung über „Gemeinsame Grundsätze für kollektive Unterlassungs- und Schadensersatzverfahren in den Mitgliedstaaten bei Verletzung von durch Unionsrecht garantierten Rechten",[37] die von den Mitgliedsstaaten binnen zwei Jahren umgesetzt werden sollten. Spätestens am 26.7.2017 sollen die Umsetzungsmaßnahmen bewertet werden und sodann sollen weitere Empfehlungen folgen.

Große Unterschiede bestehen in den europäischen Staaten auch in Bezug auf die Klagebefugnis für den Ersatz von sogenannten *reinen Vermögensschäden*.[38] Es handelt sich dabei um Schäden, die sich im Vermögen einer Person niederschlagen, ohne dass ein Mensch verletzt oder getötet oder eine Sache beschädigt wird. Dies hat für die Klimahaftung große Bedeutung, weil Klimaveränderungen häufig die Erwerbsposition von Personen beeinträchtigen.[39]

---

35 Rechtbank Den Haag 24.6.2015, ECLI: NL: RBDHA: 2015:7196.

36 Article 23 Federal Rules of Civil Procedure. Aus der umfangreichen Literatur zur Anwendung der Class Action in Massenschädenverfahren vgl zB *Elrod*, The Use of Federal Class Actions in Mass Toxic Pollution Torts, Tennessee Law Review 1988, 243; *Rivlin/Potts*, Proposed Rule Change to Federal Civil Procedure may Introduce New Challenges in Environmental Class Action Litigation, Harvard Environmental Law Review 2003, 519; *Virginia Environmental Law Journal*, The Influence of Mass Toxic Tort Litigation on Class Action Rules Reform, Va Envtl LJ 2004, 249; *Hensler*, The Globalisation of Class Actions: An Overview, in *Hensler/Hodges/Tulibacka* (Hrsg), The Globalization of Class Actions (2009) 7 ff. Berühmte Verfahren: *In re* Agent Orange, 745 F 2d 161 (2d Cir 1984); *In re* Three Mile Island, 87 FRD 433 (MD Pa 1980).

37 2013/396/EU ABl L 2013/201, 60.

38 *Bussani/Palmer*, Pure Economic Loss in Europe (2003); *Van Boom/Koziol/Witting* (Hrsg), Pure Economic Loss (2004). Speziell für den Umweltbereich: *Hinteregger* in *Hinteregger*, Environmental Liability 625 ff.

39 ZB Einkommensverlust eines Hoteliers oder Liftbetreibers wegen Ausbleibens des bislang üblichen Schneefalls oder Abschmelzens eines Gletschers.

3.2.3. *Kausalitätsnachweis*

Das Haftungsrecht verlangt einen klaren Verursachungszusammenhang zwischen schädigendem Verhalten und eingetretenem Schaden. Die in Kontinentaleuropa verwendete Methode der Schadenszurechnung ist die conditio-sine-qua-non-Formel, wonach jede Bedingung als Ursache gilt, die nicht hinweggedacht werden kann, ohne dass der eingetretene Schadenserfolg entfiele. In den Ländern des Common Law wird eine analoge Überlegung im Wege des sog „but for"-Tests angestellt. Beide Schadenszurechnungsformeln können aber nur funktionieren, wenn der naturwissenschaftliche Verursachungszusammenhang mit ausreichender Sicherheit feststeht. In den anglo-amerikanischen Staaten genügt dafür die überwiegende Wahrscheinlichkeit („more probable than not"), die meisten kontinentaleuropäischen Rechtsordnungen verlangen dagegen hohe bis sehr hohe Wahrscheinlichkeit.

Bei Vorliegen bestimmter Umstände gehen aber alle Rechtsordnungen von diesen Grundsätzen ab. Schon das ABGB aus dem Jahr 1811 und das deutsche BGB von 1900 anerkennen Haftung ohne im Sinne der conditio-sine-qua-non-Formel nachgewiesene Verursachungszurechnung.[40] Nach § 1301 und § 1302 ABGB haften mehrere Schädiger solidarisch für den herbeigeführten Schaden, wenn sie vorsätzlich, sei es auch nur durch Verleiten, Drohen oder Verhehlen, gehandelt haben (sog Mittäter). Haben sie bloß fahrlässig gehandelt (sog Nebentäter), so haftet jeder Täter dem Geschädigten gegenüber für den gesamten Schaden, wenn sich die Schadensanteile der einzelnen Täter nicht feststellen lassen. Lehre und Rechtsprechung leiten aus diesen Bestimmungen eine solidarische Haftung auch für den Fall der kumulativen und alternativen Kausalität ab. Kumulative Kausalität liegt vor, wenn schon das Verhalten jedes einzelnen Täters ausgereicht hätte, um den Schaden herbeizuführen. Solidarhaftung wird auch im Fall der überholenden Kausalität in Betracht gezogen, wenn ein schädigendes Ereignis einen Schaden zwar herbeigeführt hat, aber festgestellt wird, dass derselbe Schaden von einem späteren Ereignis ebenfalls herbeigeführt worden wäre, vorausgesetzt, das Rechtsgut war im Zeitpunkt der Setzung der zweiten Ursache noch unversehrt. Von alternativer Kausalität spricht man, wenn nicht geklärt werden kann, ob ein Schaden durch das Verhalten des Täters A oder des Täters B verursacht wurde. § 830 BGB regelt den Fall der alternativen Kausalität ausdrücklich und ordnet dafür in § 840 Abs 1 BGB Solidarhaftung an. Kommen für den eingetretenen Schaden nicht bloß zwei, sondern mehrere

---

40 Vgl *Reischauer* in *Rummel*, ABGB³ §§ 1301 f; *Karner* in *KBB*, ABGB⁴ §§ 1301 f; *Wagner* in *Säcker/Rixecker/Oetker/Limperg*, Münchener Kommentar zum Bürgerlichen Gesetzbuch V⁶ (2013) §§ 830, 840; *Staudinger* in *Schulze ua*, Bürgerliches Gesetzbuch. Handkommentar⁸ (2014) §§ 830, 840.

mögliche Verursacher in Frage, so wird – im Anschluss an die Entscheidung *Sindell v. Abbott Laboratories*,[41] in der der Supreme Court des Staates Kalifornien die Haftung für einen eingetretenen Produktschaden unter mehreren Produktherstellern nach deren Marktanteilen verteilt hat (sog market share liability) – von der Literatur eine „pollution share liability" befürwortet.[42] In Österreich sehen eine Reihe von umweltrelevanten Sonderhaftungsnormen Verursachungsvermutungen vor, die die Beweislast für den Verursachungsnachweis vom klagenden Geschädigten auf den Beklagten verlagern.[43]

Die Schadenersatztheorie setzt sich mit vielen weiteren Verursachungsproblemen auseinander und präsentiert dazu fein abgestimmte Lösungsvorschläge.[44] So wird beispielsweise für den Fall, dass ein Schaden auf das schädigende Verhalten einer großen Zahl von Verursachern zurückzuführen ist (minimale Kausalität), vom Grundsatz der Solidarhaftung wegen unklarer Anteilsverursachung abgegangen und Anteilshaftung angenommen. Ist ein Schaden auf synergetische Effekte zurückzuführen, wird zwar grundsätzlich Solidarhaftung der Emittenten gegenüber dem Geschädigten befürwortet, für den Fall der progressiven Schadenssteigerung oder degressiven Schadenswirkung werden aber spezielle Lösungen vorgeschlagen.

In der Klimahaftung kulminieren alle in der Theorie diskutierten Kausalitätskonstellationen. Es bestehen hier Schwierigkeiten bei der Aufklärung der Verursachungslage, es kommen eine Vielzahl von Verursachern in Frage (Summationsschäden), Verursacher und Geschädigter sind räumlich und auch zeitlich weit voneinander entfernt (sog Distanz- und Spätschäden), Schäden sind auf synergetische Effekte zurückzuführen und in vielen Fällen kann nur gesagt werden, dass die Klimaerwärmung den Eintritt von bestimmten Naturereignissen (zB Orkanen) begünstigt (statistische Gefahrerhöhung). Die Schadenersatzdogmatik hat hier bereits verschiedenste Argumentationsstrategien entwickelt. Diese reichen von der Reduktion des

41 26 Cal. 3 d 588, 607 P. 2 d. 924 (Cal. 1980).

42 *Friedland*, Pollution Share Liability: A New Remedy for Plaintiffs Injured by Air Pollutants, Col. J. Environmental Law 1984, 297. Aus der deutschsprachigen Literatur zB *Gottwald*, Kausalität und Zurechnung. Probleme und Entwicklungstendenzen des Haftungsrechts, in *Klingmüller* (Hrsg), Karlsruher Forum 1986. Kausalität und Zurechnung (1986) 3 (26); *Hager*, Umweltschäden - ein Prüfstein für die Wandlungs- und Leistungsfähigkeit des Deliktsrechts, NJW 1986, 1961 (1966 f); *Posch*, Multikausale Schäden in modernen Haftungsrechten, in *Fenyves/Weyers* (Hrsg), Multikausale Schäden in modernen Haftungsrechten (1988) 153 (180).

43 § 26 Abs 5 WRG 1959 BGBl 1959/215; § 54 ForstG 1975 BGBl 1975/440; § 162 MinroG BGBl I 1999/38; § 12 AtomHG 1999 BGBl I 1998/170.

44 Ausf *Gimpel-Hinteregger*, Grundfragen der Umwelthaftung (1994) 178 ff; *Pöttker*, Klimahaftungsrecht 140 ff (mwN); *Koziol*, Haftpflichtrecht I[3] 88 ff; *Lange/Schiemann*, Handbuch des Schuldrechts I Schadensersatz[3] (2003) 74 ff, speziell zum Umwelthaftungsrecht 159 -161 mwN.

Beweismaßes für den Verursachungsnachweis, über die Verlagerung der Beweislast vom Geschädigten auf den potentiellen Schädiger bis zur Haftung nach Verursachungswahrscheinlichkeit und der Haftungszurechnung nach dem Ausmaß der Risikoerhöhung. Ob und wie weit man die hier vorgeschlagenen Lösungsvorschläge für die Klimahaftung aufgreift, ist letztlich eine rechtspolitische Frage.

3.2.4. Rechtswidrigkeit

Die Verschuldenshaftung erfordert den Nachweis von Rechtswidrigkeit und Verschulden auf Seiten des Schädigers. Beim vergleichbaren Tort of Negligence des Common Law wird auf die Sorgfaltsverletzung abgestellt (breach of duty of care). Beweispflichtig ist der Geschädigte, allerdings kennen viele Rechtsordnungen Strategien, um die Beweislast des Geschädigten zu verringern oder überhaupt auf den Schädiger zu überwälzen.[45]

Das Tatbestandsmerkmal der Rechtswidrigkeit wird in der deutschsprachigen Schadenersatzdogmatik heiß diskutiert.[46] Es ist allgemein anerkannt, dass sich das Rechtswidrigkeitsurteil nur auf menschliches Verhalten (Tun oder Unterlassen) beziehen kann. Im Sinne der in Österreich allgemein vertretenen Verhaltensunrechtslehre handelt ein Schädiger dann rechtswidrig, wenn er bei seinem Verhalten die im Rechtsverkehr gebotene objektive Sorgfalt außer Acht lässt. Ob ein Sorgfaltsverstoß vorliegt, ist an sich im Wege einer umfassenden Interessenabwägung zu beurteilen, bei der das Interesse des Schädigers an der Setzung seines Verhaltens dem Wert der dadurch bedrohten Güter und der Wahrscheinlichkeit eines Schadenseintritts gegenübergestellt wird.[47] Die ökonomische Rechtstheorie betont, dass es bei dieser Abwägung nicht auf das Interesse des Schädigers an der Vornahme der Handlung (zB Herstellung eines bestimmten Produkts) ankommt, sondern vielmehr auf sein Interesse, den notwendigen Vermeidungsaufwand (zB Einsatz einer alternativen Produktionsmethode mit geringerem Treibhausgasausstoß) nicht zu leisten. Die ökonomische Rechtstheorie bringt die für die Gewinnung des Rechtswidrigkeitsurteils notwendige Interessenabwägung mit der sog Learned Hand-Formel ganz anschaulich zum Ausdruck.[48] Nach dieser Formel handelt ein Schädiger dann sorg-

---

45 Common Law: "res ipsa loquitur"; Civil Law: Anscheinsbeweis, Verteilung der Beweislast nach Risikosphären etc; siehe *Hinteregger* in *Bergkamp/Faure/Hinteregger/Philipsen*, Civil Liability 91 f.

46 Zur Diskussion um die Erfolgs- und Verhaltensunrechtslehre zB ausf *Koziol*, Haftpflichtrecht I³ 138 ff; *Kodek* in *Kletečka/Schauer* (Hrsg), ABGB-ON^1.02 § 1294 Rz 21 ff (Stand 1.1.2016, rdb.at).

47 *Kodek* in *Kletečka/Schauer*, ABGB-ON^1.02 § 1294 Rz 26; *Wittwer* in *Schwimann*, ABGB Taschenkommentar³ § 1294 Rz 5; *Karner* in *KBB*, ABGB⁴ § 1294 Rz 4; *Koziol*, Haftpflichtrecht I³ 151.

48 *Schäfer/Ott*, Lehrbuch⁵ 182 f; vgl ausf *Gimpel-Hinteregger*, Grundfragen 51 ff, 94 ff.

faltswidrig, wenn seine Vorsorgeaufwendungen geringer sind als die Höhe des dadurch zu erwartenden Schadens (Schadenshöhe multipliziert mit der Wahrscheinlichkeit des Schadenseintritts).

Nicht immer ist es aber notwendig, für die Gewinnung des Rechtswidrigkeitsurteils auf diese umfassende Interessenabwägung zurückzugreifen. Das Rechtswidrigkeitsurteil wird dann wesentlich erleichtert, wenn die Rechtsordnung bereits konkrete Verhaltensgebote oder -verbote festgelegt hat, weil sich die Rechtswidrigkeit dann schon aus dem Verstoß gegen die konkrete Verhaltenspflicht ergibt. Solche Verhaltensgebote können sich aus der zivilrechtlichen Rechtsprechung ergeben. So hat beispielsweise der deutsche Bundesgerichtshof in mehreren Entscheidungen ausgesprochen, dass Schadstoff emittierende Betriebe ihre Emissionen beobachten, kontrollieren, dokumentieren und an die Umgebungsverhältnisse anpassen müssen.[49] Konkrete Verhaltenspflichten können sich auch aus Rechtsnormen des öffentlichen Rechts ergeben, die das Emissionsniveau von Anlagen und Tätigkeiten regulieren. Die Überschreitung von Emissionsgrenzwerten, die in Gesetzen, Verordnungen und Anlagenbescheiden festgelegt sind, kann somit für das zivilrechtliche Rechtswidrigkeitsurteil schon ausreichend sein und zu einer zivilrechtlichen Haftung des Emittenten für den dadurch verursachten Schaden führen.

Das Einhalten dieser Emissionsgrenzwerte führt dagegen nicht automatisch zu einer Haftungsbefreiung. In den meisten europäischen Staaten ist anerkannt, dass die Einhaltung von öffentlich-rechtlichen Standards den Schädiger nicht von der zivilrechtlichen Haftung befreit.[50] Ausnahmen bestehen nur, wenn die öffentlich-rechtliche Norm zum Eingriff in ein fremdes Gut (also zur Schädigung eines anderen) ermächtigt (was üblicherweise jedoch eine Ersatzpflicht gegenüber dem Geschädigten nach sich zieht) oder wenn der Schaden gerade auf die Befolgung von Verfügungen oder Anweisungen einer Behörde zurückzuführen ist.[51] Öffentlich-rechtliche Regeln haben jedoch normalerweise nicht diese Wirkung, sondern dienen dazu, die Gefahr einer Anlage oder Tätigkeit für Menschen, Sachen und Umwelt zu regulieren. Derartige Einwirkungserlaubnisse stehen an sich unter dem Postulat der Ungefährlichkeit. Erweisen sie sich als unzureichend und tritt trotzdem ein Schaden ein, so bleibt es bei der zivilrechtlichen Verantwortlichkeit des Betreibers gegenüber dem Geschädigten. Der Nachweis der Einhaltung von öffent-

---

49 BGH, Urteil v. 16.12.1977 - V 91/75, NJW 1978, 419; Urteil v. 18.9.1984 - VI ZR 223/82, BGHZ 92, 143; Urteil v. 6.2.1986 - III 109/84, BGHZ 97, 97.

50 *Hinteregger* in *Hinteregger*, Environmental Liability 579 (591); *Hinteregger* in *Bergkamp/Faure/Hinteregger/Philipsen*, Civil Liability 105; jüngst für das deutsche Recht: *Pöttker*, Klimahaftungsrecht 118 ff.

51 Vgl Art 7 lit d ProdukthaftungsRL; Art 8 Abs 3 lit b UmwelthaftungsRL.

lich-rechtlichen Regelungen kann nicht von einer Haftung befreien. Dies gilt auch für öffentlich-rechtliche Normen zur Begrenzung von Treibhausgasemissionen.[52]

Die Überlegungen zur zivilrechtlichen Rechtswidrigkeit zeigen, dass nicht jedes Freisetzen von Treibhausgasen rechtswidrig ist. Das Rechtswidrigkeitsurteil ist das Ergebnis einer Interessenabwägung. Rechtswidrigkeit einer Emission liegt nur vor, soweit ein Emittent Treibhausgase emittiert, obwohl er sie mit zumutbarem Aufwand vermeiden kann.

Für die Frage nach der Zulässigkeit von Schadenersatzklagen für bereits eingetretene klimabedingte Schäden ist außerdem zu berücksichtigen, dass diese auf die Emissionen der Vergangenheit zurückzuführen sind. In der Vergangenheit musste Emittenten von Treibhausgasen aber nicht unbedingt klar sein, dass ihre Emissionen zu einer Klimaveränderung führen können oder welche Schäden dadurch entstehen können. Für die Gewinnung des Rechtswidrigkeitsurteiles ist deshalb zu klären, ab wann dies dem Emittenten bewusst sein hätte müssen. Kommt man zum Ergebnis, dass dies für die konkrete Emission der Fall ist, ist weiters zu fragen, ob der betreffende Emittent Handlungsalternativen hatte und wenn ja, wie hoch der Vermeidungsaufwand war. Dieser ist dann in Verhältnis zu den Schäden zu setzen, die er aufgrund seiner Emissionen erwarten musste. Für alle diese Überlegungen ist ein objektiver Standard anzulegen.

4. Ergebnis

Die Durchsetzung von Haftungsansprüchen gegenüber Emittenten von Treibhausgasen ist für den Geschädigten ein dorniger Weg. Die Bedeutung des Haftungsrechts wird sich hier wohl eher auf theoretische Abhandlungen und aktionistische Gerichtsverfahren beschränken, in denen der Öffentlichkeit die Gefahren des Klimawandels bewusstgemacht werden sollen. Dabei ist aber zu beachten, dass derartige Gerichtsverfahren eine hohe Aufmerksamkeit genießen und damit eine über den Einzelfall weit hinausgehende Wirkung auf das Verhalten der Emittenten von Treibhausgasen haben. Eine gewisse Wirkung tritt sogar ein, wenn die Klage in der Sache selbst nicht erfolgreich ist, da Unternehmen es nicht gerne sehen, in einem negativen Zusammenhang Schlagzeilen zu machen.

Soll das Haftungsrecht zu einem ernsthaften Instrument des Klimaschutzes werden, so muss es in vielen Bereichen nachjustiert werden. Dies reicht von einer Erweiterung der Anspruchslegitimation durch Anerkennung von klimabedingten

52 *Pöttker*, Klimahaftungsrecht 124 ff.

reinen Vermögenschäden und durch Verbandsklagebefugnisse über Beweiserleichterungen beim Verursachungsnachweis bis zur Anerkennung einer Proportionalitätshaftung.

Für die Bedeutung des Haftungsrechts für den Klimaschutz ist außerdem zu beachten, dass es eine Reihe von klimabedingten Schäden gibt, die das klassische Haftungsrecht ohne größere Schwierigkeiten bewältigen kann. Dies betrifft alle Haftungsansprüche für Schäden, die zwar auf den Klimawandel zurückzuführen sind, sich aber nicht gegen den Emittenten von Treibhausgasen richten, sondern gegen Personen und Einrichtungen, die vertraglich oder gesetzlich verpflichtet sind, Menschen und Sachen vor derartigen Schäden zu schützen. Die Bandbreite solcher Schadenersatzszenarien ist außerordentlich breit. Dies betrifft vertragliche Schadenersatzansprüche eines Bauherrn gegenüber dem Architekten oder Baumeister, der bei der Berechnung der Stärke eines Hausdaches die durch den Klimawandel erhöhte Möglichkeit von Starkregen oder Sturmböen nicht berücksichtigt, genauso wie Schadenersatzansprüche gegenüber dem Staat, der keine ausreichenden Schutzmaßnahmen vor drohenden Überschwemmungen, Muren- und Lawinenabgängen trifft oder im Rahmen der Raumordnung Grundstücke als Bauland ausweist, obwohl sie aufgrund der durch den Klimawandel bedingten Zunahme von Starkregen akut hochwassergefährdet sind. Vom Zivilrecht gut bewältigbar sind auch Ansprüche wegen Verstoßes gegen Vorschriften zum Klimaschutz, etwa der Anspruch des Käufers eines Produkts auf Rückzahlung des Kaufpreises, wenn das Produkt nicht die rechtlich geforderten Energiewerte oder Abgaswerte erfüllt. Gefragt ist hier vor allem das Gewährleistungsrecht, aber auch Haftungsansprüche sind möglich. Dies zeigt, dass das Zivilrecht im Allgemeinen und das Haftungsrecht im Besonderen eine größere Bedeutung für den Klimaschutz haben können als vielleicht auf den ersten Blick angenommen.

Klimaschutz mit den Mitteln des Privatrechts? Präventive privatrechtliche Instrumente: Klimaschutzklagen

Erika Wagner

Die globalen volkswirtschaftlichen Schäden wurden von diversen Institutionen schon auf mindestens 2 Billionen Dollar geschätzt.[1] Die Frage „Wer zahlt?", ebenso wie die Frage vieler Insel- und Bergbewohner, ob man es sich gefallen lassen muss, dass Lebensräume entzogen werden, rücken immer mehr in den Vordergrund.

Gäbe es die prozentuelle Verantwortung des einzelnen Schädigers, so würden dadurch möglicherweise auch viele Wettbewerbsnachteile der europäischen Industrie gegenüber Konkurrenten in „CO_2-Nachzügler-Staaten" etc zwar nicht behoben, aber abgefedert werden können.

In diesem Zusammenhang soll nun das Denkmodell einer zivilrechtlichen Klimaklage im Rahmen des vorbeugenden Rechtsschutzes, den das Privatrecht bietet, untersucht werden.[2] Aufhänger dafür sind die in der Judikatur anhängigen bzw entschiedenen Fälle:

1) Urgenda gegen Niederlande (Juni 2015)[3]

Die NGO „Urgenda" hat im Juni 2015 erreicht, dass das BG Den Haag die Regierung der Niederlande (Niederländische Staat) zur Senkung der CO_2-Emissionen entsprechend der Forderungen des Intergovernmental Panel on Climate Change (IPPC) verurteilt.

1 DIW, Die ökonomischen Kosten des Klimawandels, http://www.diw.de/deutsch/wb_42/04_die_oekonomischen_kosten_des_klimawandels/31209.html.

2 Der nachstehende Beitrag wurde als Vortrag bei der Tagung „Klimaschutzrecht zwischen Wunsch und Wirklichkeit" am 16. 6. 2016 in Graz in beinahe unveränderter Form abgehalten, war daher eine Pioneeruntersuchung für Österreich und wurde daher für die Veröffentlichung aktualisiert. Die später erschienenen Publikationen *Burtscher/Spitzer*, Klimahaftungsklagen aus Sicht von IZPR und IPR, Zak 2017/485, *Schanda*, Klimawandel vor Gericht – Klimaklagen in Österreich? ecolex 2017, 87 sowie *Burtscher/Spitzer*, Haftung für Klimaschäden, ÖJZ 2017/134 konnten – soweit für das Thema des Präventivrechtsschutzes relevant – im Nachhinein mitberücksichtigt werden.

3 *Saurer/Purnhagen*, Klimawandel vor Gericht, ZUR 1/2016, 16.

2) Teenager gegen Massachusetts (Mai 2016)[4]

Die Organisation „Our Children´s Trust" hatte die Regierung von Massachusetts verklagt, weil diese nicht genug unternehme, um den Gefahren der Erderwärmung zu begegnen. Der Oberste Gerichtshof gab den Teenagern im Mai 2016 recht, die Umweltbehörde müsse mehr für den Klimaschutz tun.

Betrachtet man diese Fälle näher, so zeigt sich, dass es sich systematisch nicht um privatrechtliche Konstellationen handelt: Fall 1 und 2 behandeln *Verbandsklagerechte gegen staatliche Untätigkeit.* Ob es sich dabei um legislative bzw exekutive Untätigkeit handelt, lässt sich nicht genau sagen.

Legt man diese Fälle auf unser Rechtssystem um, so zeigt sich folgendes:

1) Sie beruhen zum einen auf Verbandsklagerechten von NGOs.

a) In Österreich fehlt es an Verbandsklagerechten zugunsten der Wahrnehmung von staatlicher Untätigkeit.

b) Selbst dort, wo das österreichische Recht NGOs als Formalparteien im Verfahren zulässt[5], ist dies im Rahmen der CO_2-Emissionsproblematik gerade nicht der Fall, da idR CO_2-Emissionen nicht Gegenstand des Anlagenbewilligungsverfahrens sind.

2) Inhaltliches Begehren:

Für Österreich ist wohl zu konstatieren, dass legislative Untätigkeit von Rechtsunterworfenen nicht geltend gemacht werden kann.

3) Ermittlungen der philippinischen Menschenrechtskommission gegen die 50 größten Klimasünder[6]

Taifun Opfer und NGOs wie Greenpeace haben im September 2015 das weltweit erste Verfahren dieser Art mittels einer Petition angeregt. Greenpeace will nun auch andere Behörden weltweit auffordern, rechtliche Schritte zu unternehmen, um die Hauptverursacher der Klimaerwärmung endlich zur Rechenschaft zu ziehen.

Auch diese Konstruktion ist in Hinblick auf das österreichische Rechtsverständnis mE nicht recht nachvollziehbar.

4) Landwirt Ashgar Leghari in Pakistan (Okt 2015)

Ein Landwirt will die durch den Klimawandel verursachten meteorologischen

---

4 Klimaretter, Teenager gewinnen weitere Klimaklage, http://www.klimaretter.info/protest/nachricht/21265-teenager-gewinnen-weitere-klimaklage.

5 Bsp § 19 Abs 7 UVP-G idF BGBl 2016/4.

6 Greenpeace, Philippinen: weltweit erstes Verfahren gegen 50 größte „Klimasünder", http://www.greenpeace.org/switzerland/de/Uber-uns/Kontakt/Medienstelle/Medienmitteilungen/-Philippinen-weltweit-erstes-Verfahren-gegen-50-groesste-Klimasuender-/.

Veränderungen (ausbleibender Regen) nicht mehr hinnehmen. Er ruft das Hohe Gericht in Lahore mit der Begründung an, dass die Passivität des pakistanischen Ministers für Klimawandel „seine Grundrechte" beeinträchtige. Er obsiegte. Der Richter sprach aus, dass die Regierung vor Ort nichts unternommen habe, um die 2012 festgelegte nationale Politik zur Klimaaktion umzusetzen.

Der unter 4) angeführte Fall kommt der hier zu untersuchenden Fragestellung schon näher: Auch diesfalls wird man wegen der geltend gemachten legislativen Untätigkeit über das Modell des öffentlich-rechtlichen Rechtswegs (kein Individualantrag auf Verordnungsprüfung bzw Gesetzesprüfung wegen legislativer Untätigkeit) im österreichischen Recht nicht Abhilfe schaffen können.

Allerdings könnte man in der vorliegenden Konstellation – im Österreichischen Rechtssystem – an eine *Feststellungsklage gerichtet auf das Bestehen von Amtshaftungsansprüchen (analog Feinstaubfall Graz[7])* denken. Voraussetzung wäre freilich, dass die *Behörden in Vollziehung der Gesetze untätig sind.* Hierin läge also bereits ein Ansatz.

5) Kivalina gg US-CO2-Emittenten ExxonMobil[8]

Kivalina, eine kleine Gemeinde am Pazifik, deren Existenz durch Gletscherschmelze und Meeresspiegelanstieg bedroht ist, klagt gegen 24 größte US-amerikanische Mineralöl- und Kraftwerksgesellschaften auf Finanzierung der Kosten für notwendige Umsiedlung. Sämtliche Instanzen, zuletzt der US Supreme Court, lehnten die Klage als nicht judiziabel ab.

6) Lliuya gg RWE[9]

Der peruanische Kleinbauer und Bergführer Saul Luciano Lliuya klagt RWE als einen der größten Mitschuldigen am Klimawandel vor einem dt Gericht auf Zahlung von 17.000 Euro, weil der abschmelzende Gletscher über seinem Dorf den Gletschersee zum Überlaufen zu bringen droht. RWE ist Produzent von Kohlestrom. Der eingeklagte Betrag soll für einen Schutzdamm verwendet werden. Wenn der Gletscher weg sei, gäbe es dort kein Trinkwasser mehr und die Menschen wären zum Umsiedeln gezwungen – so die Klagebehauptung. Begehrt wird der Anteil am Gesamtausstoß von CO_2, nämlich 0,5 % (20.000 Euro). Die NGO Germanwatch

---

7 VwGH 28.5.2015, Ro 2014/07/00968.

8 Klimaretter, Inuit verklagen Energie- und Ölgiganten, http://www.klimaretter.info/umwelt/nachricht/5165-eskimos-verklagen-energie-und-oelgiganten.

9 EurActiv, Peruanischer Kleinbauer verklagt RWE wegen drohender Klimakatastrophe, http://www.euractiv.de/section/entwicklungspolitik/news/peruanischer-kleinbauer-verklagt-rwe-wegen-drohender-klimakatastrophe/.

unterstützt die Klage gegen RWE mit Spendengeldern. Sie stützen sich auf § 1004 BGB. Als internationale Zuständigkeit wird das Landesgericht in Essen, am Sitz von RWE angegeben. Die Klage ist in I. Instanz abgewiesen worden. Die Entscheidung des Berufungsverfahrens vor dem OLG Hamm steht noch aus.

Fälle 5) und 6) scheinen am ehesten zu verdeutlichen, worauf eine Klimaklage gerichtet sein kann und wie die Klage konstruiert sein müsste. Spielt man diesen Fall gedanklich in Österreich durch und berücksichtigt dabei, dass vorbeugender Rechtsschutz hier zu diskutieren sein soll, so ergibt sich folgender fiktiver Ausgangsfall:

1. Ausgangsfall

Die österr Gemeinde Kleintupfing (K) liegt am Fuße des K-Gletschers. Infolge der Erderwärmung schmilzt dieser, sodass es infolge der Durchnässung des Bodens – insb bei Starkregen – zu Hangrutschungen kommt. Bisherige Wirtschaftsgründe samt Gebäude sind bereits unbenutzbar geworden. Sollte die Gletscherschmelze weiterhin andauern, prognostizieren Geologen großflächige Hangrutschungen, die die gesamte Gemeinde zum Absiedeln zwingen werden.

- Die Bauern von Kleintupfing, darunter Bertl (B) wollen sich das nicht gefallen lassen.
- Das *Kalkwerk Kleintupfing Kalk GmbH*, der *Energieerzeuger Kleintupfinger Wasserkraft GmbH* erklären sich solidarisch und wollen die 50 größten CO_2-Emittenten, darunter Energieerzeuger, zur Verantwortung ziehen.

Mögliche Ansätze einer *Klimaklage in Kleintupfing gegen die 50 größten CO_2-Emittenten der Erde:*

- Zivilrechtliche Unterlassungsklage der örtlichen Grundeigentümer – Sammelklage?
- Unterlassungsklage der Kleinwasserkraft GmbH? (§ 1 UWG)
- Verbandsklage von Umweltschutz-NGOs?

Freilich ist auch der umgekehrte Fall denkbar:

Ein fiktives österreichisches Industrieunternehmen, das eine Niederlassung in Peru/Pakistan hat, wird am Sitz der österreichischen Konzernmutter in Österreich auf Unterlassung in Anspruch genommen. Auf diese Konstellation wird unten zurückzukommen sein (siehe Abschnitt 7).

2. „Denkversuche" einer privatrechtlichen Klimaklage de lege lata

In der einschlägigen Literatur wird prognostiziert, dass Fälle einer privatrechtlichen Klimaklage zunehmen werden.[10] So haben etwa deutsche Anwaltskanzleien bereits zu diesem Thema publiziert und gelangen vor dem Hintergrund des meerbedingten Überschwemmungsrisikos der deutschen Buchten zu völlig unterschiedlichen Ergebnissen: Aufgrund des Meeresspiegelanstiegs steigt das Überschwemmungsrisiko für die Küsten in der dt Bucht um das Fünf- bis Zehnfache. Das durch das Deichsystem gewährleistete Schutzniveau wird um den Faktor fünf bis zehn verringert. Der Marktwert der Grundstücke mit einem fünf- bis zehnfachen Überschwemmungsrisiko wird sinken, die Versicherungsprämien werden steigen.

Das alles lässt sich also auch für unseren Fall übertragen – für Österreich fehlen allerdings zum Zeitpunkt der Abhaltung des Vortrags einschlägige Überlegungen; in den danach erschienenen Untersuchungen steht vor allem die Haftungssituation im Zentrum der Untersuchung.[11] Dass eine vorbeugende Klage theoretisch denkbar ist, bestätigt die einschlägige Studie im Auftrag des dt Bundestags.[12] Die diesbezüglichen Untersuchungen in der dt Lit gelangen zu unterschiedlichen Ergebnissen:

Chatzinerantzis/Herz vertreten, dass die haftungsrechtlichen Risiken treibhausgasausstoßender Unternehmen für Klimaschäden in Deutschland de lege lata eher als gering einzuschätzen seien.[13]

Will Frank gelangt dagegen zur Einschätzung, dass die zivilrechtlichen Haftungsnormen helfen können, für den wichtigen Bereich des Meeresspiegelanstiegs die Kosten für die Klimafolgeschäden entsprechend dem Verursacherprinzip zuzurechnen.[14] Privatrechtliche Klimaklagen könnten auch präventiv zur Schadensvermeidung im Einklang mit dem Vorsorgeprinzip beitragen. Nachstehende Tabelle gibt Aufschluss über potentiell Aktiv- und Passivlegitimierte im Rahmen von Unterlassungsklagen aus absolut geschützten Rechten (§§ 364, 16 ABGB) und aus dem UWG (§ 1).

10 So auch *Pogge*, Professor für Internationale Beziehungen und Philosophie an der Yale University und Mitverfasser der Oslo-Grundsätze.

11 *Burtscher/Spitzer*, Haftung für Klimaschäden, ÖJZ 2017/134.

12 Studie im Auftrag des dt Bundestags: Rechtliche Grundlagen und Möglichkeiten für Klima-Klagen gegen Staat und Unternehmen in Deutschland, WD 7-3000-116/16 v 3. 8. 2016.

13 Climate Change Litigation – Der Klimawandel im Spiegel des Haftungsrechts, NJW 2010, 910 = NJOZ 2010, 594.

14 Climate Change Litigation – Klimawandel und haftungsrechtliche Risiken – Erwiderung auf *Chatzinerantzis/Herz* (NJOZ 2010, 594 = NJW 2010, 910), NJOZ 2010, 2296.

potentiell Aktivlegitimerte	**potentiell Passivlegitimierte**
Träger des Rechtsguts Eigentum (§ 364)	Handlungsstörer/Zustandsstörer
Träger des Rechtsguts körperliche Integrität (§ 16)	Gefährdeter
Unternehmen CO_2-emittierender Branchen	CO_2-emittierende Branchen
Nicht CO_2-emittierende Branchen mit Konkurrenzverhältnis	CO_2-emittierende Branchen

Eine privatrechtliche Klimaklage bedarf der Bedrohung eines zivilrechtlichen Rechtsguts: Sowohl in Österreich als auch in Deutschland geht es dabei um die Bedrohung von Eigentum und körperlicher Integrität. Klagen, die ausschließlich auf überindividuelle Güter gerichtet sind, können mit zivilrechtlichen Rechtsschutzmechanismen nicht geltend gemacht werden. § 1004 BGB[15] enthält den Unterlassungs- und Beseitigungsanspruch; ist aber bei Immissionen - über § 906 BGB[16] - von ganz ähnlichen Voraussetzungen abhängig wie § 364 ABGB.[17] Dass sich diese Anspruchsgrundlagen aber nicht völlig „reibungslos“ für präventive Klimaklagen heranziehen lassen, verdeutlicht die nachfolgende Skizze, wobei sich die möglichen Reibungspunkte in der linken Spalte befinden.

3. Probleme einer auf Unterlassung von CO_2-Immissionen gerichteten Klimaklage

Geschützes Rechtsgut	Klima als überindividuelles Rechtsgut
Distanzschäden	Nachbarrecht anwendbar?
Summationsschäden	Zurechnungsfragen an Verursacher
Kausalitätsfragen	Conditio sine qua non handhabbar?
Rechtswidrigkeit	Sperrwirkung der Treibhausgasgenehmigung
Geltendmachung	Individuelle Geltendmachung von Unterlassungsklagen erforderlich – keine Möglichkeit der Abtretung negatorischer Ansprüche

15 *Schulte-Nölke* in *Schulze*, Bürgerliches Gesetzbuch[9] (2017) § 1004 Rz 1.

16 *Brückner* in MünchKom[7] (2016) § 906.

17 *Holzner* in *Kletečka/Schauer*, ABGB-ON[1.02] § 364 Rz 5 ff; *Spielbüchler* in *Rummel*, ABGB[3] § 364 ABGB Rz 5.

Bei Distanzschäden fehlt es an der räumlichen Nahebeziehung zwischen Ursache und Wirkung.[18] Der Einwand des angeblich *„haftungsbefreiten" Distanzschadens* schlägt mE fehl. Negatorische Ansprüche können auch dann geltend gemacht werden, wenn Gestörter und Störer weit entfernt voneinander sind. Internationale Zuständigkeitsnormen und internationales Privatrecht führen – zumindest in rechtsstaatlichen Ländern – zu einer materiellen Anspruchsbehandlung vor einem Gericht.[19]

Problematisch ist vielmehr das *Problem der Summationsschäden.*[20] Das Thema der Summationsschäden war bereits im Rahmen der Waldschäden in den 80er und 90er Jahren aktuell.[21] Bei Summationsschäden handelt es sich um eine Vielzahl von Verursachern, keiner von ihnen hat für sich allein den gesamten Schaden herbeigeführt. Die conditio sine qua non Formel scheint zu versagen, weil sich jeder darauf berufen kann, dass der Schaden dennoch eingetreten wäre, wenn man sich seinen Anteil der Schadenszufügung wegdenkt. Erst ab einer gewissen Treibhausgaskonzentration in der Atmosphäre kommt es zu konkreten Schadensereignissen.

Dazu kommen in den Klimahaftungsfällen Probleme der *strukturellen Unaufklärbarkeit von Sachverhalten*, da möglicherweise auch andere – nicht erkannte – Vorgänge in der Natur/Atmosphäre zur Erderwärmung beitragen. Auch bei Unklarheiten bezüglich des Kausalzusammenhangs ist zu hinterfragen, ob es ethisch und moralisch zulässig ist, Unklarheiten zulasten des Geschädigten auszulegen.

Die Kategorie der *kumulativen Kausalität* ist insofern unproblematisch, als dort das schädigende Verhalten jedes Handelnden für sich allein bereits geeignet war, den gesamten Schaden zu verursachen.[22] Vorbehaltlich anderer naturwissenschaftlicher Erkenntnisse wird kumulative Kausalität bei Klimaklagen eher die Ausnahme denn die Regel sein.

Das Klimahaftungsrecht stößt also auf eine Vielzahl von Problemen in Hinblick auf die zivilrechtliche Dogmatik, die aber nun aufzubrechen scheinen.

Neben den Vorreitern, die die Unzulänglichkeit der conditio sine qua non Formel aufgezeigt haben – *Rummel*, der sich bereits 1968 den summierten Immissionen

18 *Kind*, Haftungsgrundlagen im Umweltrecht, RZ 1997, 74.

19 Vgl dazu auch *Burtscher/Spitzer*, Klimahaftungsklagen aus Sicht von IZPR und IPR, Zak 15/2017, 287.

20 *Jabornegg/Strasser* in: *Strasser* (Hrsg), Privatrecht und Umweltschutz 129.

21 Deutscher Bundestag: Drucksache 13/6621 vom 19.12.1996; *Hofmann-Hoeppel, Schumacher, J. Wagner*, Bodenschutzrecht-Praxis (1999) 1140.

22 *Reischauer* in *Rummel*, ABGB[3] § 1302 ABGB Rz 20.

gewidmet hat,[23] und *F. Bydlinski*[24] – haben die Ausführungen *Hintereggers*[25] in ihrem Werk Grundfragen der Umwelthaftung für diesen Problemkreis besondere Bedeutung. Es wäre viel zu weitschweifend, hier komplexe Kausalitätstheorien darzustellen: Faktum ist vielmehr, dass sämtliche aktuellen Abhandlungen zu Klimaklagen die Kausalitätshürde überwinden. Wie *Hinteregger* mE zu Recht betont, stellt die conditio sine qua non eine Faustregel dar, sie ist aber als Zurechnungsgrund nicht unüberwindbar. Jedes andere Ergebnis würde bei Summationsschäden wie den Klimaschäden dazu führen, dass niemand zur Verantwortung gezogen werden kann. Immerhin kann im Zusammenhang mit CO_2 jedenfalls in der Europäischen Union, die genaue Menge an Treibhausgasausstoß – qua Messung – ganz genau bestimmt werden. Ob man Kleinemittenten aus der Verantwortung entlässt, könnte zu überlegen sein.

Ein weiteres Problem stellt sich bei der Geltendmachung. Jedenfalls dann, wenn man auf Unterlassungs- und Beseitigungsansprüche abstellt, sind diese *nicht zedierbar*. Das vereitelt die Möglichkeit von sog Sammelklagen österreichischer Prägung: Dabei werden die Ansprüche einer großen Zahl von Betroffenen durch Zessionen auf einen einzelnen Kläger (zB einen Verein oder einen Verbraucherverband) vereint. Dieser Kläger führt das Verfahren als „Zwei Parteien"-Verfahren und verteilt im Erfolgsfall die erlangte Summe an die Betroffenen. Solche „Sammelklagen" werden üblicherweise von einem *Prozesskostenfinanzierer* begleitet, welcher die Prozesskosten gegen ein Erfolgshonorar finanziert. Die Betroffenen müssen daher ihre Ansprüche aktiv durch Zession einbringen (Opt-In) und erhalten meist nur einen Betrag, der um die Erfolgsquote des Prozesskostenfinanzierers geschmälert wird – ersparen sich jedoch den eigenen Aufwand der Klagsführung und haben meist kein finanzielles Risiko.[26]

Kommen wir daher auf unseren fiktiven Fall zurück: Möglich ist im Rahmen der Klageerhebung und Klageführung höchstens eine Streitgenossenschaft der Bauern von Kleintupfing, die aber keinerlei besondere Vorteile bringt. Auch ein Prozesskostenfinanzierer wird sich dafür nicht finden.

Bei Haftungsansprüchen besteht dagegen die Möglichkeit der Anspruchszession an einen Prozesskostenfinanzierer einschließlich der Tragung des Kostenrisikos durch den Prozesskostenfinanzierer.

---

23 *Rummel*, Ersatzansprüche bei summierten Immissionen: Eine Untersuchung zu Fragen des Schadenersatz- und des Nachbarrechts (1969) 18 ff.

24 *F. Bydlinski*, Haftung bei alternativer Kausalität, JBl 1959, 1.

25 *Gimpel-Hinteregger*, Theoretische Grundfragen der Umwelthaftung (1994) 178 ff.

26 *Wagner*, Rechtsprobleme der Fremdfinanzierung von Prozessen (Teil I) und (Teil II), JBl 2001, 416 und JBl 2001, 427; *Karauscheck*, Prozesskostenfinanzierung – ein weitgehend ungeregeltes Glücksgeschäft!? VR 2012 H 6, 21.

4. Ansätze einer zivilrechtlichen präventiven Klimaschutzklage de lege lata

4.1. Völkerrechtliche/Europarechtliche Zulässigkeit

Es stellt sich die Frage, ob der Zivilrechtsweg für eine solche Klage überhaupt offen wäre. Besteht die alleinige Wahrnehmung des CO_2-Reduktionsanliegens auf Ebene des Völkerrechts durch Kyoto-Mechanismen bzw Instrumente des Weltklimavertrags? Oder: Besteht die alleinige Wahrnehmung auf Ebene des Europarechts? Etwa mit der RL 2003/87/EG idF RL 2009/29/EG?[27] Jedenfalls ist eine Vergemeinschaftung der Zivilrechtskompetenz (Art 81 AEUV) bislang nicht gegeben.

Man könnte den Schluss ziehen, dass die völker- und europarechtlichen Vorgaben den rechtlichen Komplex „Klimawandel" abschließend regeln und somit keinen Platz für nationale Haftungsansprüche lassen. Das liefe auf den völligen Entzug jeglicher Grundlage für Schadenersatzansprüche hinaus. Denn der Weltklimavertrag ist zwar als rechtlich verbindlicher völkerrechtlicher Vertrag konzeptioniert,[28] Sanktionen oder Haftungsfragen wurden aber absichtlich ausgespart. Vielmehr wurde explizit festgehalten, dass „keine Grundlage für Haftung oder Schadensersatz geschaffen wird".[29] Dem ist entgegenzuhalten, dass die weiche Ausgestaltung des Pariser Übereinkommens dem Verhandlungsprozess und dem Ringen um die höchst mögliche Zahl an unterzeichnenden Vertragsstaaten geschuldet ist. Gerade die USA vertraten eine äußerst restriktive Haltung und wollten vermeiden, dass eine mögliche Basis für Klimaklagen geschaffen wird. Daraus lässt sich aber nicht ableiten, dass es die Intention bzw der telos des Weltklimavertrags ist, die Klagemöglichkeiten gegen Klimasünder abschneiden zu wollen. Die Tatsache der Nichtregelung ist kein Beweis für die rechtliche Unzulässigkeit nationaler Klimaklagen.

Auch die RL 2009/29 EG führt nicht zu einer Abschneidung des Klagewegs. Sie regelt CO_2-Reduktionsanliegen durch verpflichtende Einführung von Treibhausgasmessung und Treibhausgashandel aus öffentlich-rechtlichen Gesichtspunkten.

Weder die völkerrechtlichen noch die europarechtlichen Verpflichtungen und Mechanismen stehen daher mE einer nationalen zivilrechtlichen Klage gegen CO_2-Emissionen entgegen.

---

27 RL 2009/29/EG zur Änderung der Richtlinie 2003/87/EG zwecks Verbesserung und Ausweitung des Gemeinschaftssystems für den Handel mit Treibhausgasemissionszertifikaten, ABl L 2009/140, 63.

28 *Kerschner*, Klimakonferenz von Paris: Österreich, was nun? RdU 2016/1, 1; *Schwarzer*, In der Wurzel eins? Betrachtungen zum Verhältnis zwischen Umwelt- und Wirtschaftsrecht, ÖZW 2016, 46.

29 *Klimaretter.info*, Pariser Klimaabkommen: Ein Blick in die Paragraphen, http://www.klimaretter.info/klimakonferenz/klimagipfel-paris/hintergrund/20315-ein-blick-in-die-paragrafen.

4.2. Privates Rechtsgut

Einträge in überindividuelle Güter (Luft, Klima ...) führen zur Gefährdung individueller Güter (Leben, Eigentum). Die Betroffenheit privater Rechtsgüter durch Klimaveränderungen ist in Österreich, aber auch weltweit zu bejahen.[30]

4.3. Internationale Zuständigkeit österreichischer Gerichte für Unterlassungsklagen

Zu prüfen ist die internationale Zuständigkeit Österreichs für die Klage der Kleintupfinger Bauern gegen die 50 größten CO_2-Emittenten der Welt.

Sofern unter den 50 größten Emittenten solche im EU-Raum bzw der Schweiz sitzen, ist eine internationale Zuständigkeit nach dem Ubiquitätsprinzip (Art 7 Z 2 EuGVVO Nr 1215/2012 [entspricht Art 5 Z 3 EuGVVO Nr 44/2001][31]) zu bejahen. Dieses lässt die Wahl zwischen Handlungs- oder Erfolgsort. Im fiktiv gewählten Beispiel von Kleintupfing ist Österreich der Erfolgsort.

Sofern unter den 50 größten Emittenten solche im Nicht-EU-Raum sitzen, wäre die internationale Zuständigkeit Österreicher Gerichte theoretisch über §§ 81 iVm 27a JN zu bejahen.[32]

4.4. Anwendbarkeit des österreichischen Sachenrechts

4.4.1. Schutz von Leben und Gesundheit

Geht es nun um den Schutz von Leben und Gesundheit, so wäre mE an § 13 Abs 2 IPRG analog ankzunüpfen. Verletzungsort ist jener Ort, an dem die Verletzung des Rechtsguts eintritt.

4.4.2. Dingliche Klagen

Unterlassungs- und Beseitigungsansprüche sind dingliche Ansprüche. Sie sind daher mE wohl unter § 31 IPRG zu subsumieren – es kommt zur Anwendung des Rechts des Orts der beeinträchtigten Liegenschaft, also österreichischen Rechts.

---

30 Siehe oben FN 1.

31 VO (EG) Nr 44/2001 über die gerichtliche Zuständigkeit und die Anerkennung und Vollstreckung von Entscheidungen in Zivil- und Handelssachen, ABl L 2001/12, 1.

32 *Wagner*, Atomkraft an den Grenzen des Rechts? in FS *Kerschner*, Interdisziplinäre Rechtswissenschaft – Schutzansprüche und Schutzaufgaben im Recht (2013) 588.

Auch über Art 7 Rom II-V („Umweltschädigungen") könnte man nachdenken, wenn man mE richtigerweise aufgrund eines deliktischen Ansatzes auch die Anwendbarkeit im vorbeugenden Bereich von Rom II als erfasst ansieht. Der Anwendungsbereich von Art 7 Rom II-V ist weitgehend, meint also sämtliche Umweltmedien und Einträge durch die verschiedenen Belastungspfade.[33] Art 7 Rom II-V ist daher nicht nur für Klimaklagen,[34] sondern auch auf präventive Klimaklagen anwendbar. Es besteht dann die Wahl zwischen *Handlungs- und Erfolgsortrecht*. Da auch Handlungsortsrecht gewählt werden kann, könnte etwa US amerikanisches Recht zur Anwendung kommen, wenn die CO_2-Emittenten dort den Ausstoß produzieren.[35]

4.5. Kausalitätsprobleme

Das Problem der *summierten Immissionen* bedarf einer sachgerechten Lösung. Es geht um die Mitverursachung vieler Anlagen, die in die Atmosphäre CO_2 einspeisen und zur Gefährdung von Privatrechtsgütern führen.

Die conditio sine qua non-Theorie: „Würde der Schaden entfallen, wenn man sich das schädigende Ereignis hinwegdenkt?" versagt.[36] Das aus dem US amerikanischen Rechtssystem stammende Modell der Marktanteilshaftung ist mE kein taugliches Zurechnungsmodell.[37] Unter den Emittenten sind einige, deren Beitrag gar nicht kausal ist. Das *Problem der Ungeeignetheit der conditio sine qua non* stellt sich bei der Negatoria ebenso: Die vorbeugenden Ansprüche bedürfen einer prognostischen Kausalitätsprüfung.[38] Die für die Unterlassungsklage notwendige *Gefährdungsprognose* setzt einen gewissen Kausalnachweis voraus.

ME ist der für Deutschland vertretenen These *Franks*[39] auch für Österreich zu folgen: Es reicht aus, wenn sich mit hoher Gewissheit belegen lässt, dass Treibhausgase an der Verursachung des Klimawandels und damit des einhergehenden Meeresspiegelanstiegs ursächlich beteiligt sind und zwar in einer Weise, dass jeder einzelne Emittent durch die freigesetzten Treibhausgase notwendigerweise zur Gesamtbelas-

33 *Burtscher/Spitzer*, Zak 2017, 288.

34 *Burtscher/Spitzer*, Zak 2017, 288.

35 *Wagner* in FS *Kerschner* (2013) 588.

36 Vgl auch der Befund *Burtscher/Spitzer*, ÖJZ 2017, 950 ff.

37 So auch *Burtscher/Spitzer*, ÖJZ 2017, 950 ff.

38 *Pöttker*, Klimahaftungsrecht (2014) 93.

39 Climate Change Litigation – Klimawandel und haftungsrechtliche Risiken – Erwiderung auf *Chatzinerantzis/Herz* (NJOZ 2010, 594 = NJW 2010, 910), NJOZ 2010, 2296.

tung beiträgt. *Beweismaß* ist die hohe Wahrscheinlichkeit.[40] Es bedarf im Rahmen des Unterlassungsanspruchs eines Beitrags zur Gefährdung. Jeder einzelne Emittent trägt durch die freigesetzten Treibhausgase zur Gesamtbelastung bei. Die These *Franks* in mE zutreffend: *Bei schädlichen Folgewirkungen von Treibhausgasen ist jeder Emittent im Ausmaß der von ihm freigesetzten Treibhausgase zu deren Anreicherung in der Atmosphäre verantwortlich.*[41]

4.6. Naturwirken?

Der Einwand des reinen Naturwirkens schlägt fehl: Die geschaffene Gefahrenlage geht auf risikoerhöhendes menschliches Verhalten zurück.[42] Die CO_2-Emission reicht dafür aus, selbst wenn sie nicht allein für die Erderwärmung verantwortlich sein sollte. Würden ungeklärte Naturzusammenhänge oder etwa das Zufallsrisiko das vorhergelagerte risikoerhöhende menschliche Verhalten tatsächlich in die Irrelevanz verweisen, würde dies eine Art „Borderline"-Wirtschaft, die auf Kosten des Planeten Erde Umweltgüter schädigt, geradezu begünstigen.

4.7. Duldungspflichten bedrohter Liegenschaftseigentümer

Es stellt sich die Frage nach dem Vorliegen von Duldungspflichten:
- aufgrund einer österr Treibhausgasgenehmigung?
- aufgrund einer ausländischen Treibhausgasgenehmigung?
- aufgrund geleisteter CO_2-Zertifikate („Verschmutzungsrechte")?

Zu bedenken ist, dass im Rahmen der Treibhausgasgenehmigung Nachbarrechte regelmäßig keine Rolle spielen, ist doch CO_2 gerade kein Gas, das Nachbarn belästigt. Mangels Parteistellung bestünden theoretisch auch keine Duldungspflichten. Auch die Relativität der österr CO_2-Genehmigung spricht nicht für eine Sperrwirkung, wird doch lediglich geprüft, inwiefern die Anlage die CO_2-Meßanforderungen erfüllen kann.

Mit marktwirtschaftlichen Instrumenten wie Zertifikaten wird die Verschmutzung von öffentlichen Gütern abgegolten. Es stellt sich die Frage, inwiefern die Abführung von CO_2-Zertifikaten als verbriefte Verschmutzungsrechte für die Klimageschädigten zur Duldung führen.

---

40 *Wagner* in *Resch/Wallner*, Handbuch Medizinrecht 931.

41 AA *Burtscher/Spitzer*, ÖJZ 2017, 952, die wegen der großen Unsicherheiten in der Kausalkette keine Ausnahmen von der Bedingungslehre zulassen wollen.

42 *Weiß*, Versicherbarkeit von Naturkatastrophen, in *Kerschner* (Hrsg), Handbuch Naturkatastrophenrecht (2008) 313 ff.

Die Situation lässt 2 Deutungen zu:

1) Bezahlt wird allein für die Verschmutzung des öffentlichen Guts Klima, nicht aber für die Schädigung privater Rechtsgüter. Diesfalls wäre eine privatrechtliche Verantwortlichkeit daneben gegeben.

2) Es darf das öffentliche Gut verschmutzt werden. Die daraus resultierende Schädigung privater Güter wäre mitabgegolten oder wäre in Zukunft auch mitabzugelten.

Für Deutschland wird aufgrund des § 14 BImSchG[43] vertreten, dass die *Klimageschädigten Vorkehrungen gegen benachteiligende Wirkungen* verlangen können.

Für die Deutung 2) lassen sich mE keine Anhaltspunkte ins Treffen führen. AA wohl *Burtscher/Spitzer*,[44] die mit der korrekten Abführung von Zertifikaten ein Vertrauen der Unternehmer verbinden, das auch ein Verschmutzungsrecht in Hinblick auf private Schädigungen mitumfasse. Darüber hinaus gehen diese Autoren noch weiter und wollen sämtlichen Maßnahmen, die im Rahmen der EU-CO_2-Vermeidungsstrategie gesetzt werden, die zivilrechtliche Rechtswidrigkeit absprechen. Ob diese Ausführungen so zu verstehen sind, dass damit auch negatorische Ansprüche abgeschnitten wären, bleibt offen. Vielmehr geht es bei der ZertifikatshandelsRL darum, die überindividuellen Umweltbeeinträchtigungen (Erderwärmung) hintanzuhalten. Dass sich überindividuelle Schäden (Klimaschäden) zu privaten Schäden (Schädigung privater Güter durch Naturkatastrophen) entwickeln können, ist eine Folgeerscheinung, die die RL nicht einmal ansatzweise mitabdeckt, geschweige denn die Schäden des Einzelnen präventiv bzw restitutorisch ausgleicht.

4.8. Vollstreckbarkeit

Sofern der CO_2-Emittent aus dem EU-Raum stammt, ist gem der VO Nr 1215/2012 Vollstreckbarkeit des Urteils im EU-Raum in allen Mitgliedstaaten möglich.

Sofern der CO_2-Emittent nicht aus dem EU-Raum stammt, ist ohne Anerkennungs- bzw Vollstreckungsabkommen die Vollstreckung nur an Vermögen im Inland möglich. Der OGH[45] steht solchen Klagen skeptisch gegenüber: *„Es kann nicht*

43 § 14 BImSchG lautet: Auf Grund privatrechtlicher, nicht auf besonderen Titeln beruhender Ansprüche zur Abwehr benachteiligender Einwirkungen von einem Grundstück auf ein benachbartes Grundstück kann nicht die Einstellung des Betriebs einer Anlage verlangt werden, deren Genehmigung unanfechtbar ist; es können nur Vorkehrungen verlangt werden, die die benachteiligenden Wirkungen ausschließen. Soweit solche Vorkehrungen nach dem Stand der Technik nicht durchführbar oder wirtschaftlich nicht vertretbar sind, kann lediglich Schadensersatz verlangt werden.

44 ÖJZ 2017, 949

45 OGH 13.1.1988, 3Nd511/87.

Sache der österreichischen Justiz sein, ein umfangreiches, langwieriges und kostspieliges Verfahren abzuführen, wenn fast alles dafür spricht, daß das Ergebnis nur ein wertloses Schriftstück sein kann."

4.9. Rettungsaufwand

Äußerst schwierig zu beantworten ist die Frage, inwiefern der zur Abwendung des Klimaschadens zu setzende oder bereits getätigte Rettungsaufwand zu ersetzen ist. Gemeint sind hier etwa Maßnahmen der Hangstabilsierung bzw der Dämme.

Nach österreichischem Recht wäre ein solcher Rettungsaufwand nachbarrechtlich (§ 364a ABGB analog) sehr wohl zu ersetzen. Das ist ein *schadenersatzrechtlicher Ansatz, wenngleich nach der Rsp des OGH verschuldensunabhängig.*[46] *Damit würde man die Verurteilung auch zum Ersatz der Kosten der Hangstabilisierungmaßnahmen erreichen.*

5. Klage auf Feststellung zukünftiger Schäden aus Amtshaftung

Die den Feinstaubentscheidungen Graz (1 Ob 151/06x und 1 Ob 68/09w)[47] entnehmbaren Eckpunkte ließen sich auch auf die vorbeugende Amtshaftungsklage wegen zukünftiger Klimaschäden anwenden:

- Die Bejahung eines Feststellungsinteresses setzt die konkrete Möglichkeit eines künftigen Schadenseintritts voraus.
- Eine theoretisch mögliche künftige Schädigung auf dem Boden der abstrakten Beurteilung reicht nicht.
- Bezüglich der Beweislast hat das Höchstgericht Folgendes ausgesprochen: *„Den Geschädigten trifft auch im Amtshaftungsverfahren grundsätzlich die Beweislast für den Kausalzusammenhang zwischen dem haftungsbegründenden Ereignis und dem eingetretenen Schaden. Es ist Sache des Kl, der eine (zukünftige) Gesundheitsschädigung durch eine Überschreitung der Feinstaubgrenzwerte annimmt, das rechtswidrige Organverhalten als Ursache für den Eintritt zukünftiger Schäden zu behaupten und zu beweisen."*

In casu lässt sich zum Ausgangsfall der klagenden Eigentümer von Kleintupfing folgendes konstatieren:

Der Feststellungsanspruch bedarf der Darstellung eines rechtswidrigen, amtshaf-

46 OGH 13.7.1993, 4 Ob 519/93.

47 OGH 12.9.2006, 1 Ob 151/06x; 6.7.2009, 1 Ob 68/09w.

tungsbegründenden Verhaltens einer österreichischen Vollzugsbehörde. In Betracht käme allenfalls eine rechtswidrige Anwendung bzw rechtswidrige Nichtanwendung von Normen des EZG. Diese muss potentiell kausal sein für den dem möglicherweise durch Klimaschäden Geschädigten drohenden Schaden. Auch dieses Kausalitätsproblem lässt sich – wenn überhaupt – maximal über die Anteilshaftung lösen, sodass der Anteil möglicherweise verschwindend klein sein wird.

6. Vorsprung durch Rechtsbruch

Ein weiterer Ansatz wäre die Konkurrentenklage gem § 1 Abs 1 Z 1 UWG[48] (im Unternehmer – Unternehmer Verhältnis).[49] *Voraussetzung* ist der *objektiv rechtswidrige Rechtsbruch*. Im vorliegenden Fall wäre der objektiv rechtwidrige Rechtsbruch von Klimaschutznormen denkbar, zB die Nichtabführung der CO_2-Zertifikate entsprechend dem tatsächlichen CO_2-Ausstoß.

Es muss sich um verbindliche Normen handeln, die auf die *Unternehmen auch direkt anwendbar sind*. Die Verbindlichkeit für Unternehmen ergibt sich daher *nicht* direkt aus dem *Kyoto-Protokoll* oder aus dem *Weltklimavertrag*. Sehr wohl kann aber auch verbindliches Recht fremder Staaten, das den internationalen Klimaschutzzielsetzungen dient, bei der Beurteilung der Unlauterkeit des Verhaltens maßgeblich sein. Die Pflicht zur Abführung von CO_2-Zertifikaten zum jeweiligen Zeitpunkt bzw die Nachkaufspflicht wäre aber eine solche Verpflichtung.

Der Umstand, dass Regierungen die internationalen CO_2-Ziele nicht richtig umsetzen (Ausgabe zu großer Mengen an Treibhausgase, Untätigkeit bei der Bekämpfung der Erderwärmung, wie es nach dem Weltklimavertrag geschuldet wäre), kann dagegen nicht Unternehmen zugerechnet werden. Es liegt ihrerseits kein objektiv rechtswidriger Rechtsbruch vor, wenn aufgrund verfehlter CO_2-Klimapolitik zu viele CO_2-Zertifikate im Umlauf sind.

Vorsprung durch Rechtsbruch erfordert zudem die objektiv rechtswidrige Beeinflussung des Wettbewerbsverhältnisses (Spürbarkeit).[50]

Wie stehen diesbezüglich die Erfolgschancen der Kleintupfinger Wasserkraft GmbH?

Geht man davon aus, dass sich unter den 50 größten CO_2-Emittenten Steinkohlekraftwerke befinden, die wie die Kleintupfinger Wasserkraft GmbH eben-

48 BGBl 1984/448 (Wv) idF BGBl I 2016/99.

49 *Burgstaller/Frauenberger/Handig/Heidinger/Wiebe* in *Wiebe/Kodek*, UWG[2] § 1 UWG Rz 6 ff; *Wagner*, Vorsprung durch Rechtsbruch von Umweltschutzvorschriften, RdU 2010/86, 139.

50 *Burgstaller/Frauenberger/Handig/Heidinger/Wiebe* in *Wiebe/Kodek*, UWG[2] § 1 UWG Rz 12 ff, 986.

falls Strom erzeugen, so könnte zumindest theoretisch – vorbehaltlich örtlicher Beschränktheit des Stromabsatzmarkts – ein Konkurrenzverhältnis bestehen. Ob damit die Beeinträchtigung des Wettbewerbsverhältnisses schon eine spürbare ist, ist eine Frage des konkreten Falls und wird in casu zu verneinen sein.

7. Klage aus Entwicklungsländern gegen österreichische Unternehmen?

Es wäre sehr wohl denkbar, dass betroffene Einzelpersonen aus *Entwicklungsländern*, die durch Gletscherschmelze etc um ihr Eigentum gebracht werden, Klage gegen österreichische Unternehmen erheben. Bsp: Die Bauern der Turroroa-Inseln im Pazifik verklagen den österreichischen Industriekonzern X wegen Anstieg des Meeresspiegels.

Es mag nämlich auch in Österreich *Mutterunternehmen* geben, die Töchterunternehmen bewusst in Länder angesiedelt haben, die keine restriktive CO_2-Politik verfolgen. Freilich müsste man solche gesellschaftsrechtlichen Konstruktionen näher beleuchten, um Aussagen mit abschließender Sicherheit bieten zu können. Gegen CO_2-Emittenten im EU-Raum ist eine internationale Zuständigkeit nach Art 4/1 iVm Art 63 EuGVVO 2012 gegeben: Danach besteht der allgemeine Gerichtsstand für Unternehmen als Beklagte an dem Ort, an dem sich ihr satzungsmäßiger Sitz, ihre Hauptverwaltung oder ihre Hauptniederlassung befindet. Klagen also Einzelpersonen aus Inselstaaten einen österreichischen Emittenten, so besteht eine internationale Zuständigkeit österreichischer Gerichte.

Wie bereits oben dargestellt, kann im Rahmen der international privatrechtlichen Qualifikation auch im vorbeugenden Bereich deliktisch auf Art 7 Rom II abgestellt werden, sodass auch Handlungsortsrecht – wahlweise zum Erfolgsortrecht – zum Zug kommen kann. Damit könnte auch österreichisches Recht zur Anwendung gelangen. Sofern das Recht der Turroroa-Inseln nicht günstiger ist (Recht des Erfolgsorts), können sich die Bauern auf österreichisches Immissionsabwehrrecht stützen. Auch eine Vollstreckung gegen das beklagte Unternehmen wäre denkbar. Vor diesem Hintergrund wäre Inselstaaten zu empfehlen, ein strenges materielles Klimahaftungsrecht im eigenen Land zu erlassen. Das österreichische Gericht hätte dieses anzuwenden.

8. Fazit

Was bleibt?

Klimaklagen gg CO_2-Emittenten sind denkbar. Dass der OGH einer solchen Klimaklage derzeit stattgeben würde, ist aber eher unwahrscheinlich.

Der Einschätzung von *Frank* ist mE zuzustimmen: Die präventive zivilrechtliche Klimaklage könnte ein Beitrag sein, bei der Lastentragung insgesamt zu fairen Lösungen zu kommen, insb die Drucksituation auf Klimaschutzschwänzerstaaten zu erhöhen. Auch im Sinne der Fairness des Wettbewerbs weltweit wäre es wünschenswert, wenn *potenten internationalen Konzernen* die Möglichkeit erschwert wird, im Rahmen der Ansiedlung ein forum shopping derart zu betreiben, sodass Ländern mit geringen CO_2-Auflagen der Vorzug bei der Ansiedlung gegeben wird. Würden Konzerne verurteilt werden können, hätte es weniger Reiz, sich den kostspieligen und mühsamen CO_2-Klimaschutzstrategien zu entziehen. Die Firmen müssten die entsprechenden Risiken von Klagen in der Bilanz berücksichtigen. Dann wäre auch auf Wirtschaftsseite klar, was ethisch schon lange postuliert wird: *Wir können uns Klimawandel gar nicht leisten!*

Eine privatrechtliche Klimaschutzklage könnte diesbezüglich ein geeignetes Instrument sein, da damit signalisiert wird, dass *Klimaverschmutzer nirgendwo auf der Welt zu tolerieren sind.*

Wenn Klimaklagen zu mehr Verursachergerechtigkeit führen sollen, sind zwei Aspekte zu berücksichtigen:

- *1. Klimagerechtigkeit* gegen Verschmutzer außerhalb der EU mit Mitteln des Privatrechts ist solange nicht erzielbar, als Vollstreckung verweigert werden kann.
- *2. Zivilrechtliche Klimaschutzklagen gegen den dem CO_2-Handel unterliegenden Emittenten ist wegen der derzeit weltweit vorherrschenden Verteilungsungerechtigkeit kontraproduktiv.* Die Realität überholt hier die oben im Beitrag angestellten rechtlichen Theorieüberlegungen.

9. Modell de lege ferenda

Vorzuschlagen wäre die Regelung auf EU-Ebene in Form einer Klimahaftungs-RL (*climate liability directive*) – ähnlich der UmwelthaftungsRL. Diese soll zu gleichen Wettbewerbsbedingungen beitragen, da ausländische „Klimasünder" Klimaklagen langfristig einpreisen müssten. Wesentliche Inhalte dieser Klimahaftungs-RL wären etwa:

- Regelung der Internationalen Zuständigkeit bei aktiven und passiven Klimaklagen.

- Möglichkeiten der Vollstreckung von Klimaklagen.
- Inhalte der Klage: Haftung und Unterlassung iZm (drohenden) Klimaschäden.
- Verursachungs- und Zurechnungsregeln nach festgelegten Parametern.
- Sperrwirkung gegen Klimaklagen bei klimagerechtem Verhalten der Unternehmen/Abführung von CO_2-Zertifikaten.
- *Erweiterung um Verbandsklagerechte zum Schutz des weltweiten Klimas (innerhalb und außerhalb der EU).*

IV. Streitgespräch: Klimaschutzrecht – mehr Wunsch als Wirklichkeit?

Sicht der Wissenschaft: Sind klimapolitisch motivierte Einfuhrbeschränkungen denkbar und wünschenswert?

Franz Prettenthaler

Kurz vorweg: Dieser Beitrag wird kurz sein, weil meine Recherchen bei der WTO, inwieweit es mit den einschlägigen Regeln vereinbar wäre, bestimmte Produkte und Dienstleistungen aus dem Ausland an unseren Grenzen aufgrund ihrer klimaschädlichen Produktionsweise zurückzuweisen oder mit tarifären Hemmnissen zu belegen, im mündlichen Gespräch[1] zwar unter bestimmten Auflagen einmal grundsätzlich positiv beantwortet wurde, die entsprechenden Dokumente und Regelungen bis Redaktionsschluss des Bandes aber nicht eingetroffen sind.

Aber das ist auch gut so. Allerdings nicht, weil ein kurzer Artikel auch weniger Arbeit ist, sondern weil es der Arbeitsteilung zwischen Ökonomen und Juristen ohnehin besser entspricht, wenn ein Ökonom nicht Rechtstexte kommentiert und rechtsprognostische Aussagen macht, sondern dabei mithilft, ein konkretes Verhalten (also hier etwa die Einführung eines klimapolitisch motivierten Handelshemmnisses) zum Beispiel darauf hin zu untersuchen, ob es überhaupt wünschenswert ist, ob es dem Gemeinwohl dient, oder welche Verteilungseffekte dies hätte, d.h. wer die Gewinner und Verlierer dieser Maßnahme wären. Sollte sich diese Maßnahme als wünschenswert erweisen, ist es dann die Aufgabe von Juristen zu prüfen, ob – und wenn ja – wie eine solche Maßnahme überhaupt mit bestehenden gesetzlichen Regelungen, internationalen Verträgen und natürlich den Prinzipien der Verfassung vereinbar gemacht werden kann. Die Politik bzw der Gesetzgeber schließlich muss dann auch noch den Willen zur konkreten gesetzlichen Umsetzung beisteuern.

1. Gegengift zu *Carbon Leakage*

Wie aber soll diese Frage hier abgehandelt werden, brauchen doch Ökonomen, wenn sie eine solche Maßnahme auch nur für ein konkretes Gut und zumindest für das Gemeinwohl im Inland bewerten, bereits eine Menge an empirischen Daten, also etwa zumindest Informationen über die Nachfrage nach diesem Gut im Inland,

1 Persönliche Auskunft von Herrn *Werner Zdouc*, Direktor des WTO Appellate Body Secretariat am 19.11.2016.

am besten die gesamte Nachfragefunktion, Informationen über das heimische Angebot und damit den Marktpreis im Inland sowie zumindest den Weltmarktpreis. Das alles quantitativ abzuschätzen kann hier nicht geleistet werden, weil es ja um eine Vielzahl an unterschiedlichen Produkten geht, von denen einmal annahmegemäß nur bekannt ist, dass sie im Ausland mit höheren CO_2- Emissionen hergestellt werden, und sie deshalb den Erfolg heimischer Produkte bedrohen, weil diese unter (hypothetischen) strengeren Umweltauflagen produziert werden. Denn genau mit diesem Vorwurf hatte die europäische Klimapolitik zumindest bisher zu kämpfen: Die Produktion energieintensiver Güter in Europa würde zunehmend eingestellt, was hier Arbeitsplätze koste und zu allem Überdruss, der unter dem Stichwort *carbon leakage* intensiv diskutiert wird, würden unter Umständen die globalen CO_2-Emissionen sogar noch steigen, weil die Güter ja nach wie vor produziert werden, allerdings mit noch höheren Emissionen aufgrund der dort eingesetzten Technologien, aber auch bei gleicher Technologie zumal der Transport noch hinzukommt, denn der Konsum dieser Güter findet meist nach wie vor in den hochentwickelten Industrieländern statt.

Es ist hier nicht der Platz, die Diskussion zu führen, ob diese empirische Tatsachenbehauptung der *carbon leakage* durch Klimapolitik im Inland stimmt oder auch nicht, ob sie auch längerfristig zutrifft etc. Aber man kann sich, denke ich relativ einfach auf die normative Aussage verständigen, dass, wenn diese Aussage stimmt, es tatsächlich wenig Sinn macht, Klimaschutz nur auf diese Art und Weise, nämlich über nationale Verbote (bzw nationale Emissionskontingente oder Steuern), die an der nationalen Produktion ansetzen, zu betreiben, es sei denn, diese nationalen Maßnahmen bekommen weitere Maßnahmen an die Seite gestellt, die dafür sorgen, dass auch jene Produkte, die für den heimischen Konsum bestimmt sind, aber im Ausland produziert werden, unter denselben klimapolitischen Rahmenbedingungen hergestellt werden. Das wäre also ein erstes Zwischenergebnis: Unabhängig, ob ein bestimmter Einfuhrzoll oder eine anderweitige Beschränkung den konkreten Nachweis der Stiftung eines größeren Gemeinwohls erbringt, kann diese Maßnahme sinnvoll sein, weil sie einen Fehler, der rein auf die Produktion ausgerichteten Treibhausgasemissionspolitik, tendenziell zu korrigieren in der Lage ist.

Das spricht also eine Dimension an, für die Ökonomen wir uns auch zuständig fühlen: nämlich zu überprüfen, ob bestimmte Politikmaßnahmen überhaupt funktionieren. Oder andersherum gesprochen: bevor eine Maßnahme effizient sein kann muss sie zumindest effektiv sein, sonst ist sie meist sogar kontraproduktiv: verursacht Kosten und verschlimmert das Problem auch noch. Insofern kann man grundsätzlich einmal sagen: Klimapolitisch motivierte Handelsbeschränkungen erscheinen dann sinnvoll, wenn es im Inland (kann auch ein ganzer Freihandelsraum sein) Emissionsbeschränkungen gibt und wenn die Abwesenheit solcher Handelsbeschränkungen ansonsten zu einem Ansteigen der Emissionen führen würde. Man kann das natürlich auch umdrehen: Klimapolitisch motivierte Handelsbeschränkungen haben unter Umständen dann *keine* Berechtigung, wenn es im Inland gar keine emissionsbeschränkenden Maßnahmen gibt: denn dann könnte es ja sogar umgekehrt sein, dass diese Beschränkungen eine *carbon leakage* ins Inland verursachen: CO_2-intensive Produkte werden plötzlich verstärkt im Inland hergestellt, weil Zoll und Transportkosten den Kostenvorteil einer Produktion im Ausland wettmachen.

2. Wohlfahrt im Inland das richtige Maß?

Drei Aspekte haben wir bei diesen notwendigerweise groben und allgemeinen Überlegungen noch vergessen: die Rolle künftiger Generationen, die Wohlfahrt im Ausland und die Frage, ob überhaupt die Produktion der geeignete Ansatz für Klimapolitik ist. Die ersten beiden Fragen sind insofern berechtigt, als wir so getan haben, als könnte die Frage, ob klimapolitisch motivierte Zölle sinnvoll sind, rein durch eine Analyse der Wohlfahrtswirkungen im Inland beantwortet werden. Dazu ist folgendes zu sagen: Aufgrund der Langfristigkeit und Globalität der Auswirkungen des Klimawandels muss die Rechtfertigung für Klimapolitik natürlich die Wohlfahrt der ganzen Menschheit, auch jene der noch nicht geborenen künftigen Erdenbewohner berücksichtigen. Denn genau darum geht es ja: um die Bewahrung bzw Herstellung eines globalen öffentlichen Gutes, von dem auch künftige Generationen profitieren, und das daher (weil das Gut öffentlich[2] ist und auch weil die Kaufkraft der künftigen Generationen gar nicht berücksichtigt wird) durch den Markt nicht in ausreichendem Ausmaß bereitgestellt wird. Gerade deshalb ist der Kampf um die Bereitstellung dieses Gutes („einigermaßen moderates Klima, definiert als nicht viel wärmer als +1,5 Grad Celsius im Vergleich zum vorindustriellen Zeitalter") ja auch so schwer, weil es nur in Ansätzen eine Weltregierung gibt, deren Aufgabe es wäre, dieses Gut bereitzustellen und weil künftige Generationen nicht nur keine Kaufkraft, sondern auch keine Stimmrechte in dieser Diskussion haben.

2 Für Nicht-Ökonomen: ein Gut ist dann öffentlich, wenn niemand von dessen Konsum ausgeschlossen werden kann. Da jene, die dafür zahlen nicht notwendigerweise mehr davon konsumieren können als jene, die nicht dafür zahlen, werden diese Güter nicht in ausreichendem Maße vom Markt bereitgestellt. Ihre Bereitstellung ist daher eine Staatsaufgabe.

Dies trifft also auf die Klimapolitik insgesamt zu. Wie wir gesehen haben, ist die Frage der klimapolitischen Zölle aber eine Frage eher der Effektivität von Klimapolitik: also ob sie der bestehenden Klimapolitik hilft oder nicht. Die Sinnhaftigkeit von Klimapolitik an sich haben wir hier nicht diskutiert und in Frage gestellt. Wenn es aber um einen Teilaspekt (und die Vermeidung von *carbon leakage* ist natürlich ein sehr wesentlicher „Teilaspekt" von Klimapolitik, weil diese sonst leicht zur Anti-Klimapolitik wird) geht, ist es schon naheliegend, dass wir diese Maßnahme von Handelsbeschränkungen, nachdem sie im Inland (in unserem Fall: in bzw für die Außengrenzen der EU) politisch umgesetzt werden muss, auch anhand einer Wohlfahrtsanalyse für das Inland untersuchen sollten. Dennoch zur Klarstellung: dass eine klimapolitische Maßnahme die Wohlfahrt im Inland in der Gegenwart erhöht, ist weder eine notwendige noch hinreichende Bedingung für Ihre Richtigkeit, erleichtert ihre Durchsetzung aber enorm, weil jene, die sie entscheiden müssen, dadurch leichter überzeugt werden können.

3. Globale Wohlfahrt und lokale versus globale Emissionen

Auch der zweite (Wohlfahrt im Ausland) und dritte (Produktion als Anknüpfungspunkt für Klimapolitik) Aspekt sind eng miteinander verknüpft und werfen die eigentliche, die wirklich spannende Frage für unser Thema auf. Dazu müssen wir aber ein wenig ausholen und zu einem Zeitpunkt, da ein erklärter Feind des Freihandels als Präsident im Weißen Haus sitzt, zunächst die Verbindung zwischen Freihandel und Wohlfahrt herstellen, weil das nicht mehr selbstverständlich zu sein scheint. Freihandel erhöht die Wohlfahrt sowohl im Inland als auch im Ausland und es ist auch empirisch völlig unbestritten, dass die letzten Jahrzehnte der steigenden internationalen Handelsverflechtung nicht nur die Reichen, sondern auch die Armen wesentlich reicher gemacht haben. Da es aber in den reichen Ländern auch Verlierer (und in den USA insbesondere in tatsächlich überwältigendem Ausmaß) gibt, obwohl die Gesellschaft in Summe davon profitiert hat, ist der Freihandel politisch unter Druck geraten. Dieses Schicksal teilt er im Übrigen mit der Klimapolitik. Beide werden für die Vernichtung von (eher niedrig qualifizierten) Arbeitsplätzen in den industrialisierten Ländern verantwortlich gemacht und in vielen Industrien sind die Themen auch weitgehend austauschbar: entweder will man Schutz für die inländische Produktion vor billigerer Konkurrenz wegen höherer Arbeitskosten oder eben wegen höherer Energiekosten. Nun steht aber schon im Einmaleins der Volkswirtschaftslehre, dass Freihandel und die Spezialisierung jedes Landes auf jene Produkte, wo man einen relativen Kostenvorteil hat, die Wohlfahrt für alle maximiert, und unter bestimmten Voraussetzungen ist das auch tatsächlich so. Zu den „relativen Kostenvorteilen" können auch niedrigere Umweltstandards zählen. Diese zu definieren hat die WTO immer als Sache der Regierungen jener Länder gesehen, in welchen die Produktion stattfindet und das hat auch eine gewisse Logik. Denn im Falle lokaler Umweltverschmutzung und eben zB der Schaffung des lokalen öffentlichen Gutes „saubere Luft" wird es immer eine Abwägung vor Ort sein müssen, wieviel Wohlstand für saubere Luft geopfert werden soll und umgekehrt. Angesichts undemokratischer Regierungen in manchen sich industrialisierenden Ländern mag das zwar zynisch erscheinen, aber es ist deshalb noch lange nicht gesagt, dass wir feuilletonlesende Wohlstandsbürger des Nordens deshalb automatisch besser wissen, wieviel Umweltverschmutzung und wieviel wirtschaftliche Entwicklung an jedem einzelnen Ort auf der Welt es tatsächlich geben soll. Genau an diesem Punkt kommt aber die WTO als Hüterin des Zieles einer globalen Wohlfahrtssteigerung ins Spiel. Mit einem gewissen Nachdruck verteidigt sie vermutlich zu Recht das Prinzip, dass die Emissionen lokaler Schadstoffe nicht der Grund für tarifäre oder nichttarifäre Handelshemmnisse sein können. Allzu leicht würden sonst klassische protektionistische und letztlich nationalistische, manchmal vielleicht sogar vordergründig rassistisch motivierte Argumente, wie derzeit in den USA, ihre Auferstehung feiern, nur eben versteckt unter einem grünen Mäntelchen. Wenn Kunden nicht unterscheiden, ob ein und dasselbe Produkt schmutzig oder sauber hergestellt wurde, wäre das Zulassen solcher „grüner Argumente" auch vermutlich tatsächlich global wohlfahrtszerstörend. Anders verhält es sich allerdings, wenn dem nicht so ist: Mir und vielen anderen Konsumenten im Norden ist es beispielsweise nicht egal, wie der ökologische Rucksack eines Produktes aussieht. Daher sind Maßnahmen, welche die Interessen von nachhaltig produzierenden Initiativen mit jenen kritischer Konsumbewegungen zusammenbringen, den Informationsaustausch über und die Standardisierung der Produktionsweisen fördern, jedenfalls zu begrüßen und sollten von allen öffentlichen Einrichtungen, also auch der WTO gefördert werden. Denn solche Produkte schaffen einen echten Mehrwert, weil sie auch auf eine höhere Zahlungsbereitschaft treffen und sind daher als eigene Produktkategorie zu sehen, deren gesteigerter internationaler Handel, so wie von allen anderen Produkten auch, die globale Wohlfahrt steigert. Sicher könnte man einwenden, dass die WTO hier im Bereich Produktkennzeichnung etc vermutlich stärker aktiv sein sollte. Dass sie im Falle lokaler Emissionen aber darauf beharrt, dass diese nicht der Anknüpfungspunkt für Handelshemmnisse sein dürfen, ist aus globaler Wohlfahrtsperspektive (zumindest für die derzeit lebenden Generationen bzw insbesondere, wenn lokale Umweltbeeinträchtigungen umkehrbar sind) aber vermutlich ok.

Ganz anders verhält es sich aber mit globalen Schadstoffen wie etwa CO_2 und Methan etc. Warum sollte hier eine regionale Regierung, wie immer demokratisch legitimiert sie auch sein möge, ein Mitbestimmungsrecht haben, wieviel davon im Abtausch mit regionaler Entwicklungsmöglichkeit „optimal" ist? Hier kann es nur die Frage geben, ob ein Produkt oder Produktionsprozess mit dem oben genannten Ziel, „des Lebens der Menschheit in einem moderaten Klima" vereinbar ist oder nicht. Das mag zwar im Einzelfall nicht einfach zu entscheiden sein. Aber jede Regierung der Welt, wenn sie sich zu diesem global definierten Ziel bekennt und auch die nationale Politik danach ausrichtet, hat die Pflicht, und zwar abgeleitet aus dem Ziel der globalen Wohlfahrtssteigerung, jene, den globalen Emissionszielen nicht entsprechenden Produkte an ihren Grenzen zurückzuweisen. Wie schon erwähnt, kann ich diese normative Forderung mangels Daten hier nicht auf empirische Fakten gestützt und somit quantitativ ableiten. Wenn es aber um das legitime Ziel auch der Wohlfahrt künftiger Generationen geht und wenn das 1,5 Grad Ziel ausreichend damit begründbar ist, scheint mir diese Forderung legitim.

4. Vom produktions- zum konsumbasierten Ansatz

Denn letztlich geht es dabei auch um den dritten oben genannten Aspekt. Nachdem Produktion immer der Befriedigung bestimmter Konsumentenwünsche dient, ist Produktion eigentlich eine, von Konsumentenwünschen abgeleitete Größe. Damit ist aber nicht nur, wie oben erwähnt, das Recht einer Regierung, über die Emissionen eines globalen Schadstoffes zu bestimmen, fraglich. Es ist auch fraglich, ob es überhaupt korrekt ist, die Emissionen des globalen Schadstoffes dem Territorium der Produktion zuzurechnen. Denn wenn die Konsumnachfrage der Auslöser der Produktion und damit der Emission ist, könnte man diese Emission eigentlich genau so gut dem Territorium, in dem der Konsum stattfindet, zurechnen. Damit wird aber automatisch der Grenzübertritt eines Produktes zu einer wesentlichen Frage der Klimapolitik im Inland. Damit würde einhergehen, dass eine Regierung auch viel stärker die Verantwortung für den Konsum am eigenen Territorium übernehmen und (angesichts der wohlfahrtssteigernden Wirkung von Freihandel) kann dafür die Regulierung der Produktionsprozesse (mit Ausnahme im Hinblick auf lokale Schadstoffe) am eigenen Territorium vielleicht sogar ein wenig zurückgefahren werden. Jedenfalls ist es kaum denkbar, dass die Förderung von Lebensstilen, die mit den Pariser Klimazielen vereinbar sind, ohne eine konsequente staatliche Unterstützung entsprechender kritischer Konsumenteninitiativen in den reichen Ländern durch die Schaffung von Rahmenbedingungen erfolgreich sein wird. Wenn dies durch einen stärkeren Fokus auf die Frage, welche Produkte unsere Grenzen überschreiten und welche nicht – und zwar im Einklang mit global wohlfahrtssteigerndem Freihandel – geschieht, umso besser.

Sicht des Bundesministeriums für Nachhaltigkeit und Tourismus (BMNT)

Manfred Kohlbach

Der Klimawandel ist *die* globale Herausforderung des 21. Jahrhunderts. Wir alle tragen zum Problem bei – manche mehr, manche weniger. Wir alle sind betroffen – manche mehr, manche weniger; und zukünftige Generationen weit mehr als jetzige. Und wir können das Problem nur gemeinsam lösen. Es gibt nicht viele Probleme dieser Natur und wohl kein anderes, das derart viele – um nicht zu sagen: alle – Lebensbereiche betrifft.

Daher war das Ergebnis der Klimakonferenz COP 21 in Paris so wichtig. Dort hat man sich auf ein neues Übereinkommen für den Klimaschutz geeinigt, das global, dynamisch und wissenschaftlich fundiert ist. Es ist global, weil alle Staaten, die am Übereinkommen teilnehmen, nationale Beiträge zum Klimaschutz ausarbeiten, vorlegen und umsetzen müssen. Das hat es bislang nicht gegeben. Es ist dynamisch, weil diese Beiträge alle fünf Jahre zu steigern sind – ohne Ablaufdatum. Auch das ist ein Novum; ein starkes Ergebnis, mit dem vor Paris niemand gerechnet hat. Und es ist wissenschaftlich fundiert, in dem es eine Begrenzung des globalen Temperaturanstiegs auf deutlich unter zwei Grad Celsius – und idealerweise auf maximal 1,5 Grad Celsius – gegenüber vorindustriellen Werten festschreibt. Um das zu erreichen, sieht das Übereinkommen vor, dass die globalen Emissionen so rasch wie möglich sinken müssen, um in der zweiten Hälfte des Jahrhunderts ein Gleichgewicht zwischen Emissionen und Kohlenstoffsenken zu erreichen.

Das Übereinkommen von Paris bildet damit eine starke Basis für nationale Beiträge zum Klimaschutz in den nächsten Jahren und Jahrzehnten. Was müssen wir alle tun, welche Beiträge sind erforderlich? Im Kern geht es um eine globale Energiewende. Wir müssen die Emissionen auf null senken, und das weltweit. Wir brauchen also eine weitgehende Dekarbonisierung der Weltwirtschaft bis zur Mitte des Jahrhunderts. Wird das leicht? Nein, das ist eine enorme Herausforderung. Gibt es Alternativen? Nein, die gibt es nicht. Ist das machbar? Absolut!

Was von uns verlangt wird, ist mit den Technologien von heute bereits möglich. Die Kosten sind überschaubar – und klein, verglichen mit den Folgekosten einer ungebremsten Erderwärmung, wenn wir weitermachen wie bisher. Was wir brauchen sind konkrete Maßnahmen zur Umsetzung der Energiewende. Und damit sind wir beim Klimaschutzrecht angelangt, dem Thema dieser Veranstaltung. Das

Recht ist ein gesellschaftliches Gestaltungsinstrument. Es ist ein Mittel zum Zweck, kein Selbstzweck. Aber es ist ein zentrales Mittel zur Umsetzung der notwendigen Maßnahmen im Klimaschutz.

In einer Demokratie geht das Recht vom Volk aus. Das Recht wird nicht mit Zwang „von oben“ erzeugt, sondern im Zusammenspiel gesellschaftlicher Akteure mit Mehrheiten beschlossen. Wenn es also um die Umsetzung von Klimaschutzmaßnahmen in der Rechtsordnung geht, sind Analyse, Positionierung, Diskussion und Kompromissfindung auf der Suche nach Mehrheiten die zentralen Aufgaben. Wir brauchen solide Mehrheiten, die hinter bestimmten Ansätzen stehen. Wir können das Problem nur gemeinsam lösen.

Viele Instrumente im Klimaschutzrecht sind heute schon da. Dazu zählt etwa der europäische Emissionshandel. Er funktioniert und ist ein gutes Instrument, auch wenn er derzeit Schwächen aufzuweisen hat. Aber seine Schwächen sind nicht Schwächen des Instruments an sich, sondern des Willens, jene Details richtigzustellen, damit er wieder so funktioniert, wie er soll. Ich bin überzeugt, dass diese Schwächen überwunden werden können. Es gibt Förderungen, es gibt ökologische Steuern. Es gibt Gebote für den Einsatz von Erneuerbaren, Mindeststandards beim Energieverbrauch und Vieles mehr.

Die Ansätze sind alle da. Was wir brauchen sind ein gemeinsames Verständnis des Problems sowie der Herausforderung, das Problem zu meistern; Kreativität bei der Ausgestaltung von Maßnahmen, um auch andere gesellschaftliche Herausforderungen mit zu berücksichtigen und Synergien zu maximieren; und einen Gestaltungswillen einer soliden Mehrheit in der Bevölkerung – einer Mehrheit, die mit Nachdruck sagt: „Es gibt im Klimaschutz viel zu tun. Packen wir es gemeinsam an!“

Sicht des Österreichischen Instituts für Wirtschaftsforschung (WIFO)

Angela Köppl

Klimaschutzrecht kann nicht unabhängig von den klimapolitischen Zielsetzungen und Rahmenbedingungen diskutiert werden. Die klimapolitischen Ziele von Paris im Dezember 2015 können nicht en passant bzw mit wenigen Maßnahmen, regulatorischen Anpassungen oder inkrementellen technologischen Verbesserungen erreicht werden. Wenn man über Klimaschutzrecht spricht, muss man daher die Rahmenbedingungen durch das Pariser Klimaabkommen in den Fokus rücken. Die zweiwöchigen Klimaverhandlungen in Paris resultierten in einem neuen globalen Klimavertrag, der weltweit mit großer Euphorie aufgenommen wurde. Man kann den Klimavertrag von Paris tatsächlich als wichtigen Impuls für die Klimapolitik interpretieren und erwarten, dass davon ein klares Signal ausgeht, um etwa fossile lock-in Investitionen zu vermeiden und Klimarisiken bei Investitionsentscheidungen zu berücksichtigen. Der Vertrag birgt damit das Potential für neue ökonomische Signale für langfristige Investitionen und ebenso große Herausforderungen für das regulatorische Umfeld.

Erstmals in der Geschichte der UN-Klimakonferenzen gibt es keine strikte Differenzierung zwischen Industrie- und Entwicklungsländern, sondern die gemeinsame Verantwortung zur Bekämpfung des Klimawandels steht im Vordergrund. Als Erfolg sind die Teilnahme der größten Verursacher von Treibhausgasen (zB China, USA) sowie die Teilnahme von Staaten, deren öffentliche Budgets stark von Einnahmen aus fossilen Energieträgern abhängen, zu werten. Die Herausforderung besteht nun für alle Länder darin, den Klimavertrag von Paris im Sinne eines „best effort" in die reale Politik, die Ökonomie und den regulatorischen Rahmen zu transferieren und zwar nicht erst ab 2020, sondern bereits in den nächsten Jahren. Dies setzt eine glaubhafte Zielvision und eine umfassende Reformstrategie anstelle von punktuellen Eingriffen voraus. Dementsprechend bedarf es eines gemeinsamen Verständnisses für einen grundlegenden Transformationsprozess mit entsprechenden strukturellen Änderungen auf vielen Ebenen sowie der Nutzung unterschiedlicher Instrumente je nach Themenbereich. In Bezug auf Klimaschutzrecht und -politik bedeutet dies, das gesamte Spektrum von ordnungsrechtlichen Instrumenten wie Standards, Geboten oder Verboten bis zu ökonomischen Instrumenten, wie Steuerrecht oder Subventionen auszuschöpfen.

Für die Erreichung der klimapolitischen Zielsetzungen stellt sich auch für Österreich die Aufgabe einer grundlegenden Transformation des Energiesystems, die schon in wenigen Jahrzehnten einen radikalen Ausstieg aus fossilen Energieträgern ermöglicht. Diese Perspektive setzt heutiges Handeln voraus, da Investitionen in langlebige Infrastruktur die daraus erwachsenden Emissionen auf Jahrzehnte bestimmen. Transformationsstrategien für das Energiesystem sollten sich dabei an Energiedienstleistungen orientieren (zB thermische Energiedienstleistungen für die Raumtemperierung), da diese relevant für unser Wohlergehen sind. An die Stelle der Frage „Wie viel Energieflüsse brauchen wir?" sollte daher die Frage „Für welchen Zweck benötigen wir Energie?" rücken. Für die Befriedigung der Energiedienstleistungen können unterschiedliche Optionen bzw Kombinationen von Technologien, Infrastruktur und Energieflüssen eingesetzt werden mit entsprechenden Auswirkungen auf die Emissionen über die gesamte Lebensdauer, die etwa bei Gebäuden zumindest vierzig Jahre beträgt. Der institutionelle und regulatorische Rahmen ist entscheidend dafür, ob Optionen mit mehr oder weniger Emissionen über die gesamte Lebensdauer gewählt werden.

Als Leitlinien für die Transformation des Energiesystems können (1) der Fokus auf den Zweck für den die Energie genutzt wird, (2) der Fokus auf die Rolle von Anwendungstechnologien und (3) der Fokus auf die Erhöhung der Energieproduktivität identifiziert werden. Die Umsetzung dieser Leitlinien kann zB durch eine klare Verpflichtung in der Forschungs- und Innovationspolitik zu low-carbon Strukturen oder ordnungsrechtliche Vorgaben zB im Gebäudebereich, die auf die Vermeidung von fossilen lock-in Investitionen abzielen, unterstützt werden. Ebenso können Förderungs- und Steuerreformen für die Erreichung der klimapolitischen Zielsetzungen förderlich sein. Der Anteil der Ökosteuern am gesamten Steuer- und Abgabenaufkommen ist in Österreich im Vergleich zu anderen EU-Mitgliedstaaten unterdurchschnittlich. Auch die jüngste Steuerreform wurde nicht genutzt, um klimapolitische Anliegen stärker im Steuersystem zu verankern.

In Österreich kommt in der klimapolitischen Diskussion dem Instrument „Förderungen" ein besonders großer Stellenwert zu. Dabei wird manchmal übersehen, dass in der bestehenden Förderlandschaft durchaus Zielkonflikte unterschiedlicher Förderprogramme zu beobachten sind. Dh neben positiven monetären Anreizen für klimafreundliches Investitions- und Konsumverhalten (zB Förderung von Elektrofahrzeugen) existieren Förderungen, die nach einer OECD Definition als umweltschädlich einzustufen sind (zB Pendlerpauschale). In einer WIFO Studie zu diesem Thema, die im heurigen Jahr erschienen ist, wurde eine Bestandsaufnahme der umweltschädlichen Förderungen für die Bereiche Energie und Verkehr gemacht. Reaktionen auf diese Studie zeigen, wie schwierig eine Diskussion über Reformen des Förderwesens zu führen ist. Generell müssten konkrete Reformoptionen der umweltschädlichen Förderungen in eine umfassende ökologische Finanzreform eingebunden werden. Hier sind Klimaschutzrecht sowie Finanz- und Steuerrecht eng miteinander verwoben.

Das Ziel einer Dekarbonisierung unseres Wirtschaftssystems setzt ein Verständnis darüber voraus, dass nur der Einsatz eines breiten Instrumentenmix eine Zielerreichung ermöglicht und in Hinblick auf die einzelnen Instrumente deren Stärken und Schwächen in der konkreten Gestaltung mitbedacht werden sollten. Zieht man etwa Umweltsteuern als Lenkungsinstrument heran, so ist der Steuersatz vorgegeben, welche Umweltwirkung konkret daraus erwächst, lässt sich hingegen nicht ex ante festlegen. Umgekehrt ist es beim Emissionshandel, bei dem eine konkrete Emissionsgrenze vorgegeben wird, der Preis für Emissionszertifikate ex ante aber ungewiss ist. Gerade im Zusammenhang mit dem EU Emissionshandel zeigt sich hier die Schwäche des Instruments bei unerwarteten Ereignissen. Durch den Wirtschaftseinbruch infolge der Finanzkrise 2008 sind die Emissionen stark zurückgegangen, was zu einem Überangebot (der im Vorhinein festgelegten Menge) an Emissionszertifikaten und einem daraus folgenden niedrigen Zertifikatspreis geführt hat. Der niedrige Zertifikatspreis wiederum übt keinerlei Anreiz für emissionsarme Innovationen und Investitionen aus. Zu diesem Zustand hat beigetragen, dass in der regulatorischen Gestaltung des EU Emissionshandelssystems keine Vorkehrungen (zB für eine Verknappung des Zertifikatsangebots mit dem Ziel einer Stabilisierung des Preises) für unerwartete Ereignisse, wie die Finanz- und Wirtschaftskrise, getroffen wurden. Bei Steuern wiederum könnte sich herausstellen, dass der festgelegte Steuersatz nicht zum gewünschten Umweltergebnis führt und es sinnvoll ist, bereits bei der Ausgestaltung der Steuer einen Anpassungsspielraum festzulegen. In beiden Fällen würde es sich dabei um hybride Systeme handeln, dh im Emissionshandel würde eine Preiskomponente eine größere Rolle spielen und beim Steuerinstrument würde das Umweltziel laufend überwacht werden.

Sicht der Wirtschaftskammer Österreich (WKO)

Stephan Schwarzer

Klimaschutzrecht ist in Österreich weit entwickelter, als ein Blick auf das Klimaschutzgesetz glauben macht. Dieses hat die Erwartungen nicht erfüllt. Die Musik spielt aber in anderen Bereichen, etwa im Ökostromrecht, im Energieeffizienzrecht, im Emissionshandelsrecht, im Abfallrecht, im Stoffrecht und im Umweltförderungsrecht. Die dem Klimaschutzgesetz zugedachte Funktion, die Länder verstärkt einzubinden, ist bisher nicht aufgegangen. Dies zeigt sich zB daran, dass die im Klimaschutzgesetz vorgesehene Bund-Länder-Vereinbarung in Bezug auf finanzielle Verpflichtungen im Falle einer Überschreitung der Höchstmengen nie zu Stande gekommen ist. Das heißt aber nicht, dass es in Österreich einen Stillstand in der Klimapolitik gibt. Im Umbruch ist das mobilitätsbezogene Klimaschutzrecht. 2016 ist das erste Jahr, in dem die steigenden Zulassungen von Elektrofahrzeugen absolut sowie in Relation zu den Gesamtzulassungen stark stiegen.

Das Emissionshandelsrecht zeigt, dass eine nationale oder supranationale Regulierung an Grenzen stößt. Gern möchte man den CO_2-Preis als Lenkungsinstrument nutzen. Dazu müsste es aber einen die Wirtschaftsräume übergreifenden CO_2-Preis geben. Den gibt es heute und wahrscheinlich auch in fünf Jahren nicht. Leider hat der Pariser Klimavertrag keine einheitliche CO_2-Bepreisung gebracht, diese hätte nicht für Länder oder Wirtschaftsräume, sondern für bestimmte CO_2-intensive Produktionen eingeführt werden sollen. Für bestimmte Industriezweige ist der (prognostizierte) CO_2-Preis ein entscheidender Faktor bei den Produktionskosten. Ab einem bestimmten Punkt kann man die Mehrkosten nicht mehr durch höhere Produktivität kompensieren. Ist das Gefälle der CO_2-Bepreisung in Relation zu anderen Standorten zu hoch, werden Anreize wirksam, Produktionen dorthin zu verlegen, wo die Kostenbelastungen gering sind.

Die Europäische Union will nicht wahrhaben, dass Alleingänge bei der Industrie zur Auslagerung von Produktionen in Räume führen, die keine CO_2-Preise kennen. Das gefährdet schon jetzt Investitionen in Europa. Außerdem bestrafen ihre Regulative jene, die in CO_2-Reduktion investiert haben, und belohnt jene, die noch große Einsparungspotenziale realisieren können. Das ist für mich das Hauptproblem, das die Wirtschaft mit der Klimapolitik der Europäischen Union hat. Solange Europa in Vorlage tritt, kann man auf Gratiszertifikate für exponierte Industriezweige nicht verzichten, diese als Subventionen zu bezeichnen, wie das WIFO dies tut, ist skurril. Selbst China hat bei seinen vergleichsweise zaghaften Versuchen, einen Emissionshandel für Treibhausgase einzuführen, nicht auf den Schutz vor Abwanderungsrisiken vergessen.

Am Ende des Tages wird die Wirtschaft die Politik als Problemlöser ein- und überholen. CO_2-freie Produktionen und Produkte werden „irgendwann" so wirtschaftlich sein, dass man sie weder vorschreiben noch fördern muss. Photovoltaik ist je nach Kalkül des Investors heute schon wettbewerbsfähig oder nur noch in geringem Ausmaß förderungsbedürftig, wohlgemerkt trotz niedriger Energiepreise. Elektroautos sind es auch, wenn man die Kosten der Errichtung und der Nutzung des Fahrzeugs über seine Lebensdauer zu Grund legt. Manche NGO empfehlen auch der Industrie den Umstieg auf Strom als Energieträger. Der Strombedarf wird massiv zunehmen, und damit auch der Druck auf den Ausbau der Wasserkraft, dem sich NGO freilich so widersetzen, als wären sie nicht am Klimaschutz interessiert.

Der Pariser Klimavertrag ist auch aus Sicht der Wirtschaft positiv zu bewerten. Er ersetzt Strenge durch Breite. Die Strenge des Kyoto-Protokolls hat nämlich, das muss man heute einräumen, auch nicht den großen Durchbruch oder Erfolg gebracht. Die Politik der Sanktionsandrohung war im Endeffekt auch nicht so wirksam wie zunächst erwartet. Länder konnten ihre Kyoto-Ziele sanktionslos aufkündigen oder überschreiten. Hoffen wir, dass die Politik des Bemühens mehr Erfolg zeitigen wird. Die Wirtschaft wollte immer eine größtmögliche internationale Akkordierung der Klimaschutzanstrengungen. Nach dem Auslaufen des Kyoto-Protokolls und mehreren gescheiterten Klimakonferenzen war Paris ein Meilenstein. Der tatsächliche Erfolg wird sich, wie das Beispiel des Kyoto-Protokolls im eher negativen Sinn zeigt, erst im Nachhinein feststellen lassen.

Verzeichnis der Autorinnen und Autoren

Wei Cao, Ph.D.
Assistant Professor of Law School of Renmin University of China; research interests: environmental law, energy law and international environmental law.

Mag.ª Teresa Habjan
Studium der Rechtswissenschaften an der Universität Graz; 2013–2017 Universitätsassistentin am Institut für Öffentliches Recht und Politikwissenschaft der Universität Graz; Forschungsschwerpunkt Klimaschutzrecht in Österreich; 2014 Stipendiatin des JungforscherInnenfonds; seit 2012 Vorsitzende des Jugendfachbeirates der Österreichischen UNESCO-Kommission.

Mag.ª Dr.in Monika Hinteregger
Ordentliche Universitätsprofessorin am Institut für Zivilrecht, Ausländisches und Internationales Privatrecht der Universität Graz; Leiterin des Zentrums für Europäisches Privatrecht der Universität Graz und des Doktorratsprogramms „Europäisches Privatrecht" an der Rechtswissenschaftlichen Fakultät der Universität Graz; mehrmals Institutsleiterin; Mitglied des Vorstands des Österreichischen Juristentags sowie des European Centre of Tort and Insurance Law (ECTIL); Vizedirektorin des Instituts für Europäisches Schadenersatzrecht/Institute for European Tort Law (ESR/ETL) der Österreichischen Akademie der Wissenschaften (ÖAW).

Mag.ª Miriam Karl
Studium der Rechtswissenschaften an der Universität Graz (2010–2014); Universitätsassistentin am Institut für Öffentliches Recht und Politikwissenschaft der Universität Graz; derzeit Doktorratsstudium Rechtswissenschaften (Dissertationsvorhaben im Bereich des Umwelt- und Klimaschutzrechts) sowie Masterstudium „Political, Economic and Legal Philosophy" an der Universität Graz; studentische Mitarbeiterin am Institut für Zivilrecht, Ausländisches und Internationales Privatrecht und am Institut für Öffentliches Recht und Politikwissenschaft der Universität Graz sowie an der Friedrich-Alexander-Universität Erlangen-Nürnberg.

Mag.ª Dr.in Yvonne Karimi-Schmidt
Assoziierte Professorin für Völkerrecht und Internationale Beziehungen an der Universität Graz; Mitglied der Deutschen Gesellschaft für Internationales Recht, der American Society of International Law, des Österreichischen Völkerrechtstages so-

wie des European Center for Space Law und des International Institute of Space Law; Forschungs- und Lehrgebiete umfassen insb das Umweltvölkerrecht, das Weltraumrecht sowie völkerrechtliche Fragen im Kontext der Krisen des Nahen und Mittleren Ostens und der Religionsfreiheit; seit 2007 IT-Beauftragte am Institut für Völkerrecht und Internationale Beziehungen.

Mag. Dr. Gottfried Kirchengast

Universitätsprofessor für Geophysik und Leiter des Wegener Center für Klima und Globalen Wandel an der Universität Graz; Honorarprofessor auf Lebenszeit am National Space Science Center der Chinese Academy of Sciences in Peking; Adjunct Professor am Royal Melbourne Institute of Technology in Australien; Mitglied der Österreichischen Akademie der Wissenschaften; zahlreiche Forschungsaufenthalte und Gastvorträge weltweit; Mitglied in zahlreichen internationalen und nationalen wissenschaftlichen Gesellschaften und Gremien sowie Koordinator, Gutachter, Berater und Konsulent in vielen internationalen Projekten und Initiativen; Autor oder Mitautor von über 300 wissenschaftlichen Publikationen; international und national führende Beiträge zur Erdbeobachtung und Klimaforschung.

Mag. Dr. Manfred Kohlbach

Studium der Rechtswissenschaften an der Universität Wien (Dr. iur.) sowie Diplomlehrgang an der Diplomatischen Akademie Wien; seit 2007 im Bundesministerium für Nachhaltigkeit und Tourismus (Abteilung Klimaschutz und Luftreinhaltung).

Dr.in Angela Köppl

Studium Volkswirtschaft an der Universität Wien (Doktorrat 1991); 1987–1992 wissenschaftliche Mitarbeiterin der Abteilung Ökonomie am IHS; seit Oktober 1992 Umweltökonomin am Österreichischen Institut für Wirtschaftsforschung; zweimal stellvertretende Leiterin am WIFO, zuständig für die wissenschaftliche Koordination; 2002 Forschungsaufenthalt am Massachusetts Institute of Technology in Cambridge; Vorstandsagenden in der Österreichischen Nationalökonomischen Gesellschaft sowie im Austria Chapter of the Club of Rome; Vorstandsmitglied des Climate Change Centers in den ersten Jahren; Schlüsselbereiche der Forschungstätigkeit sind Fragen des Klimawandels und der Restrukturierung des Energiesystems sowie die österreichische und europäische Energie- und Klimapolitik.

Mag. Martin Niederhuber

Studium der Rechtswissenschaften an der Universität Wien; 1995–1999 Umweltministerium (Umweltförderung, Legistik Abfallwirtschaftsrecht); 1999–2006 Haslinger/Nagele & Partner Rechtsanwälte GmbH; seit 2006 Partner der Niederhuber & Partner Rechtsanwälte GmbH in Wien mit einem Tätigkeitsschwerpunkt im Bereich des Umweltrechts; Lektor für Umweltrecht am Institut für Staats- und Verwaltungsrecht der Universität Wien.

Shan Ouyang, Ph.D.
Ph.D. in Law of Renmin University of China; lecturer of Law School of Yunnan University of Finance and Economics; Assistant Researcher of Environmental Trial Research Base of the Supreme People´s Court; the main research area ist the basic theory of environmental law; the main practice fields are environmental law cases and environmental industry services of china.

Mag. Dr. Franz Prettenthaler
Studium der Umweltsystemwissenschaften im Fachschwerpunkt Volkswirtschaft an der Universität Graz; Diplome aus Philosophie der University of St Andrews sowie der Finanzwissenschaften der Universität Cergy-Pontoise; seit 2002 Tätigkeit am Zentrum für Wirtschafts- und Innovationsforschung der Joanneum Research Forschungsgesellschaft; 2005–2010 Leitung des Grazer Büros, 2010-2015 Leiter der Forschungsgruppe Regionalpolitik, Risiko- und Ressourcenökonomik und seit 2016 Direktor des LIFE-Joanneum Research Zentrums für Klima, Energie und Gesellschaft.

Mag. Dr. Gerhard Schnedl
Studium der Rechtswissenschaften an der Universität Graz (Mag. iur. 1989; Dr. iur. 1991); 1990–1993 Vertragsassistent bzw 1993–2001 Universitätsassistent am Institut für Öffentliches Recht, Politikwissenschaft und Verwaltungslehre der Universität Graz; seit 1. 8. 2001 Assistenzprofessor am Institut für Öffentliches Recht und Politikwissenschaft der Universität Graz; Lehrtätigkeiten an der Universität Graz, an der TU Graz, an der FH JOANNEUM Graz und am bfi Steiermark; zahlreiche Publikationen zum Verfassungs- und Verwaltungsrecht insb zum Umwelt- und Anlagenrecht (ua Verfasser eines Lehrbuches „Umweltrecht im Überblick“); Mitherausgeber der „Studien zu Politik und Verwaltung“ im Böhlau Verlag; Mitorganisator des Grazer Umweltrechtsforums; Mitglied des Nachhaltigkeitsbeirates der Universität Graz.

MMag. Dr. Stephan Schwarzer
Leiter der Abteilung für Umwelt- und Energiepolitik in der Wirtschaftskammer Österreich; Universitätsdozent an der Wirtschaftsuniversität Wien für Öffentliches Recht; Schriftleiter der Österreichischen Zeitschrift für Wirtschaftsrecht; Mitglied

des Nationalen Klimaschutzkomitees; Ersatzmitglied des Umweltrates; Mitglied des Expertenbeirates des Klima- und Energiefonds (2011–2015); Vertretung eines Lehrstuhls für Öffentliches Recht an der Universität Bonn (1992/93); zahlreiche Publikationen, namentlich zum UVP-Recht, Betriebsanlagenrecht, Klimaschutzrecht, Luftreinhaltungsrecht und Energieeffizienzrecht; Mitglied des Leitungsteams des Lehrgangs Umwelt Management Austria; Begründer des Lehrgangs Europäisches Energiemanagement (seit 2004); Deputy Chairman des EUREM-Steering Committees.

Mag. Dr. Karl W. Steininger
Außerordentlicher Universitätsprofessor für Volkswirtschaftslehre an der Universität Graz; Studium der Wirtschaftsinformatik und der Volkswirtschaft an der Universität Wien, der TU Wien und der UC Berkeley; diverse Funktionen an der TU Wien, an der Universität für Bodenkultur, am Deutschen Institut für Wirtschaftsforschung (Berlin) und an der Weltbank (Washington D.C.); Leiter der Doktorratsschule am Institut für Volkswirtschaftslehre der Universität Graz sowie der ökonomischen Forschungsgruppe am Wegener Center für Klima und Globalen Wandel; Forschungsschwerpunkte sind die Klima- und Umweltökonomik sowie der internationale Handel; Publikationen sowie Überblicksinformation zu aktuellen Forschungsprojekten (ua EU H2020, OECD, FWF) sind abrufbar unter https://homepage.uni-graz.at/karl.steininger/.

Mag.ª Dr.in Erika Wagner
Universitätsprofessorin an der Universität Linz; Institutsvorständin des Instituts für Umweltrecht sowie Leiterin der Abteilung für umweltrechtliche Grundlagenforschung und Leiterin der Abteilung Umweltprivatrecht am Institut für Zivilrecht der JKU Linz; zahlreiche Publikationen, diverse Wissenschaftspreise und umfangreiche praktische Tätigkeit, insb auch Erstellung von Studien und Gutachten; Herausgeberin der Schriftenreihe „Umwelt- und Umwelttechnikrecht" im Trauner Verlag; Mitherausgeberin des Newsletters des Instituts für Umweltrecht; Mitveranstalterin der jährlich stattfindenden österreichischen Umweltrechtstage.

Ke Zhou, Ph.D.
Professor of Law School of Renmin University of China; head of the research institute for environmental law, Renmin Law School; chairman of the Environmental and Resources Law Research Association, Beijing Law Society; vice chairman of the Environmental and Resources Law Research Association, China Law Society; director of the Legal Experts Panel, Environmental Committee, Beijing; member of the

Legal Experts Panel, All-China Environment Federation; council member of the Academic Committee, Environmental and Resources Law Research Base, Ministry of Education; numerous publications in the field of environmental law.